추천의 글

'왜'라는 질문에 답을 주는 힌트북

이 책은 아이들의 '왜'라는 질문에 '원래' 또는 '그냥'이라는 말로 답하지 않고 수학적 개념을 '위치와 질서'에 따라 차분하게 설명합니다. 교과서 문제를 활용하여 친숙하게 다가온 점, 개념 따라쓰기로 개념을 머릿속에 각인시킨 점도 이 책의 강점입니다. 힌트북을 통해 '왜'라는 질문에 수학적 개념으로 답변할 수 있는 실력 있는 학생들이 되기를 기대합니다.

정성윤 선생님(서울세검정초등학교)

문제의 실마리를 주는 힌트

문제를 풀다 막히면 답지부터 찾아본 경험, 누구나 있을 거예요. 그런데 이 책엔 힌트북이 있어 답지를 보지 않고 문제의 실마리를 찾을 수 있습니다. 또 본문에서 개념을 따라 쓰는 코너가 있어서 학생들이 개념을 얼마나 잘 알고 있는지를 점검할 수 있다는 점도 매우 유익합니다.

박명선 선생님(덕은초등학교)

새 교육과정에서 중요시하는 과정 중심 평가에 맞는 학습서

새로 개정된 수학과 교육과정은 학습 결과 평가뿐만 아니라 과정 중심 평가도 중요시하여 종합적인 학습 평가를 지향하고 있습니다. 과정 중심 평가에서의 핵심은 학생들의 요구에 맞추어 피드백이 즉각적으로 이루져야 한다는 것입니다. 그런 점에서 이 책은 단계별로 효과적인 수학 학습이 되도록 학생 본인의 사고에 맞게 학습을 조절할 수 있습니다. 목표에 도달했다고 하더라도 어떤 과정으로 도달했는지, 혹은 어떤 이유로 도달하지 못했는지에 대한 학습 방향을 알려주는 나침반 같은 역할을 할 수 있기를 기대합니다.

최현아 선생님(서울가락초등학교)

과제집착력을 길러주는 효과적인 구성!

학급에서 수학 수업을 할 때 최대한 답을 나중에 알려주면서 힌트를 주거나 문제를 이해할 수 있도록 풀어 설명해 줍니다. 과제집착력, 즉 문제를 끝까지 풀어내고자 하는 태도가 결국에는 수학 실력 향상에 도움이 된다고 생각하기 때문입니다. 힌트북은 아이들이 혼자 공부할 때에도 과제집착력을 기를 수 있는 효과적인 구성을 가진 교재라고 생각합니다. 힌트북은 수학을 잘 하고 싶어하는 아이들에게 기본기를 꼼꼼히 다져주는 좋은 친구이자 선생님이 되어 줄 것입니다.

류윤정 선생님(중앙대학교 사범대학 부속초등학교)

수학에 자신 있는 친구들에게도 추천해요.

힌트북에서는 귀여운 캐릭터들이 설명해 주는 힌트를 통해 아이들이 개념과 원리를 지루하지 않고 흥미있게 집중하여 이해할 수 있습니다. 수학을 많이 버거워하는 아이들도 캐릭터들이 차근차근 설명하는 힌트를 따라가며 자신감을 키우게 될 것입니다. 풀이가 힘들고 귀찮아 힌트를 먼저 펼쳐보게 되는 아이들도 힌트 속에 녹아 있는 개념과 풀이 과정을 통해 자연스레 개념을 복습하게 되고 차근차근 풀이 과정을 밟아가는 연습을 할 수 있을 것입니다. 아울러 수학에 자신 있어 하는 친구들에게도 추천합니다. 어렵지 않게 푼 문제들도 '힌트' 속 설명을 통해 수학 실력을 더욱 탄탄히 다질 수 있을 테니까요.

강상미 선생님(서울송례초등학교)

추천의 글

생각하는 힘과 인내심을 길러줘요.

수학은 암기과목이 아닙니다. 한 문제를 풀어내는 과정은 마치 미로 속에서 출구를 찾아내는 과정과 비슷합니다. 많은 문들을 인내심을 갖고 하나하나 열어가며 출구를 찾아냈을 때 비로소 빛을 보는 기쁨을 누릴 수 있는 것과 같습니다. 모르겠다고 처음부터 답을 봐 버리면 생각하는 힘을 얻을 수 없고, 수학 문제를 해결하는 데 반드시 필요한 인내심도 기를 수 없습니다. 이 책은 문제를 해결하기 위해 통과해야 하는 많은 문들을 하나하나 열어갈 수 있도록 적절하게 힌트를 주고 있습니다. 이 책을 통해 필요한 만큼의 힌트를 참고하여 스스로 문제를 풀어내는 기쁨을 누리며 진정한 수학 실력을 높일 수 있기를 바랍니다.

채현정 선생님(서울대명초등학교)

스스로 깨닫게 하는 유능한 수학 코치!

문제 옆에 바로 붙어 있는 일반 참고서의 힌트는 아이들이 스스로 사고할 기회를 빼앗는 나쁜 친구죠. 그렇다고 힌트가 없으면 포기하기 쉽고, 또 답과 해설을 보며 공부하다 보면 끝내 혼자서는 문제를 풀어내지 못합니다. 이러한 문제의 완벽한 해결사가 힌트북입니다! 게다가 힌트북은 문제마다 중요한 개념을 친구처럼 세밀하게 알려주어서 문제의 핵심을 스스로 깨닫게 하는 가장 유능한 수학 코치입니다!

유은화 선생님(분당 공부방 원장)

혼자서도 척척, 혼공 내비게이션!

흔히 수학에는 왕도가 없다고 하지요. 그만큼 쉽고 빠른 지름길이 없다는 말인데요, 힌트북이 좋은 길잡이가 될 수 있을 것 같네요. 막히면 힌트를 보고 제대로 된 맞춤길을 안내받아 문제를 척척 풀어나갈 수 있으니까요.

안소정 선생님('수학의 역사' 저자)

학습 결손을 막아주는 '찐' 혼공 학습서

왜 진작에 이런 학습서가 나오지 않았을까요? 힌트북이 선생님이 되어 스스로 풀어내도록 도와주니 수학 실력뿐 아니라 자신감까지 올려주네요! 특히 요즘처럼 비대면 수업으로 인한 학습 결손이나 학력 격차까지 막아줄 수 있는 찐 혼공 학습서입니다.

배기근 선생님(대치 파인만학원 영재원 대표강사)

수학을 가장 쉽고 빠르게 공부할 수 있는 교재

구구절절 설명하는 책들은 넘쳐나지만 한눈에 보여주는 책은 이 책이 유일한 것 같습니다. 개념과 방법이 한눈에 이해되다 보니 힌트북이야말로 수학을 가장 쉽고 빠르게 공부할 수 있는 교재가 아닐까 하는 생각이 듭니다. 학생들이 쉽고 재밌게 공부하기에 안성맞춤입니다!

김준 선생님(일산 에이스학원 원장)

언제나 필요했던 게 바로 이런 책이었어요.

학원이나 선생님 도움 없이 혼자 책을 보며 공부하길 좋아했던 내가 언제나 필요했던 게 바로 이런 책이었습니다. 개념을 쉽게 설명하는 책은 많지만, 개념을 어떻게 받아들이고 어떻게 적용하는지 알려주는 책은 많지 않죠. 힌트북은 선생님이 옆에서 가르쳐 주듯 하나하나 알려주는 든든한 교재입니다.

이승은(서울대 대학원 보건학과)

문제 읽는 방법을 배워 '진짜 실력'을 길러요.

문제를 풀다 어렵다고 해설을 바로 보면 실력이 잘 늘지 않기에 과외 수업을 할 때도 힌트를 종종 주곤 합니다. 문제 접근법을 다시 생각해보게 하는 거죠. 힌트북은 '문제를 읽는 방법'을 학생 스스로 배울 수 있게 합니다. '진짜 실력'을 기르기에 참 좋은 교재입니다.

전가원(서울대 수의예과 21학번)

힌트가 생각의 방향을 잡아줘요.

개념 이해에서 시작한 공부는 문제 해결까지 이어져야 합니다. 힌트북은 이 과정을 끝까지 하도록 유도한다는 점에서 매력적입니다. 문제 속 개념을 찾아내는 것부터, 문제 해결을 위한 생각의 방향을 잡는 것까지 스스로 할 수 있도록 돕기 때문입니다.

김연우(서울대 조경지역시스템공학부 21학번)

개념을 문제에 적용할 수 있는 힘을 길러줘요.

수학 문제를 풀 때 가장 중요한 능력은 문제를 분석하고 올바르게 개념을 적용하는 능력입니다. 힌트북은 시중 초등 참고서에 없던 '힌트북'을 통해 처음 공부하는 학생이라도 개념을 문제에 스스로 '적용할 수 있는 힘'을 길러주고 있습니다.

현승환(서울대 자유전공학부 21학번)

매일의 목표를 이루어주는 힌트북

'성공도 습관'이라는 말이 있듯이, 하루의 작은 성공이 반복되어 습관이 될 때 결국 목표를 이루게 됩니다. 이 교재는 하루에 4쪽씩 학습량을 정해 두었는데, 힌트북이 매일의 목표를 포기하지 않고 끝까지 이룰 수 있도록 도와줍니다.

김하경(서울대 체육교육과 21학번)

스스로 답까지 도착하도록 도와줘요.

귀여운 그림과 예쁜 색감을 사용하여 학생들이 좀 더 관심을 가지고 집중할 수 있을 것 같아요. 답과 풀이만 있는 다른 교재와는 달리 힌트북은 '힌트'라는 스캐폴딩을 설정하여 스스로 생각하고 고민하여 답까지 도착할 수 있도록 도와줍니다. 전체 구성이 개념 → 확인 → 쉬운 문제 → 어려운 문제순으로 단계별로 이루어져 있어 스스로 공부하기에 정말 좋습니다.

송지혁(서울대 아동학과 21학번)

수학을 고등까지 꾸준히 잘하도록 도와줘요.

수학을 고등학교 때까지 꾸준히 잘하기 위해서 가장 중요한 것은 개념을 완전히 이해하고 문제에 적절하게 적용하는 능력입니다. 책속 힌트북을 통해 학생들이 그 능력을 자연스럽게 기를 수 있고, 자신감까지 얻을 수 있을 것 같습니다.

김지우(서울대 인문계열 21학번)

힌트로 수학의 원리를 체화할 수 있어요.

진정한 이해는 혼자 공부할 때 비로소 이루어진다고 생각합니다. 이 책의 강점은 힌트를 통해 모르는 문제가 있을 때 문제의 방식을 혼자 이해하고 몸에 익힐 수 있다는 것입니다. 이 책으로 공부하면 힌트를 통해 풀이 과정을 이해하면서 수학의 원리를 체화할 수 있습니다.

조현준(서울대 생명과학부 21학번)

문제와 풀이 사이에 힌트가 있다면?

막힐 땐 힌트북

막힐 때 힌트 보며 혼자서도 척척

초등 혼공 기본서

슬기로운 공부

이 책의 구성과 특징

기본 개념 학습

개념학습 > 확인문제 > 교과서문제 > 개념 따라쓰기

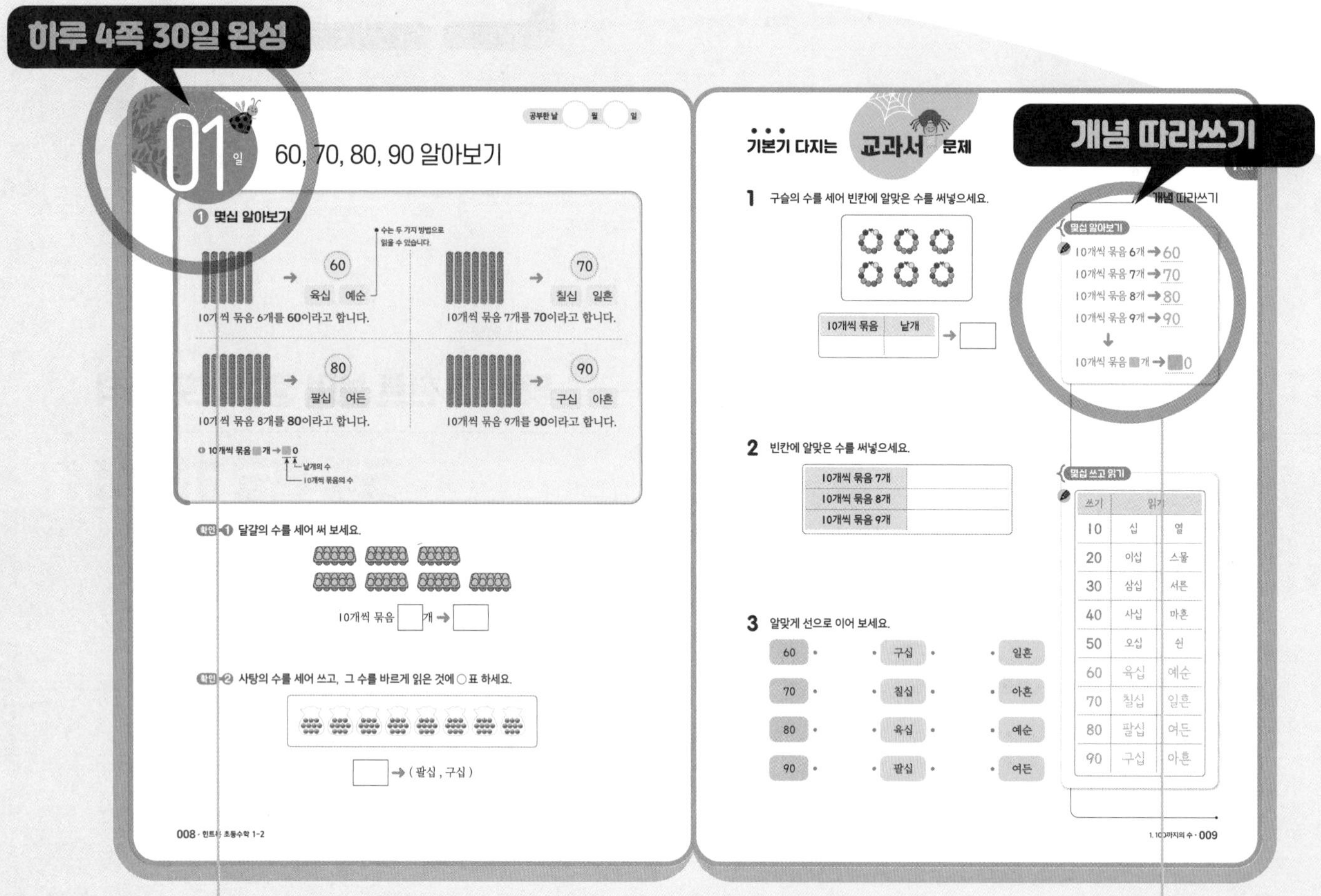

하루 4쪽 30일 완성

하루 4쪽 공부로 단기간에 수학의 기본기를 탄탄하게 완성할 수 있습니다.

개념 따라쓰기

눈으로 확인한 개념을 직접 손으로 따라쓰며 머릿속에 새길 수 있습니다.

10문제면
충분해!

스스로 풀어내는 도전 10 문제

기본문제 > 응용문제 > 독해력문제 > 표현력문제

막힐 때 찾아보는 힌트 링크

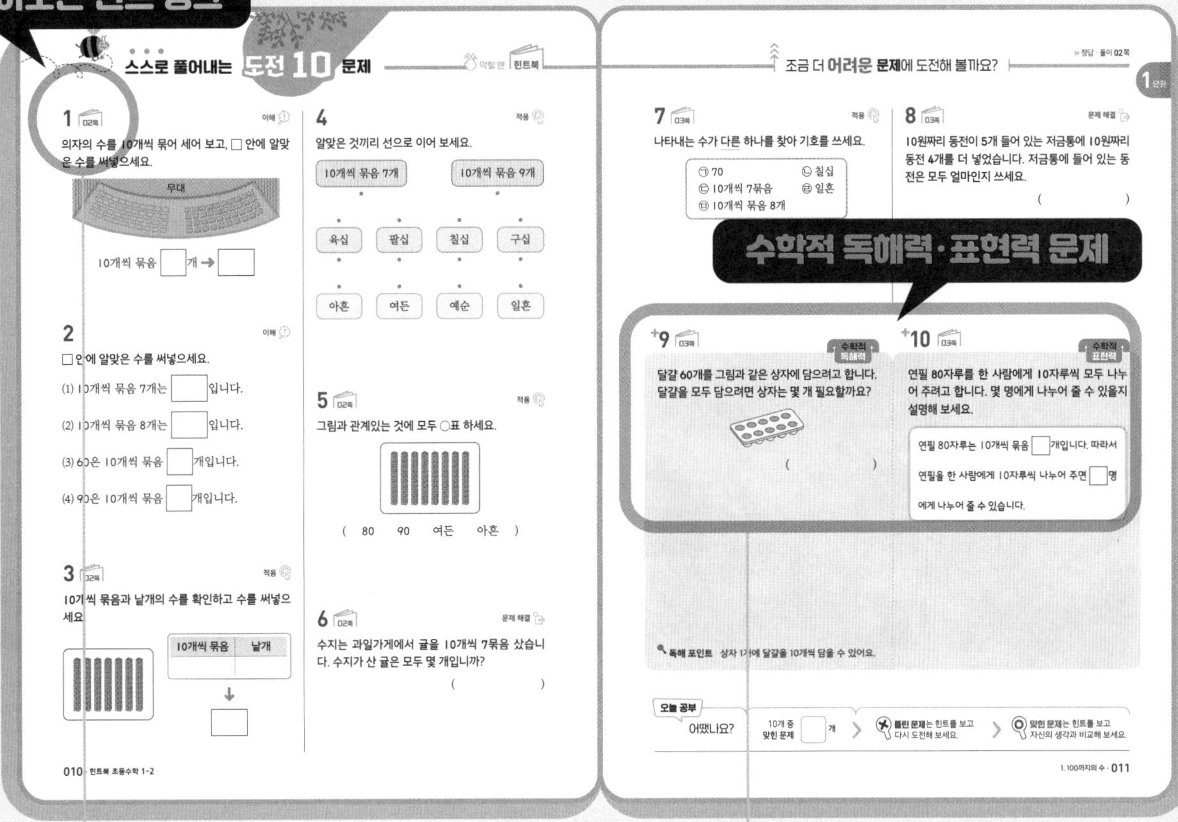
스스로 풀어내는 도전 10 문제 | 막힐 때 힌트북

1 (02쪽) 이해
의자의 수를 10개씩 묶어 세어 보고, □ 안에 알맞은 수를 써넣으세요.
무대
10개씩 묶음 □개 → □

2 이해
□ 안에 알맞은 수를 써넣으세요.
(1) 10개씩 묶음 7개는 □입니다.
(2) 10개씩 묶음 8개는 □입니다.
(3) 60은 10개씩 묶음 □개입니다.
(4) 90은 10개씩 묶음 □개입니다.

3 (02쪽) 적용
10개씩 묶음과 낱개의 수를 확인하고 수를 써넣으세요.

10개씩 묶음	낱개

4 적용
알맞은 것끼리 선으로 이어 보세요.
10개씩 묶음 7개 / 10개씩 묶음 9개
육십 / 팔십 / 칠십 / 구십
아흔 / 여든 / 예순 / 일흔

5 (02쪽) 적용
그림과 관계있는 것에 모두 ○표 하세요.
(80 90 여든 아흔)

6 (02쪽) 문제 해결
수지는 과일가게에서 귤을 10개씩 7묶음 샀습니다. 수지가 산 귤은 모두 몇 개입니까?
( )

010 · 힌트북 초등수학 1-2

조금 더 어려운 문제에 도전해 볼까요? | ≫ 정답 · 풀이 02쪽 | 1단원

7 (03쪽) 적용
나타내는 수가 다른 하나를 찾아 기호를 쓰세요.
㉠ 70 ㉡ 칠십
㉢ 10개씩 7묶음 ㉣ 일흔
㉤ 10개씩 묶음 8개

8 (03쪽) 문제 해결
10원짜리 동전이 5개 들어 있는 저금통에 10원짜리 동전 4개를 더 넣었습니다. 저금통에 들어 있는 동전은 모두 얼마인지 쓰세요.
( )

수학적 독해력·표현력 문제

+9 (03쪽) 수학적 독해력
달걀 60개를 그림과 같은 상자에 담으려고 합니다. 달걀을 모두 담으려면 상자는 몇 개 필요할까요?
( )

+10 (03쪽) 수학적 표현력
연필 80자루를 한 사람에게 10자루씩 모두 나누어 주려고 합니다. 몇 명에게 나누어 줄 수 있을지 설명해 보세요.
연필 80자루는 10개씩 묶음 □개입니다. 따라서 연필을 한 사람에게 10자루씩 나누어 주면 □명에게 나누어 줄 수 있습니다.

독해 포인트 상자 1개에 달걀을 10개씩 담을 수 있어요.

오늘 공부 어땠나요? 10개 중 맞힌 문제 □개 > 틀린 문제는 힌트를 보고 다시 도전해 보세요. > 맞힌 문제는 힌트를 보고 자신의 생각과 비교해 보세요.

1. 100까지의 수 · 011

막힐 때 찾아보는 힌트 링크

문제 풀다 막힐 때 힌트를 바로 찾아 확인할 수 있습니다.

수학적 독해력·표현력 문제

문제의 의미를 파악하고, 풀이 과정을 수학적으로 표현하는 연습을 합니다.

이 책의 구성과 특징

막힐 때 찾아보는 힌트

힌트는?

문제해결의 실마리	생각의 첫 단추, 문제 접근법
문제 속 숨은 개념	출제 포인트, 출제 의도
수학적 아이디어	수학적 발상, 수학적 사고
상위권의 풀이법	문제 풀이 스킬, 다양한 풀이 비법

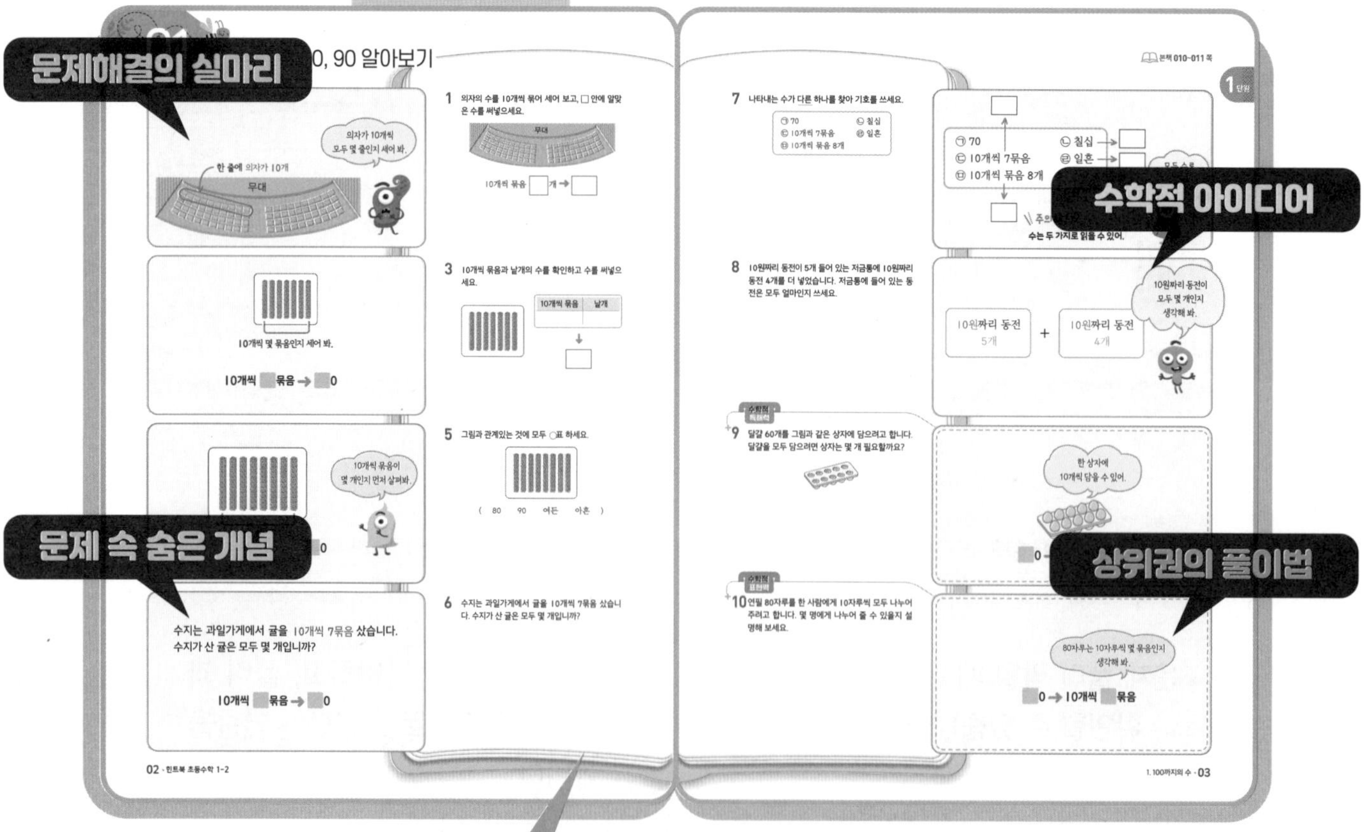

문제를 보며 힌트를 확인할 수 있습니다.

이 책의 200% 활용법

혼공할 때

홈스쿨할 때

선행할 때

수학이 어려울 때

힌트북으로 공부하면

개념이
쉽고 명확해집니다.

문제를 보면
개념이 떠오릅니다.

어려웠던 수학이
만만해집니다.

이 책의 차례

1 단원 100까지의 수

2 단원 덧셈과 뺄셈 (1)

3 단원 모양과 시각

4단원 덧셈과 뺄셈 (2)

5단원 규칙 찾기

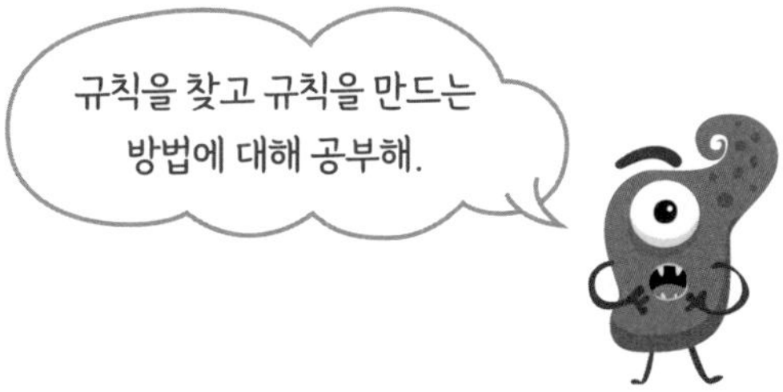

6단원 덧셈과 뺄셈 (3)

01일 60, 70, 80, 90 알아보기

① 몇십 알아보기

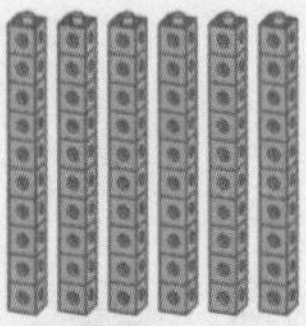

60 → 육십 예순

• 수는 두 가지 방법으로 읽을 수 있습니다.

10개씩 묶음 6개를 **60**이라고 합니다.

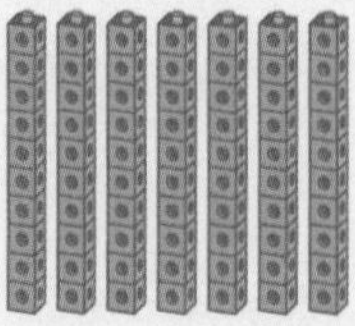

70 → 칠십 일흔

10개씩 묶음 7개를 **70**이라고 합니다.

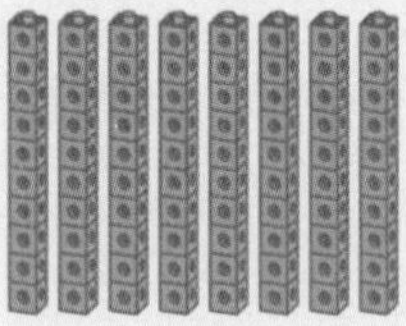

80 → 팔십 여든

10개씩 묶음 8개를 **80**이라고 합니다.

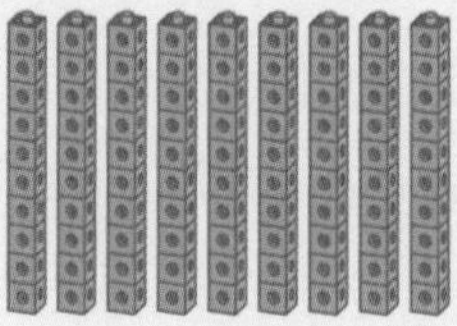

90 → 구십 아흔

10개씩 묶음 9개를 **90**이라고 합니다.

10개씩 묶음 ▢개 → ▢0

- 낱개의 수
- 10개씩 묶음의 수

확인 1 달걀의 수를 세어 써 보세요.

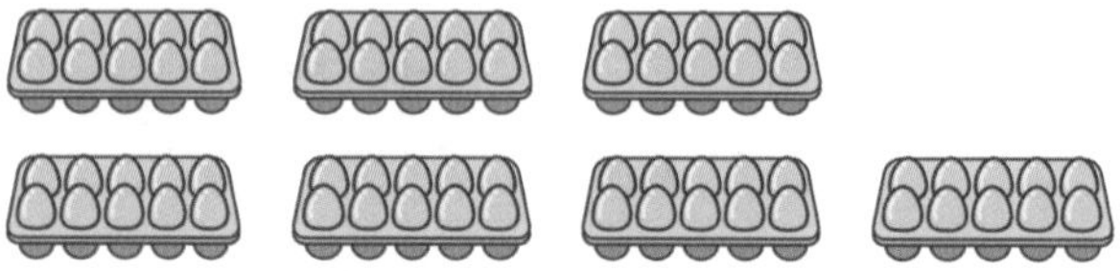

10개씩 묶음 ▢개 → ▢

확인 2 사탕의 수를 세어 쓰고, 그 수를 바르게 읽은 것에 ○표 하세요.

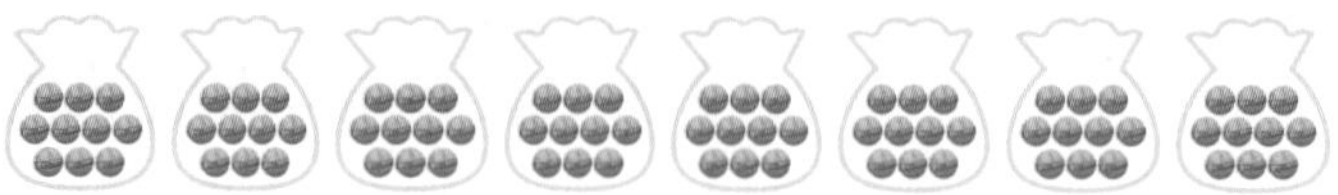

▢ → (팔십 , 구십)

» 정답 · 풀이 02쪽

기본기 다지는 교과서 문제

1 구슬의 수를 세어 빈칸에 알맞은 수를 써넣으세요.

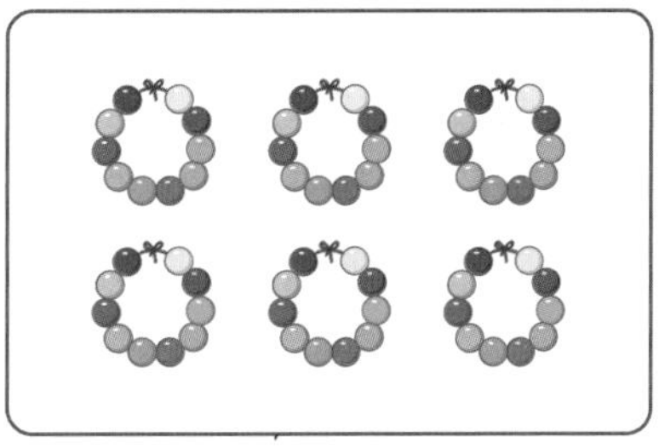

10개씩 묶음	낱개

→ □

2 빈칸에 알맞은 수를 써넣으세요.

10개씩 묶음 7개	
10개씩 묶음 8개	
10개씩 묶음 9개	

3 알맞게 선으로 이어 보세요.

60 •	• 구십 •	• 일흔
70 •	• 칠십 •	• 아흔
80 •	• 육십 •	• 예순
90 •	• 팔십 •	• 여든

개념 따라쓰기

몇십 알아보기

10개씩 묶음 6개 → 60

10개씩 묶음 7개 → 70

10개씩 묶음 8개 → 80

10개씩 묶음 9개 → 90

↓

10개씩 묶음 ■개 → ■0

몇십 쓰고 읽기

쓰기	읽기	
10	십	열
20	이십	스물
30	삼십	서른
40	사십	마흔
50	오십	쉰
60	육십	예순
70	칠십	일흔
80	팔십	여든
90	구십	아흔

스스로 풀어내는 도전 10 문제

1 02쪽 이해

의자의 수를 10개씩 묶어 세어 보고, □ 안에 알맞은 수를 써넣으세요.

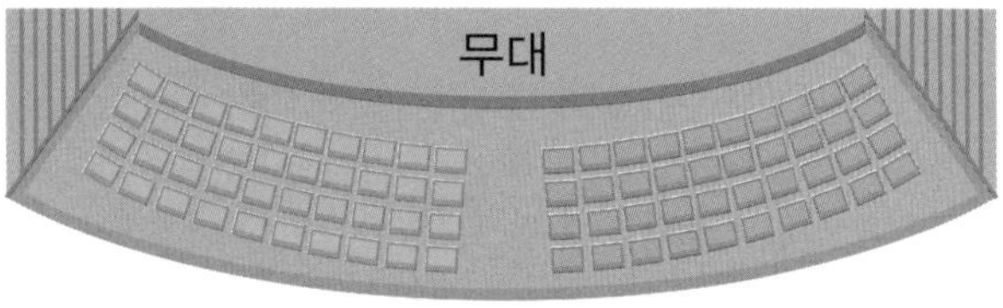

10개씩 묶음 □개 → □

2 이해

□ 안에 알맞은 수를 써넣으세요.

(1) 10개씩 묶음 7개는 □입니다.

(2) 10개씩 묶음 8개는 □입니다.

(3) 60은 10개씩 묶음 □개입니다.

(4) 90은 10개씩 묶음 □개입니다.

3 02쪽 적용

10개씩 묶음과 낱개의 수를 확인하고 수를 써넣으세요.

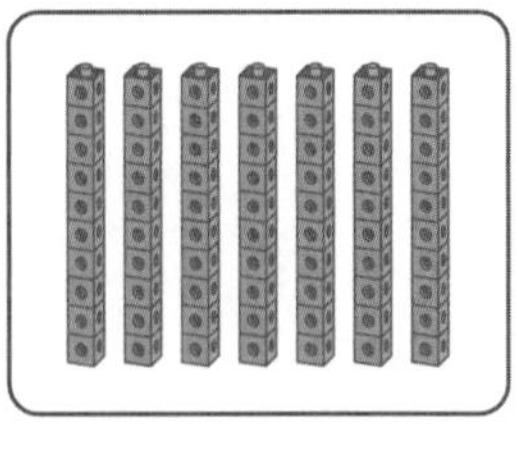

10개씩 묶음	낱개

↓

□

4 적용

알맞은 것끼리 선으로 이어 보세요.

10개씩 묶음 7개 · 10개씩 묶음 9개

육십 · 팔십 · 칠십 · 구십

아흔 · 여든 · 예순 · 일흔

5 02쪽 적용

그림과 관계있는 것에 모두 ○표 하세요.

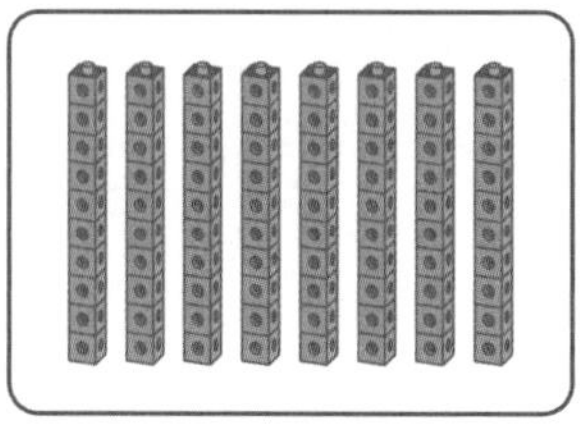

(80 90 여든 아흔)

6 02쪽 문제 해결

수지는 과일가게에서 귤을 10개씩 7묶음 샀습니다. 수지가 산 귤은 모두 몇 개입니까?

( )

7 03쪽 적용

나타내는 수가 다른 하나를 찾아 기호를 쓰세요.

㉠ 70	㉡ 칠십
㉢ 10개씩 7묶음	㉣ 일흔
㉤ 10개씩 묶음 8개	

( )

8 03쪽 문제 해결

10원짜리 동전이 5개 들어 있는 저금통에 10원짜리 동전 4개를 더 넣었습니다. 저금통에 들어 있는 동전은 모두 얼마인지 쓰세요.

( )

+9 03쪽 수학적 독해력

달걀 60개를 그림과 같은 상자에 담으려고 합니다. 달걀을 모두 담으려면 상자는 몇 개 필요할까요?

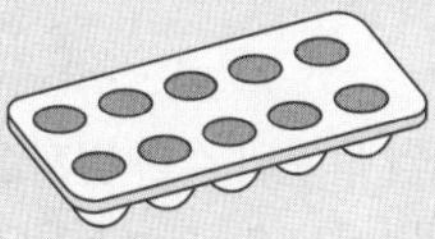

( )

독해 포인트 상자 1개에 달걀을 10개씩 담을 수 있어요.

+10 03쪽 수학적 표현력

연필 80자루를 한 사람에게 10자루씩 모두 나누어 주려고 합니다. 몇 명에게 나누어 줄 수 있을지 설명해 보세요.

연필 80자루는 10개씩 묶음 □개입니다. 따라서 연필을 한 사람에게 10자루씩 나누어 주면 □명에게 나누어 줄 수 있습니다.

오늘 공부 어땠나요? 10개 중 맞힌 문제 □ 개 > 틀린 문제는 힌트를 보고 다시 도전해 보세요. > 맞힌 문제는 힌트를 보고 자신의 생각과 비교해 보세요.

공부한 날 월 일

02일 99까지의 수 알아보기

① 몇십몇 알아보기

10개씩 묶음	낱개
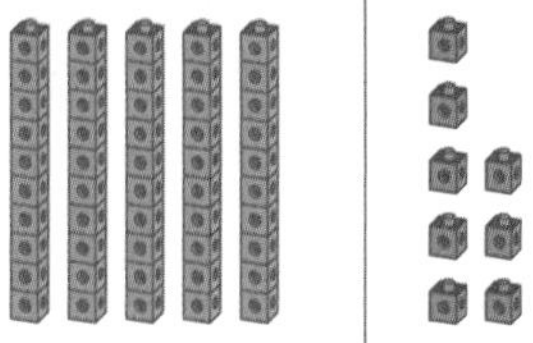	
5	8

↓

58

오십팔 쉰여덟

10개씩 묶음 5개와 낱개 8개를 **58**이라고 합니다.

10개씩 묶음	낱개
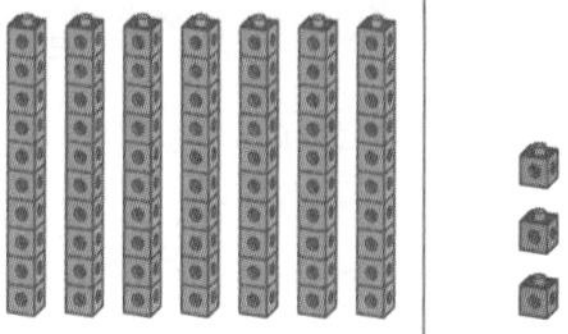	
7	3

↓

73

칠십삼 일흔셋

10개씩 묶음 7개와 낱개 3개를 **73**이라고 합니다.

10개씩 묶음 ■개와 낱개 ▲개 → ■▲
(■: 10개씩 묶음의 수, ▲: 낱개의 수)

몇십몇 읽기 : 10개씩 묶음의 수를 먼저 읽은 다음 낱개의 수를 읽습니다. 예 62 → 육십이, 예순둘

확인 1 10개씩 묶음과 낱개의 수를 세어 □ 안에 알맞은 수를 써넣으세요.

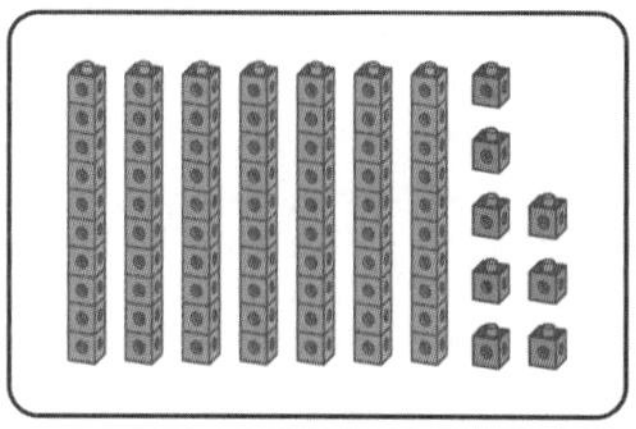

10개씩 묶음	낱개

↓

□

확인 2 □ 안에 알맞은 수를 써넣으세요.

(1) 86 ─ 10개씩 묶음 □개
　　　 └ 낱개 □개

(2) 10개씩 묶음 6개 ┐
　　 낱개 8개 ┘ □

1 수를 세어 □ 안에 알맞은 수를 써넣으세요.

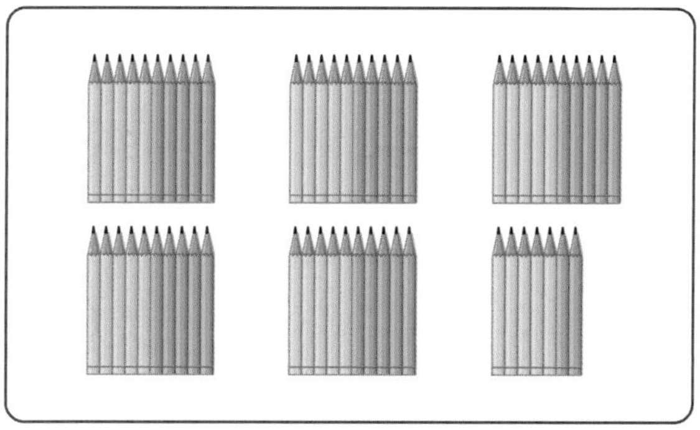

10개씩 묶음 □ 개와 낱개 □ 개 ➜ □

2 빈칸에 알맞은 수를 써넣으세요.

10개씩 묶음 6개와 낱개 9개	
10개씩 묶음 7개와 낱개 7개	
10개씩 묶음 9개와 낱개 5개	

3 알맞게 선으로 이어 보세요.

팔십삼 •	• 97 •	• 일흔여섯
육십이 •	• 83 •	• 예순둘
구십칠 •	• 76 •	• 아흔일곱
칠십육 •	• 62 •	• 여든셋

개념 따라쓰기

몇십몇 알아보기

10개씩 묶음 7개와 낱개 4개

↓

70과 4

↓

74

낱개의 수

10개씩 묶음의 수

몇십몇 읽기

74

칠십사

일흔넷

10개씩 묶음의 수를 먼저 읽은 다음 낱개의 수를 읽습니다.

1

이해

수를 세어 □ 안에 알맞은 수를 써넣으세요.

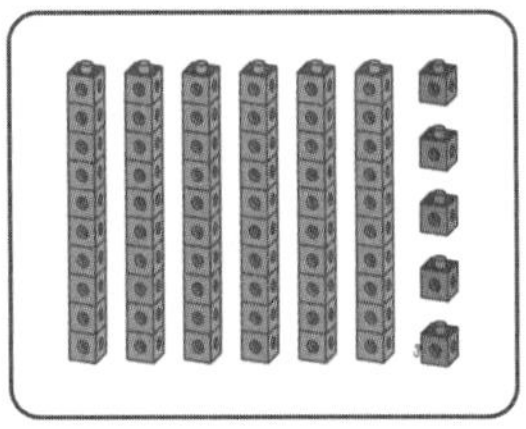

10개씩 묶음 □ 개와 낱개 □ 개 → □

2

이해

□ 안에 알맞은 수를 써넣으세요.

(1) 10개씩 묶음 7개와 낱개 2개 → □

(2) 10개씩 묶음 5개와 낱개 9개 → □

(3) 63 → 10개씩 묶음 □ 개와 낱개 □ 개

(4) 94 → 10개씩 묶음 □ 개와 낱개 □ 개

3

04쪽

적용

밑줄 친 숫자가 나타내는 수를 쓰세요.

(1) 7 1 → □, □

(2) 8 4 → □, □

4

04쪽

적용

나타내는 수가 다른 하나를 찾아 기호를 쓰세요.

㉠ 육십칠　　㉡ 쉰일곱　　㉢ 67

㉣ 10개씩 묶음 6개와 낱개 7개

(　　　　　　)

5

04쪽

적용

빈칸에 알맞은 수를 써넣으세요.

수	10개씩 묶음	낱개
75		5
	8	9
아흔여덟		

6

04쪽

창의 융합

오늘은 윤하의 할머니 생신입니다. 생일케이크에서 긴 초는 10살, 짧은 초는 1살을 나타냅니다. 할머니의 연세는 얼마인지 수를 쓰세요.

(　　　　　　)

7 05쪽 적용

밑줄 친 수를 상황에 맞게 읽으려고 합니다. 잘못 읽은 것의 기호를 모두 쓰세요.

㉠ 식당은 86층에 있습니다. → 여든여섯
㉡ 민서의 번호는 64입니다. → 육십사
㉢ 준호의 수학 점수는 95점입니다. → 아흔다섯

( )

8 05쪽 추론

나타내는 수를 써보세요.

10개씩 묶음 5개와 낱개 11개

( )

+9 05쪽 수학적 독해력

케이크 한 개를 만드는 데 달걀이 10개 필요합니다. 달걀이 10개씩 묶음 6개와 낱개 24개만큼 있다면 케이크는 몇 개까지 만들 수 있을까요?

( )

독해 포인트 '낱개 24개'를 10개씩 묶음 ■개와 낱개 ▲개로 나타내 보세요.

+10 05쪽 수학적 표현력

한 상자에 10개씩 들어 있는 생수 6상자와 낱개 13개가 있습니다. 생수는 모두 몇 개인지 구해 보세요.

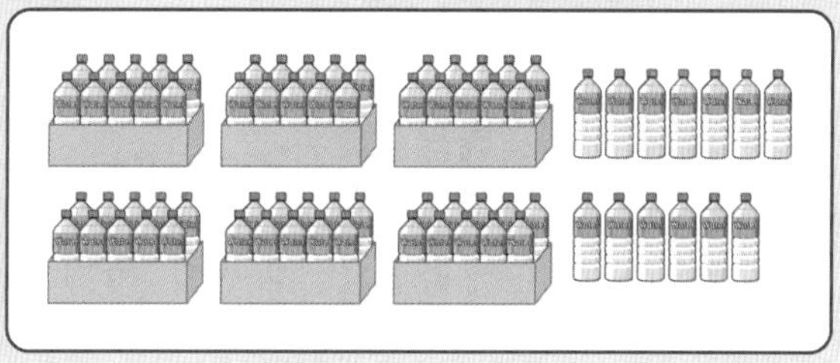

낱개 13개는 10개씩 묶음 1개와 낱개 □개입니다. 따라서 생수는 10개씩 묶음 □개와 낱개 □개이므로 모두 □개입니다.

오늘 공부 어땠나요? 10개 중 맞힌 문제 □개 > **틀린 문제**는 힌트를 보고 다시 도전해 보세요. > **맞힌 문제**는 힌트를 보고 자신의 생각과 비교해 보세요.

수의 순서 알아보기

① 1만큼 더 작은 수와 1만큼 더 큰 수

1만큼 더 작은 수 | 1만큼 더 큰 수

64 — 65 — 66

• 65보다 1만큼 더 작은 수는 64입니다.
• 65보다 1만큼 더 큰 수는 66입니다.

두 수 사이의 수

예 59와 62 사이의 수는 60, 61입니다.

59와 62 사이의 수

② 수의 순서 알아보기

1씩 커집니다. (→)
10씩 커집니다. (↓)
10씩 작아집니다. (↑)
1씩 작아집니다. (←)

51	52	53	54	55	56	57	58	59	60
61	62	63	64	65	66	67	68	69	70
71	72	73	74	75	76	77	78	79	80
81	82	83	84	85	86	87	88	89	90
91	92	93	94	95	96	97	98	99	

③ 99보다 1만큼 더 큰 수 알아보기

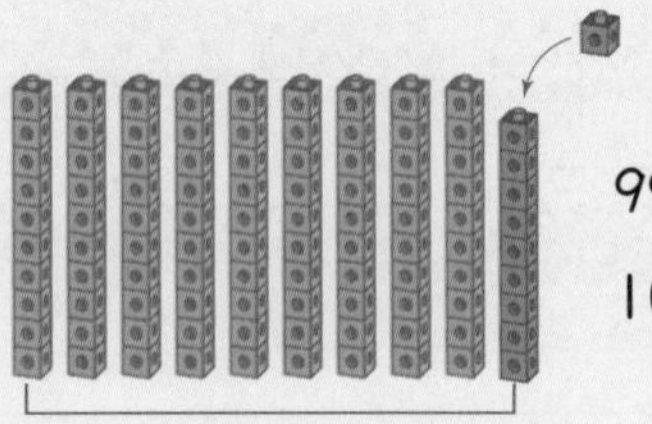

10개씩 묶음 10개

99보다 1만큼 더 큰 수를 **100**이라고 합니다.
100은 **백**이라고 읽습니다.

수	읽기
100	백

확인 1 수 배열표를 완성하고, □ 안에 알맞은 수를 써넣으세요.

61			64	65		67		69	70
71	72	73	74	75	76		78	79	80
81	82	83		85	86	87	88		
91	92	93	94			97	98	99	

(1) 67보다 1만큼 더 작은 수는 □이고,
1만큼 더 큰 수는 □입니다.

(2) 83과 85 사이의 수는 □입니다.

(3) 99보다 1만큼 더 큰 수는 □입니다.

기본기 다지는 교과서 문제

1 □ 안에 알맞은 수를 써넣으세요.

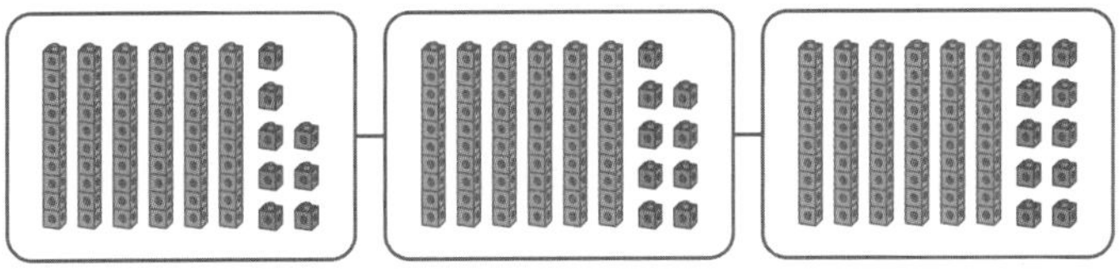

1만큼 더 작은 수		1만큼 더 큰 수
□	69	□

2 수의 순서대로 빈칸에 알맞은 수를 써넣으세요.

(1) 53 — □ — 55

(2) □ — 78 — 79

(3) 98 — 99 — □

3 59와 63 사이의 수를 모두 쓰세요.

58 - 59 - 60 - 61 - 62 - 63 - 64 - 65 - 66

(   )

4 99보다 1만큼 더 큰 수를 쓰고, 읽어 보세요.

쓰기 (   )

읽기 (   )

개념 따라쓰기

1만큼 더 작은 수와 1만큼 더 큰 수

1만큼 더 작은 수 | 1만큼 더 큰 수

84 — 85 — 86

수를 순서대로 쓰면 바로 앞의 수가 1만큼 더 작은 수이고, 바로 뒤의 수가 1만큼 더 큰 수입니다.

수의 순서 알아보기

+1 +1 +1 +1

55 - 56 - 57 - 58 - 59

수를 순서대로 쓰면 1씩 커집니다.

100 알아보기

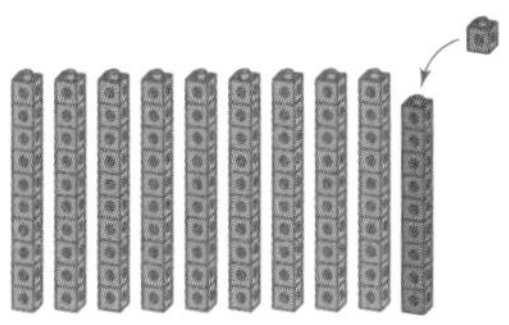

99보다 1만큼 더 큰 수를 100이라 하고 백이라고 읽습니다.

1

이해

수의 순서대로 빈칸에 알맞은 수를 써넣으세요.

75 — 76 — ☐ — ☐ — 79 — ☐

(1) 76보다 1만큼 더 큰 수는 ☐입니다.

(2) 79보다 1만큼 더 작은 수는 ☐입니다.

2

적용

수의 순서대로 빈칸에 알맞은 수를 써넣으세요.

(1) 68 — 69 — ☐ — ☐

(2) ☐ — 73 — ☐ — 75

(3) 97 — 98 — ☐ — ☐

3 06쪽

적용

빈칸에 알맞은 수를 써넣으세요.

(1) 1만큼 더 작은 수 ☐ — 57 — ☐ 1만큼 더 큰 수

(2) 1만큼 더 작은 수 ☐ — 86 — ☐ 1만큼 더 큰 수

4 06쪽

적용

나타내는 수가 다른 하나를 찾아 기호를 쓰세요.

㉠ 99보다 1만큼 더 큰 수
㉡ 99 바로 뒤의 수
㉢ 10개씩 묶음이 10개인 수
㉣ 90보다 1만큼 더 큰 수

(　　　　　)

5 06쪽

창의 융합

알맞은 곳을 찾아 선으로 이어 보세요.

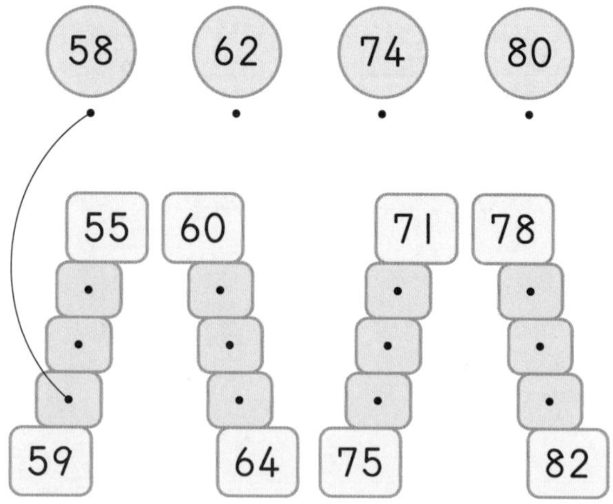

6 06쪽

적용

알맞은 것끼리 선으로 이어 보세요.

90보다 1만큼 더 큰 수 •	• 87
80보다 1만큼 더 작은 수 •	• 63
64보다 1만큼 더 작은 수 •	• 91
86보다 1만큼 더 큰 수 •	• 79

7 07쪽 추론

수의 순서를 거꾸로 하여 쓸 때 ★에 알맞은 수를 쓰세요.

83 — 82 — ☐ — ☐ — ★

(　　　　　　)

8 07쪽 문제 해결

70과 가장 가까운 수를 찾아 쓰세요.

67　65　69　73　72　75

(　　　　　　)

+9 07쪽 수학적 독해력

놀이공원에 입장하기 위해 사람들이 줄을 서 있습니다. **68**번째와 **73**번째 사이에 있는 사람들은 모두 몇 명일까요?

(　　　　　　)

독해 포인트 '68과 73 사이의 수'를 생각해 보세요.

+10 07쪽 수학적 표현력

어떤 수보다 **1**만큼 더 큰 수는 **83**입니다. 어떤 수보다 **1**만큼 더 작은 수는 얼마인지 설명해 보세요.

어떤 수보다 1만큼 더 큰 수는 83이므로 어떤 수는 83보다 1만큼 더 작은 수인 ☐입니다.
어떤 수가 ☐이므로 어떤 수보다 1만큼 더 작은 수는 ☐입니다.

오늘 공부 어땠나요?　10개 중 맞힌 문제 ☐개 　**틀린 문제**는 힌트를 보고 다시 도전해 보세요.　**맞힌 문제**는 힌트를 보고 자신의 생각과 비교해 보세요.

04일 수의 크기 비교하기

❶ 10개씩 묶음의 수와 낱개의 수로 크기 비교하기

10개씩 묶음의 수를 먼저 비교하고, 10개씩 묶음의 수가 같으면 낱개의 수를 비교합니다.

(1) 10개씩 묶음의 수가 다른 경우

➔ 10개씩 묶음의 수가 클수록 더 큰 수입니다.

67은 72보다 작습니다. ➔ **67<72**

72는 67보다 큽니다. ➔ **72>67**

(2) 10개씩 묶음의 수가 같은 경우

➔ 낱개의 수가 클수록 더 큰 수입니다.

65는 62보다 큽니다. ➔ **65>62**

62는 65보다 작습니다. ➔ **62<65**

개념+ 수직선에서 수의 크기 비교하기

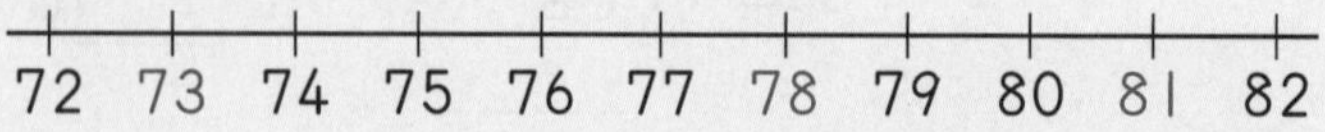

73, 78, 81 중에서 가장 큰 수는 81이고, 가장 작은 수는 73입니다.

확인 1 그림을 보고 ◯ 안에 >, <를 알맞게 써넣은 다음 알맞은 말에 ◯표 하세요.

(1)

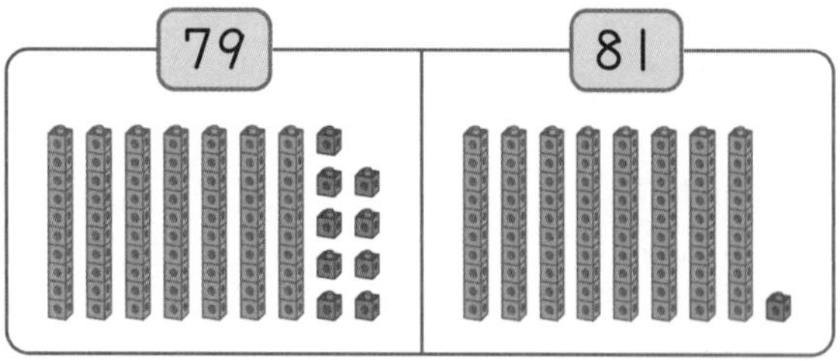

79 ◯ 81

79는 81보다 (큽니다 , 작습니다).

(2)

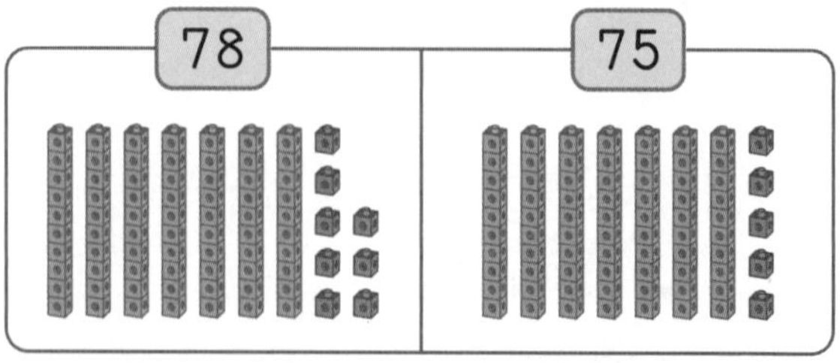

78 ◯ 75

78은 75보다 (큽니다 , 작습니다).

기본기 다지는 교과서 문제

1 그림을 보고 알맞은 말에 ○표 하세요.

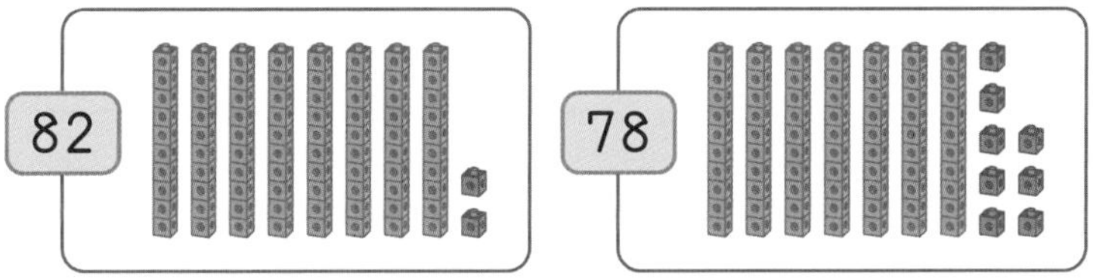

82는 78보다 (큽니다 , 작습니다).
78은 82보다 (큽니다 , 작습니다).

2 □ 안에 알맞은 수를 써넣고 ○ 안에 >, <를 알맞게 써넣으세요.

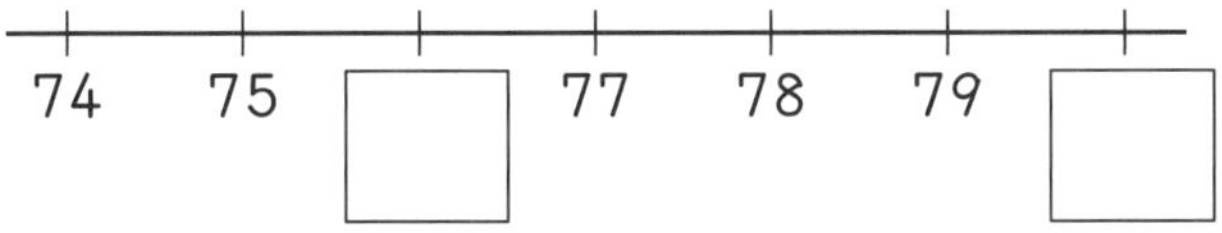

76 ○ 80

3 더 큰 수에 ○표 하세요.

(1) | 65 | 75 |

(2) | 86 | 89 |

4 가장 큰 수에 ○표, 가장 작은 수에 △표 하세요.

67 78 63

개념 따라쓰기

수의 크기 비교하기 ①

96 > 69

10개씩 묶음의 수를 먼저 비교

10개씩 묶음의 수가 클수록 더 큰 수입니다.

수의 크기 비교하기 ②

64 < 67

10개씩 묶음의 수가 같으면 낱개의 수를 비교

10개씩 묶음의 수가 같으면 낱개의 수가 클수록 더 큰 수입니다.

수직선에서 수의 크기 비교하기

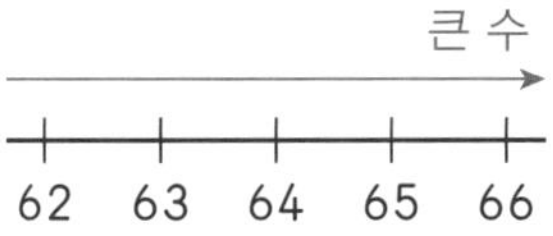

수를 순서대로 쓰면 오른쪽에 있는 수가 더 큽니다.

1

이해

수를 세어 □ 안에 쓰고 ○ 안에 >, <를 알맞게 써넣으세요.

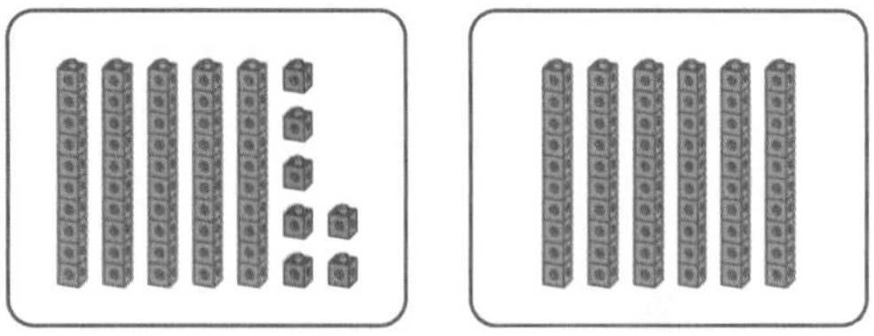

□ ○ □

2

이해

○ 안에 >, < 를 알맞게 써넣으세요.

(1) 73 ○ 83

(2) 87 ○ 78

(3) 85 ○ 81

3

08쪽

적용

수직선의 □ 안에 알맞은 수를 써넣고 ○ 안에 >, <를 알맞게 써넣으세요.

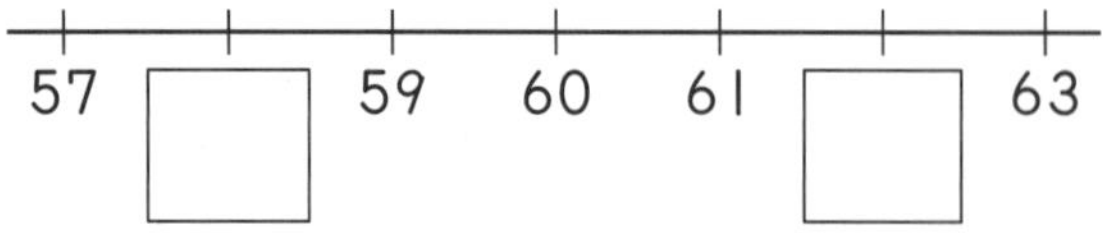

58 ○ 62

4

08쪽

적용

왼쪽 수보다 작은 수를 모두 찾아 쓰세요.

86	68	94	83	87

(　　　　　　)

5

08쪽

문제 해결

70보다 큰 수와 70보다 작은 수를 구분하여 ○ 안에 알맞은 수를 써넣으세요.

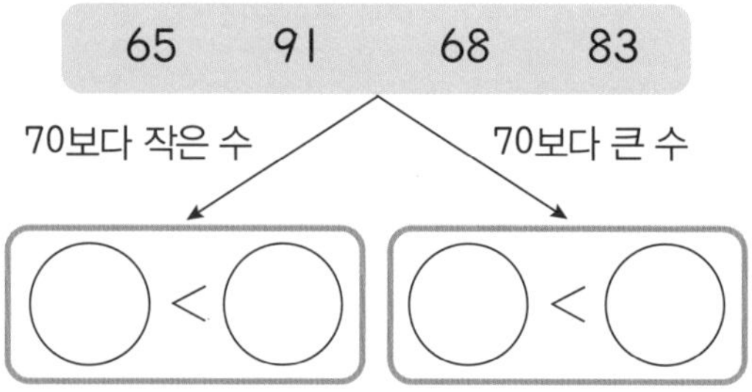

6

08쪽

추론

다음에서 설명하는 수를 구하세요.

- 68과 79 사이의 수입니다.
- 10개씩 묶음의 수가 낱개의 수와 같습니다.

(　　　　　　)

조금 더 어려운 문제에 도전해 볼까요?

7 09쪽 추론

1부터 9까지의 수 중에서 □ 안에 들어갈 수 있는 수에 모두 ○표 하세요.

5□ > 56

1 2 3 4 5 6 7 8 9

8 09쪽 창의 융합

3장의 수 카드 중에서 2장을 뽑아 한 번씩만 사용하여 몇십몇을 만들려고 합니다. 만들 수 있는 가장 큰 수를 쓰세요.

8 6 7

( )

+9 09쪽 수학적 독해력

우표를 진우는 67개, 서우는 69개 가지고 있고, 윤희는 진우보다 1개 더 많이 가지고 있습니다. 우표를 많이 가지고 있는 순서대로 이름을 쓰세요.

□ - □ - □

독해 포인트 '진우보다 1개 더 많이'
→ 진우가 가진 우표의 수보다 1만큼 더 큰 수

+10 09쪽 수학적 표현력

다음 수 카드 중에서 58보다 크고 63보다 작은 수 카드는 모두 몇 장인지 말해 보세요.

57 60 62 63

58보다 크고 63보다 작은 수는 59, □, □, □입니다.

따라서 58보다 크고 63보다 작은 수 카드는 □과 □로 모두 □장입니다.

오늘 공부 어땠나요? 10개 중 맞힌 문제 □ 개 › 틀린 문제는 힌트를 보고 다시 도전해 보세요. › 맞힌 문제는 힌트를 보고 자신의 생각과 비교해 보세요.

05일 짝수와 홀수 알아보기

❶ 짝수와 홀수 알아보기

• 2, 4, 6, 8, 10, 12와 같이 둘씩 짝을 지을 때 남는 것이 없는 수를 **짝수**라고 합니다.

• 1, 3, 5, 7, 9, 11과 같이 둘씩 짝을 지을 때 남는 것이 있는 수를 **홀수**라고 합니다.

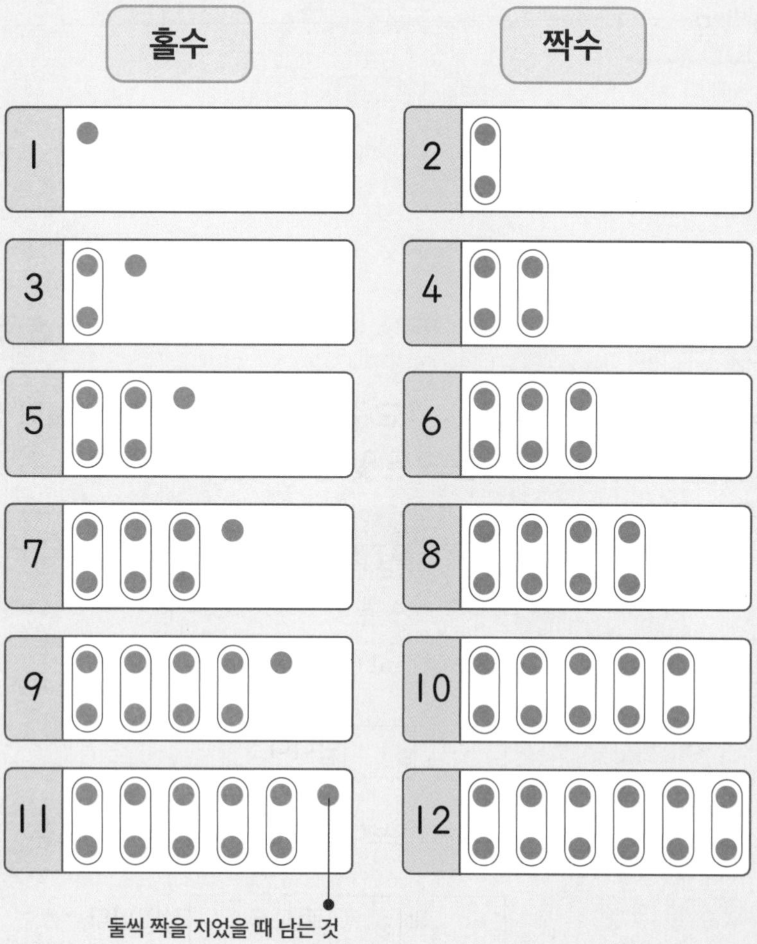

10보다 큰 짝수와 홀수의 구분

낱개의 수가 2, 4, 6, 8, 0이면 짝수이고, 1, 3, 5, 7, 9이면 홀수입니다.

예 14, 38, 50 → 짝수
23, 47, 89 → 홀수

확인 1 둘씩 짝을 지어 보고, 짝수인지 홀수인지 ○표 하세요.

(1) 3  (짝수 , 홀수)

(2) 6  (짝수 , 홀수)

(3) 9  (짝수 , 홀수)

» 정답 · 풀이 06쪽

기본기 다지는 교과서 문제

1 □ 안에 알맞은 수를 쓰고, 짝수인지 홀수인지 ○표 하세요.

(1)

토끼 □ 마리

(짝수 , 홀수)

(2)

당근 □ 개

(짝수 , 홀수)

2 홀수를 따라 선을 그어 보세요.

3 짝수는 빨간색으로, 홀수는 파란색으로 이어 보세요.

개념 따라쓰기

짝수와 홀수 알아보기

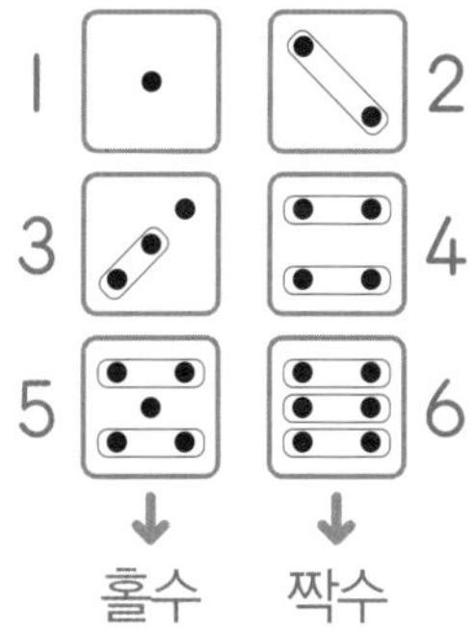

- 짝수는 둘씩 짝을 지을 때 남는 것이 없는 수입니다.
- 홀수는 둘씩 짝을 지을 때 남는 것이 있는 수입니다.

10보다 큰 짝수와 홀수 구분하기

11	12
13	14
15	16
17	18
19	20
↓	↓
홀수	짝수

- 낱개의 수가 2, 4, 6, 8, 0이면 짝수입니다.
- 낱개의 수가 1, 3, 5, 7, 9이면 홀수입니다.

1

이해

□가 몇 개인지 세어 수를 쓰고 알맞은 것에 ○표 하세요.

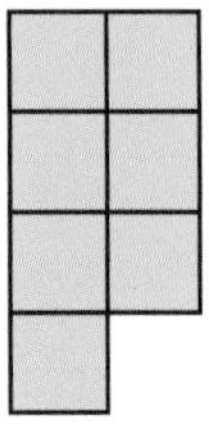

□ □

(짝수 , 홀수) (짝수 , 홀수)

2

10쪽

적용

수 배열표에서 짝수에 모두 ○표 하세요.

27	28	29	30	31	32	33	34
35	36	37	38	39	40	41	42
43	44	45	46	47	48	49	50

3

10쪽

적용

수직선에서 홀수에 모두 ○표 하세요.

79 80 81 82 83 84 85 86 87

4

창의 융합

그림을 보고 알맞은 말에 ○표 하세요.

아이들의 수는 (짝수 , 홀수)입니다.

풍선의 수는 (짝수 , 홀수)입니다.

5

10쪽

추론

두 수 사이의 수 중에서 홀수는 모두 몇 개일까요?

7 16

( )

6

10쪽

문제 해결

계산 결과가 짝수인지 홀수인지 ○표 하세요.

(1) 4+6 ➔ (짝수 , 홀수)

(2) 5+8 ➔ (짝수 , 홀수)

(3) 3+9 ➔ (짝수 , 홀수)

조금 더 어려운 문제에 도전해 볼까요?

7 11쪽 문제 해결

짝수와 홀수를 구분하여 ◯ 안에 알맞은 수를 써넣으세요.

23 32 28 37

짝수: ◯ < ◯

홀수: ◯ < ◯

8 11쪽 추론

다음 계산 결과는 짝수인지 홀수인지 쓰세요.

(1) (짝수)+(홀수) → (   )

(2) (홀수)+(홀수) → (   )

+9 11쪽 수학적 독해력

다음에서 설명하는 수를 모두 구하세요.

- 짝수입니다.
- 10개씩 묶음이 7개입니다.
- 74보다 큰 수입니다.

(   )

독해 포인트 짝수는 낱개의 수가 2, 4, 6, 8, 0입니다.

+10 11쪽 수학적 표현력

43보다 크고 51보다 작은 수 중에서 짝수는 모두 몇 개인지 말해 보세요.

43보다 크고 51보다 작은 수는 44, 45, 46, 47, 48, 49, 50입니다.

이 중에서 짝수는 44, 46, ☐, ☐입니다.

따라서 짝수의 개수는 ☐개입니다.

오늘 공부 어땠나요? 10개 중 맞힌 문제 ☐ 개

틀린 문제는 힌트를 보고 다시 도전해 보세요.

맞힌 문제는 힌트를 보고 자신의 생각과 비교해 보세요.

01 □ 안에 알맞은 수를 써넣으세요.

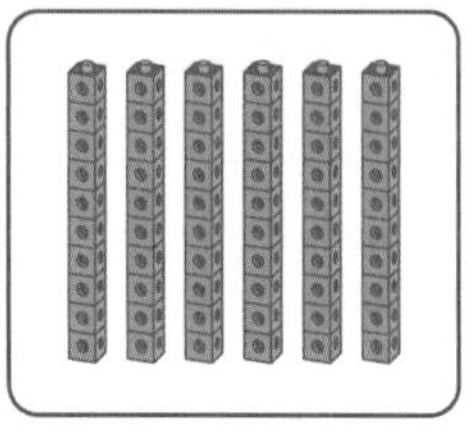

10개씩 묶음 □개 ➔ □

02 나타내는 수가 다른 하나를 찾아 기호를 쓰세요.

㉠ 80	㉡ 팔십	㉢ 일흔
㉣ 여든	㉤ 10개씩 묶음 8개	

( )

03 빈칸에 알맞은 수를 써넣으세요.

수	10개씩 묶음	낱개
58	5	
75		5

04 빈칸에 알맞은 수를 써넣으세요.

1만큼 더 작은 수		1만큼 더 큰 수
□	53	□

05 자두가 94개 있습니다. 한 봉지에 10개씩 나누어 담으면 몇 개가 남을까요?

( )

06 ○ 안에 >, <를 알맞게 써넣으세요.

(1) 61 ○ 59

(2) 85 ○ 87

07 연의 수를 세어 쓰고, 짝수인지 홀수인지 ○표 하세요.

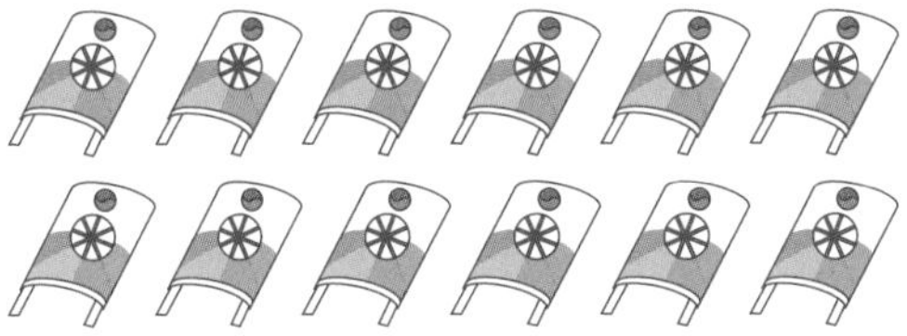

□ → (짝수 , 홀수)

08 3장의 수 카드 중에서 2장을 뽑아 한 번씩만 사용하여 몇십몇을 만들려고 합니다. 만들 수 있는 가장 큰 수를 쓰세요.

(　　　　　　　)

09 1부터 9까지의 수 중에서 □ 안에 들어갈 수 있는 수에 모두 ○표 하세요.

4□ < 45

1　2　3　4　5　6　7　8　9

서술형

10 어떤 수보다 1만큼 더 큰 수는 72입니다. 어떤 수보다 1만큼 더 작은 수는 얼마인지 풀이 과정을 쓰고, 답을 구하세요.

[풀이] ____________________

____

____

[답] ____________________

공부한 날 월 일

세 수의 덧셈

① 세 수의 덧셈

세 수의 덧셈은 앞의 두 수를 먼저 더하고, 나온 수에 나머지 한 수를 더합니다.

예 2+1+4의 계산

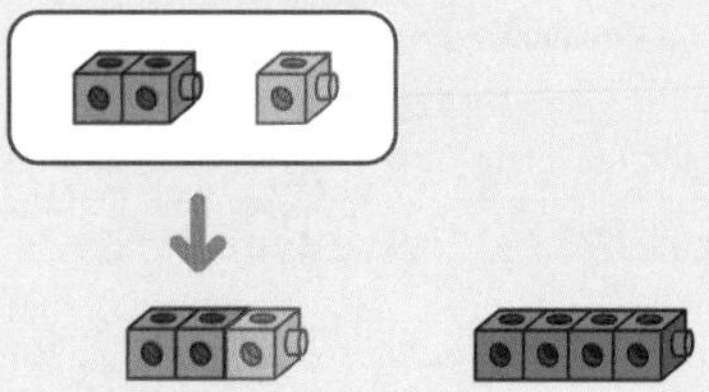

$2+1=3$

$3+4=7$

→ $2+1+4=7$

◐ 세 수의 덧셈

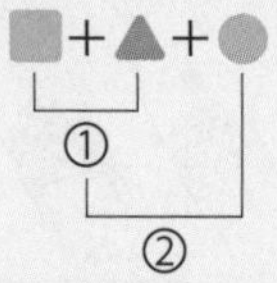

① 앞의 두 수를 먼저 더합니다.

② 두 수를 더해 나온 수에 나머지 한 수를 더합니다.

개념+ 세 수의 덧셈 순서

세 수의 덧셈은 순서를 바꾸어 계산해도 결과가 같습니다.

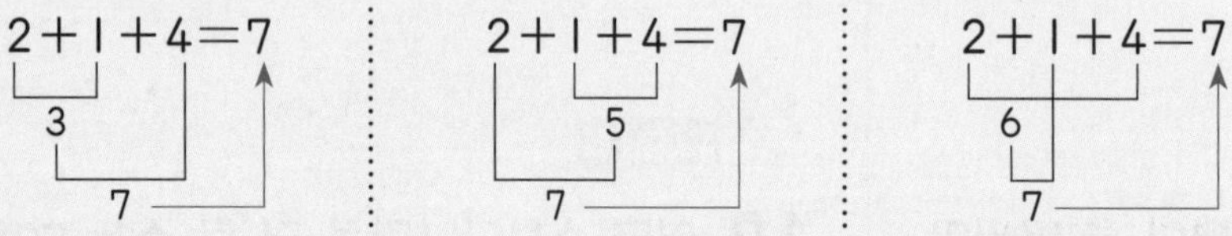

확인 1 축구공이 3개, 농구공이 2개, 배구공이 4개 있습니다. 공은 모두 몇 개인지 알아보세요.

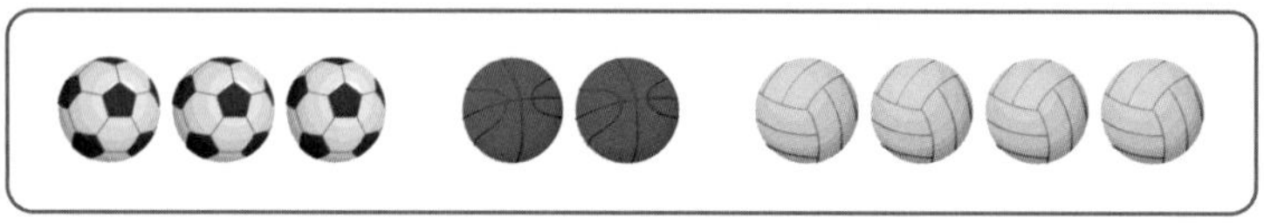

(1) 식으로 나타내 보세요.

3+□+□

(2) 세 수의 덧셈을 해 보세요.

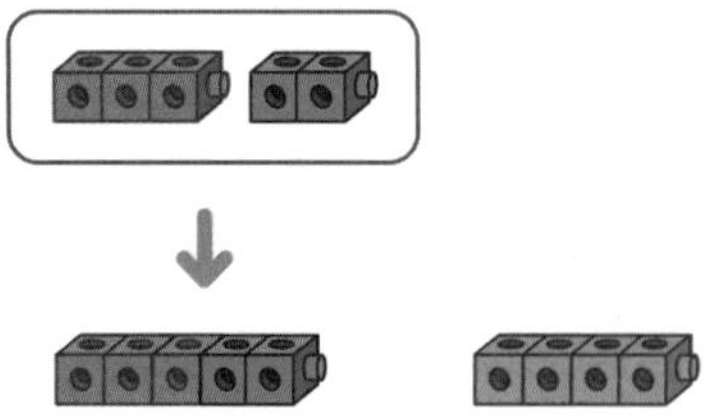

3+□=□

□+4=□

□+□+□=□

기본기 다지는 교과서 문제

» 정답 · 풀이 08쪽

1 그림을 보고 알맞은 덧셈식을 만들어 보세요.

3+□+□=□

2 계산해 보세요.

(1) 3+1+5=□

3+1=□

□+5=□

(2) 5+1+3=□

5+1=□

□+3=□

3 □ 안에 알맞은 수를 써넣으세요.

(1) 2+3+2=□

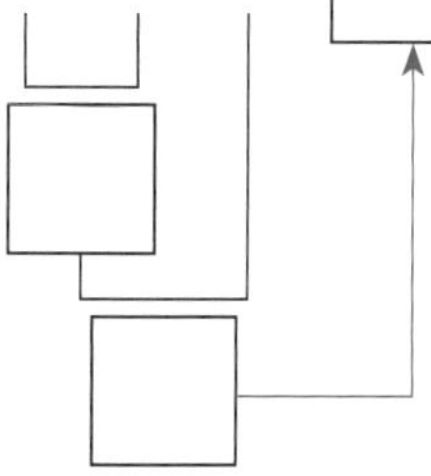

(2) 1+3+3=□

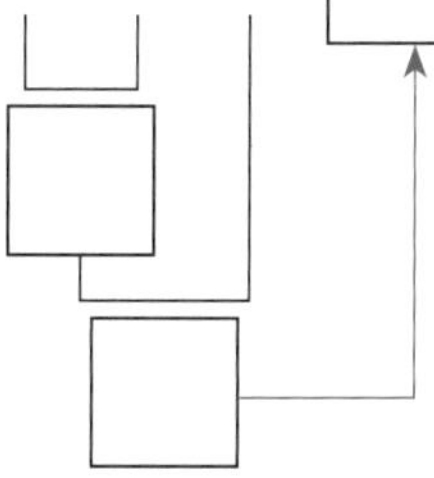

개념 따라쓰기

2 단원

세 수의 덧셈

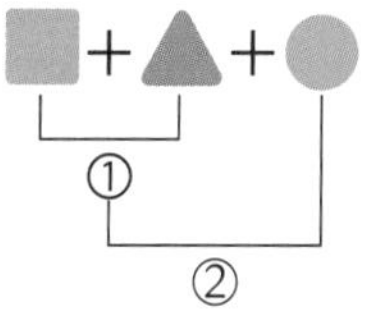

세 수의 덧셈은 앞의 두 수를 먼저 더하고, 나온 수에 나머지 한 수를 더합니다.

세 수의 덧셈 순서

1+2+3=6 (① 1+2, ② 더한 값+3)

1+2+3=6 (① 2+3, ② 1+더한 값)

세 수의 덧셈은 순서를 바꾸어 계산해도 결과가 같습니다.

1

이해

그림을 보고 세 수의 덧셈을 해 보세요.

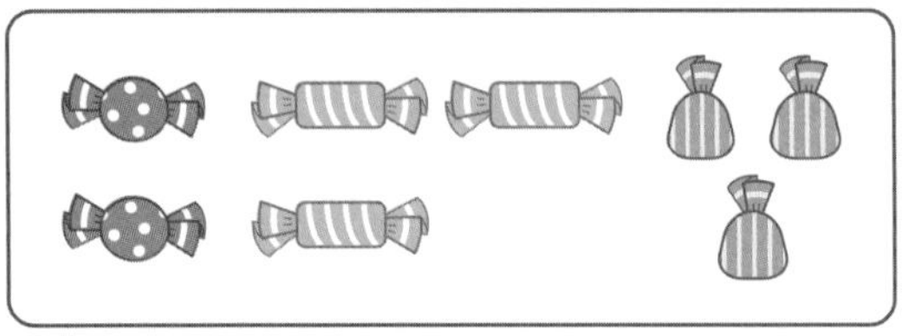

2+☐+☐=☐

2

12쪽

계산

계산해 보세요.

(1) 3+2+1=☐

(2) 4+1+3=☐

3

12쪽

적용

빈 곳에 알맞은 수를 써넣으세요.

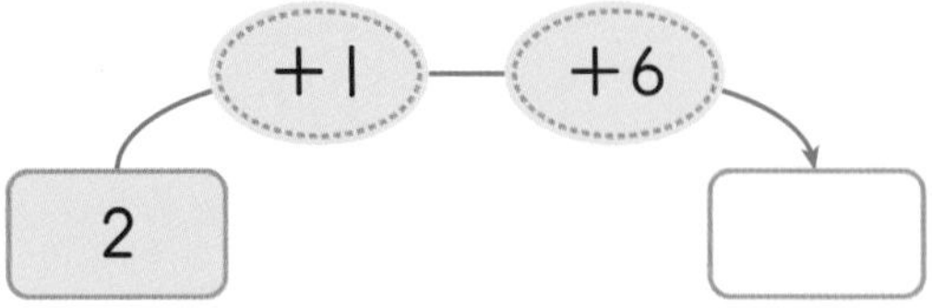

4

계산

계산 결과를 찾아 선으로 이어 보세요.

2+4+3 •	• 7
3+1+4 •	• 8
3+1+3 •	• 9

5

12쪽

창의 융합

축구 경기에서 몇 골을 넣었는지 나타낸 것입니다. 1반이 넣은 골은 모두 몇 골일까요?

1반	2반
1	4

1반	3반
4	3

1반	4반
2	3

(　　　　　)

6

12쪽

문제 해결

운동장에 야구공 5개, 축구공 1개, 배구공 3개가 있습니다. 운동장에 있는 공은 모두 몇 개인지 식을 만들고 계산하세요.

☐+☐+☐=☐

2 단원

7 (13쪽)

계산

계산 결과가 더 큰 것의 기호를 쓰세요.

㉠ $4+1+1$ ㉡ $2+2+3$

( )

8 (13쪽)

창의 융합

3장의 수 카드 중에서 2장을 뽑아 한 번씩만 사용하여 덧셈식을 완성하세요.

5 3 2

$1+\square+\square=8$

+9 (13쪽)

수학적 독해력

슬기와 로운이는 1층에서 엘리베이터를 탔습니다. 로운이는 3층 더 올라가서 내렸고, 슬기는 로운이보다 5층 더 올라가서 내렸습니다. 슬기는 몇 층에서 내렸을까요?

( )

독해 포인트 '층을 올라가는' 것이므로 덧셈으로 나타낼 수 있습니다.

+10 (13쪽)

수학적 표현력

1부터 9까지의 수 중에서 ★에 들어갈 수 있는 수를 모두 말해 보세요.

$3+1+\bigstar<7$

$3+1=4$이므로 식을 간단히 하면

$4+\bigstar<7$입니다.

$4+1=\square$, $4+2=\square$, $4+3=\square$이므로

★에 들어갈 수 있는 수는 □, □입니다.

오늘 공부 어땠나요? 10개 중 맞힌 문제 □ 개 › **틀린 문제**는 힌트를 보고 다시 도전해 보세요. › **맞힌 문제**는 힌트를 보고 자신의 생각과 비교해 보세요.

07일 세 수의 뺄셈

① 세 수의 뺄셈

세 수의 뺄셈은 앞의 두 수를 빼고, 나온 수에서 나머지 한 수를 뺍니다.

예 $7-2-1$의 계산

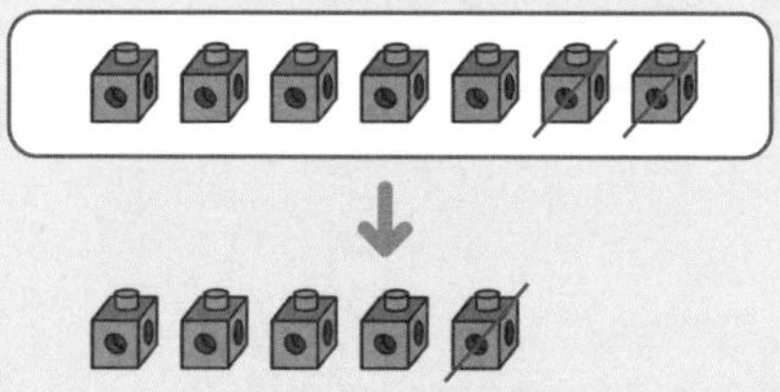

$7-2=5$

$5-1=4$

→ $7-2-1=4$

세 수의 뺄셈

■−▲−●

① 앞의 두 수의 뺄셈을 먼저 합니다.

② 두 수의 뺄셈을 하여 나온 수에서 나머지 한 수를 뺍니다.

개념+ 세 수의 뺄셈 순서

세 수의 뺄셈은 순서를 바꾸어 계산하면 결과가 달라집니다.

$7-2-1=4$ (○) — 5, 4

$7-2-1=6$ (×) — 1, 6

확인 1 사탕 8개 중에서 슬기가 1개, 로운이가 3개를 가져갔습니다. 남은 사탕은 몇 개인지 알아보세요.

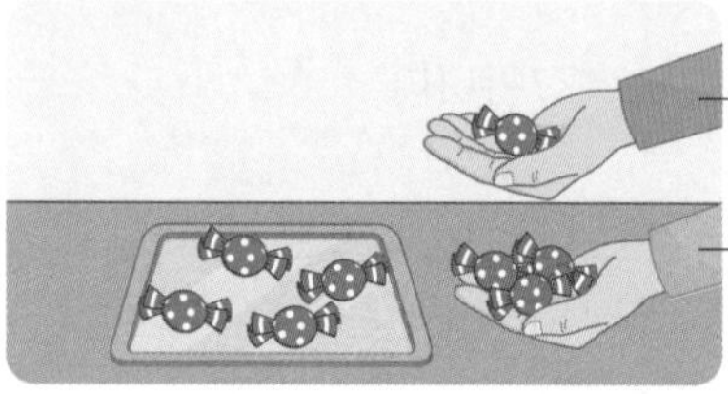

(1) 식으로 나타내 보세요.

8 − □ − □

(2) 세 수의 뺄셈을 해 보세요.

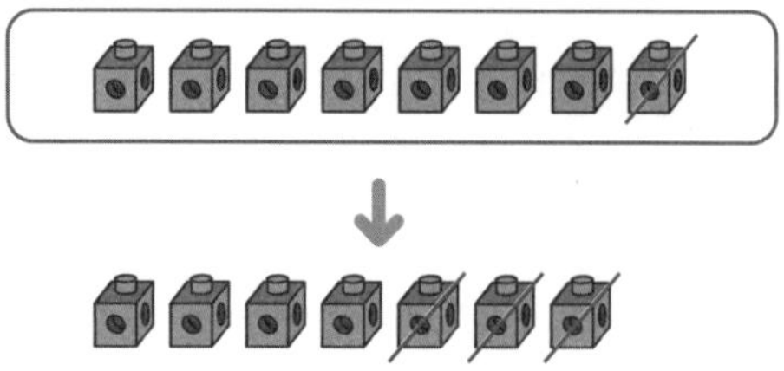

8 − 1 = □

□ − 3 = □

□ − □ − □ = □

» 정답 · 풀이 09쪽

1 그림을 보고 알맞은 뺄셈식을 만들어 보세요.

9 − □ − □ = □

2 계산해 보세요.

(1) 9 − 5 − 2 = □

9 − 5 = □

□ − 2 = □

(2) 8 − 3 − 3 = □

8 − 3 = □

□ − 3 = □

3 □ 안에 알맞은 수를 써넣으세요.

(1) 5 − 3 − 1 = □

□

□

(2) 8 − 2 − 4 = □

□

□

개념 따라쓰기

세 수의 뺄셈

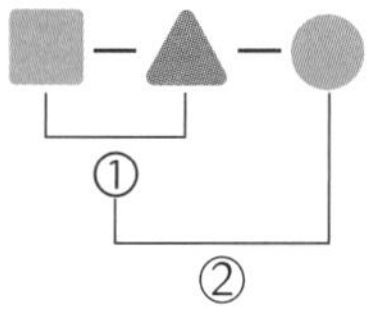

세 수의 뺄셈은 앞의 두 수를 빼고, 나온 수에서 나머지 한 수를 뺍니다.

세 수의 뺄셈 순서

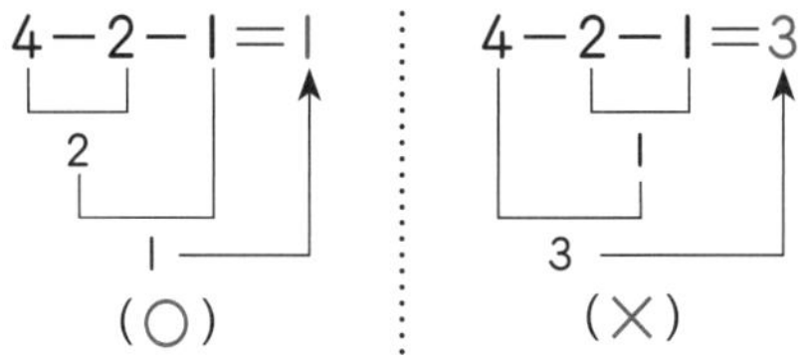

세 수의 뺄셈은 순서를 바꾸어 계산하면 결과가 달라집니다.

1 이해

그림을 보고 세 수의 뺄셈을 해 보세요.

8 − □ − □ = □

2 14쪽 계산

계산해 보세요.

(1) 6 − 2 − 2 = □

(2) 7 − 1 − 3 = □

3 14쪽 적용

수직선을 보고 뺄셈식을 만들어 보세요.

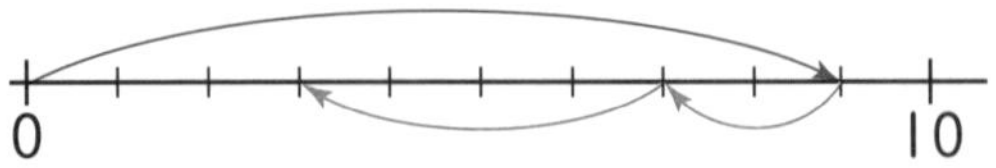

9 − □ − □ = □

4 14쪽 이해

계산에서 잘못된 점을 찾아 바르게 고쳐 보세요.

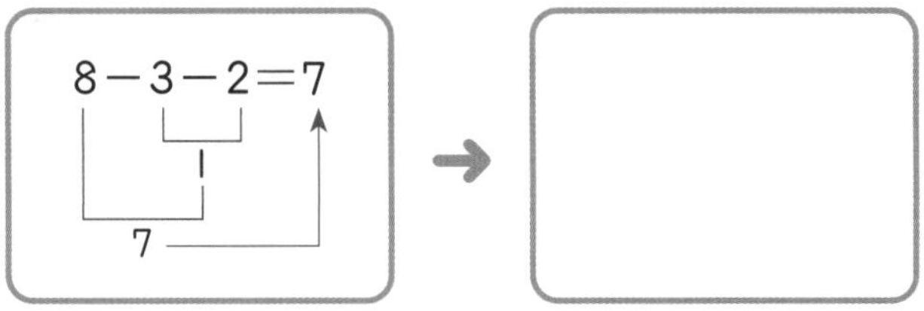

5 계산

계산 결과를 찾아 선으로 이어 보세요.

9 − 5 − 1	2
8 − 3 − 1	3
7 − 1 − 4	4

6 14쪽 문제 해결

초콜릿 7개 중에서 지혜가 3개를 먹고, 영민이가 2개를 먹었습니다. 남은 초콜릿은 몇 개인지 식을 만들고 계산하세요.

7 − □ − □ = □

7 15쪽 창의 융합

4장의 수 카드 중에서 3장을 뽑아 한 번씩만 사용하여 계산 결과가 가장 큰 뺄셈식을 만들고 계산하세요.

4 2 1 9

□ − □ − □ = □

8 15쪽 추론

1부터 9까지의 수 중에서 □ 안에 들어갈 수 있는 가장 큰 수를 구하세요.

7 − 1 − □ > 2

(　　　　　　)

+9 15쪽 수학적 독해력

음악 소리의 크기를 8칸에서 1칸을 줄이고 다시 4칸을 줄였습니다. 지금 듣고 있는 음악 소리의 크기만큼 칸을 색칠해 보세요.

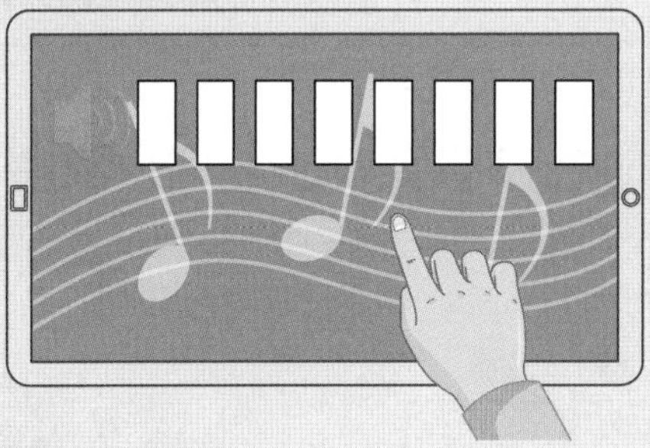

독해 포인트 '소리를 줄이는' 것이므로 뺄셈으로 나타낼 수 있습니다.

+10 15쪽 수학적 표현력

서준이와 윤하는 9층에서 엘리베이터를 탔습니다. 서준이는 2층 더 내려가서 내렸고, 윤하는 서준이보다 5층 더 내려가서 내렸습니다. 윤하는 몇 층에서 내렸는지 설명해 보세요.

9층에서 2층을 내려간 다음 다시 5층을 더 내려갔으므로 윤하가 내린 층은 9 − □ − □ = □ (층)입니다.

따라서 윤하는 □ 층에서 내렸습니다.

오늘 공부 어땠나요?

10개 중 맞힌 문제 □ 개

틀린 문제는 힌트를 보고 다시 도전해 보세요.

맞힌 문제는 힌트를 보고 자신의 생각과 비교해 보세요.

공부한 날 월 일

08일 10이 되는 더하기

① 10이 되는 더하기

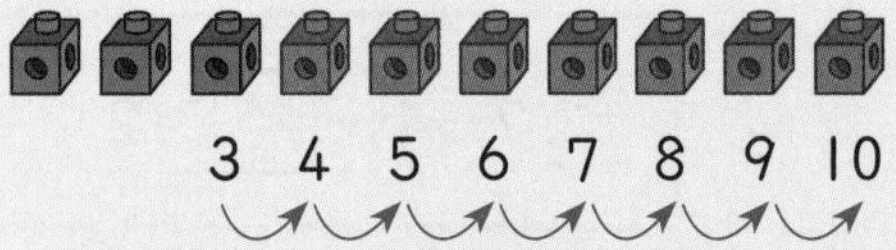

3+7=10

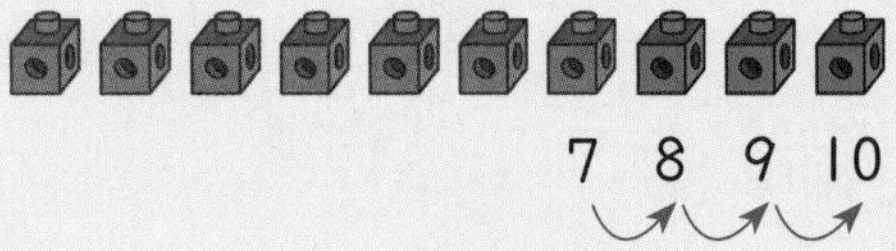

7+3=10

→ 두 수를 바꾸어 더해도 합은 10으로 같습니다.

◐ 이어 세기로 덧셈을 할 수 있습니다.

◐ 10 모으기

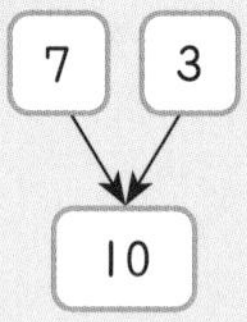

→ 7+3=10

개념+ 10이 되는 여러 가지 덧셈식

1+9=10	4+6=10	7+3=10
2+8=10	5+5=10	8+2=10
3+7=10	6+4=10	9+1=10

확인 1 파란색 구슬이 6개, 노란색 구슬이 4개 있습니다. 구슬은 모두 몇 개인지 이어 세기를 이용하여 구하세요.

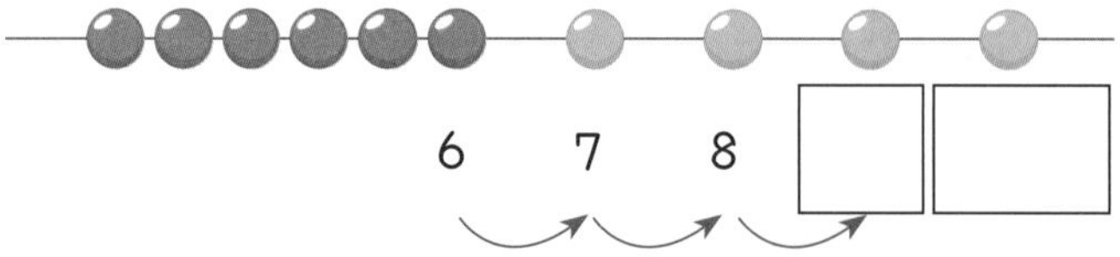

6+4= ☐

확인 2 덧셈식으로 나타내고, 알맞은 말에 ○표 하세요.

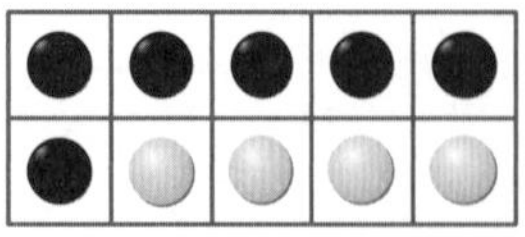

6+ ☐ =10

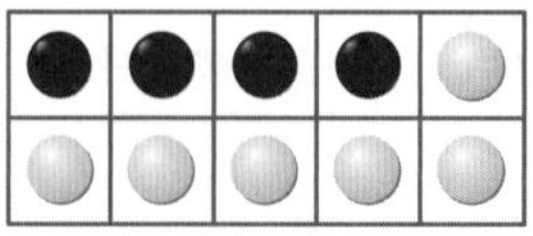

4+ ☐ =10

→ 두 수를 바꾸어 더하면 합은 (같습니다 , 다릅니다).

기본기 다지는 교과서 문제

» 정답 · 풀이 10쪽

1 그림을 보고 알맞은 덧셈식을 만들어 보세요.

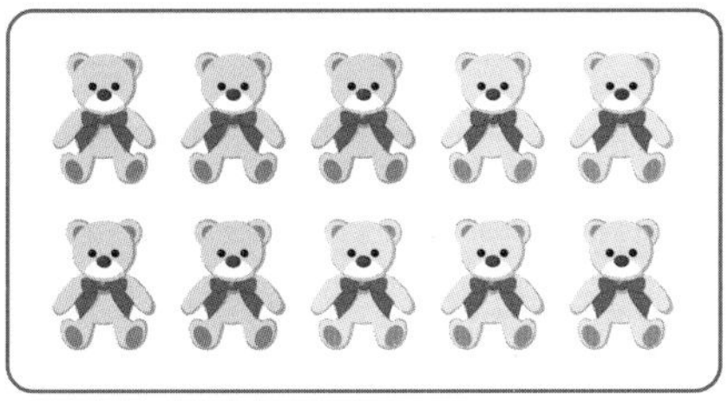

$5+5=\square$

2 □ 안에 알맞은 수를 써넣으세요.

(1)

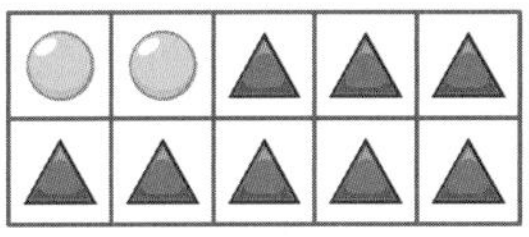

$\square+\square=10$

(2)

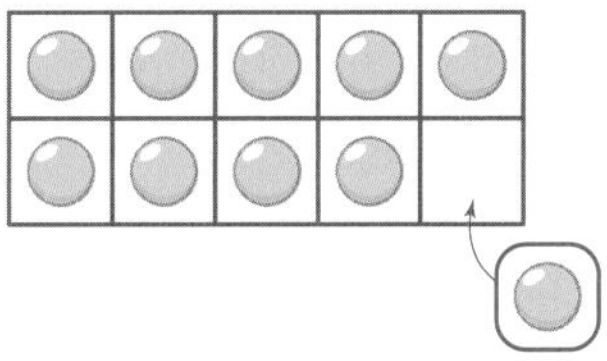

$\square+\square=10$

3 스쿨버스에 어린이가 3명 타고 있었는데 7명이 더 탔습니다. 지금 스쿨버스에 타고 있는 어린이는 모두 몇 명인지 덧셈식을 만들어 보세요.

$\square+\square=\square$

개념 따라쓰기

10이 되는 더하기

$3+7=10$

$7+3=10$

두 수를 바꾸어 더해도 합은 10으로 같습니다.

10이 되는 여러가지 덧셈식

$1+9=10$

$2+8=10$

$3+7=10$

$4+6=10$

$5+5=10$

$6+4=10$

$7+3=10$

$8+2=10$

$9+1=10$

스스로 풀어내는 도전 10 문제

1 이해

10이 되도록 빈 곳에 ○를 그려 넣고, □ 안에 알맞은 수를 써넣으세요.

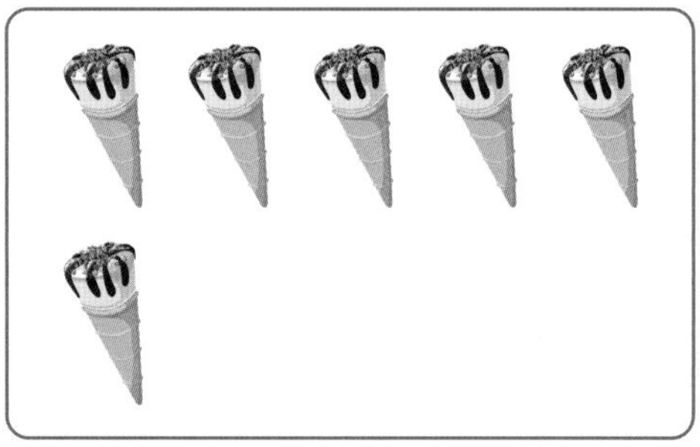

6+□=10

2 계산

계산해 보세요.

(1) 1+9=□

(2) 5+5=□

3 16쪽 적용

그림을 보고 덧셈식을 완성하세요.

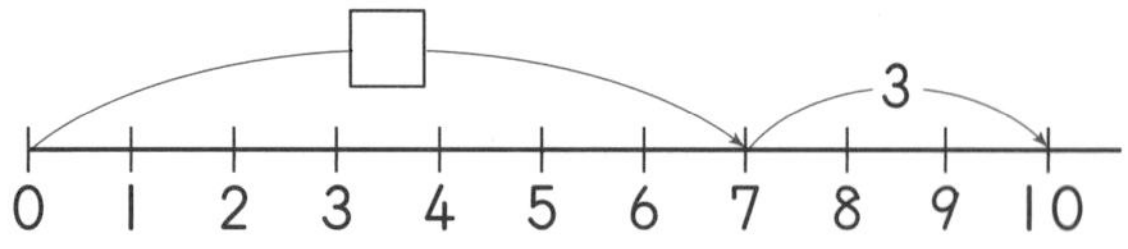

□+3=10

4 16쪽 창의 융합

손가락의 수를 세어 덧셈식을 만들어 보세요.

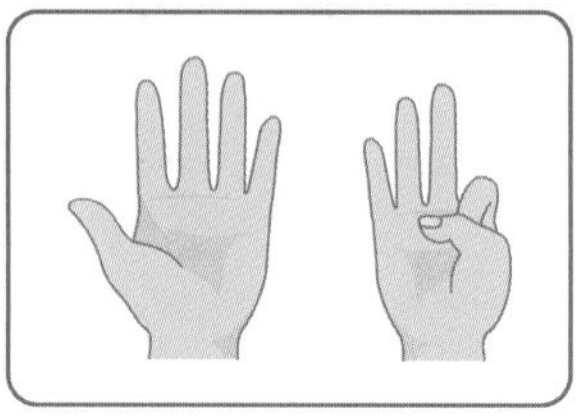

펼친 손가락 □ + 접은 손가락 □ =10

5 16쪽 계산

합이 10이 되는 두 수를 찾아 ○표 하세요.

4	5	3	8	6

6 16쪽 적용

□ 안에 알맞은 수를 써넣으세요.

(1) 2+8=8+□

(2) 9+1=□+9

» 정답 · 풀이 10쪽

7 17쪽 추론

□ 안에 알맞은 수가 가장 작은 것을 찾아 기호를 쓰세요.

㉠ 3+□=10	㉡ □+2=10
㉢ 5+□=10	㉣ □+4=10

( )

8 17쪽 창의 융합

두 수를 더해서 10이 되도록 빈칸에 알맞은 수를 써넣으세요.

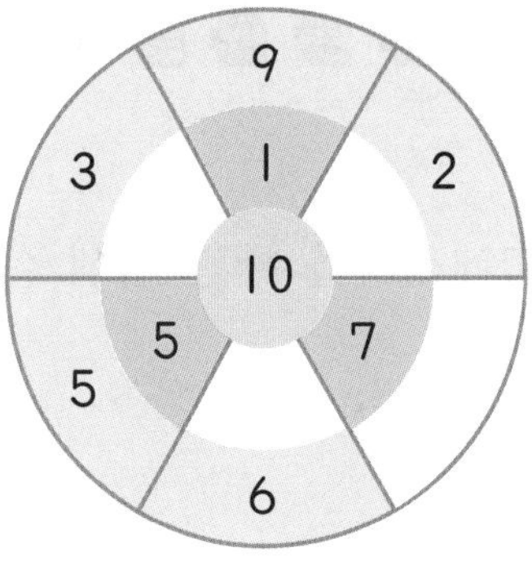

+9 17쪽 수학적 독해력

종욱이는 붙임딱지 3장을 가지고 있습니다. 붙임딱지가 10장이 되려면 몇 장을 더 모아야 하는지 구하세요.

( )

독해 포인트 3과 더해서 10이 되는 수를 생각해 보세요.

+10 17쪽 수학적 표현력

더해서 10이 되는 두 수를 찾아 ⬭표 하고, 10이 되는 덧셈식을 써 보세요.

7	2	5	3	4	6
3	1	4	5	2	7
1	8	2	9	1	2

$10=7+3$

오늘 공부 어땠나요? 10개 중 맞힌 문제 □ 개 › 틀린 문제는 힌트를 보고 다시 도전해 보세요. › 맞힌 문제는 힌트를 보고 자신의 생각과 비교해 보세요.

09일 10에서 빼기

① 거꾸로 세기로 10에서 빼기

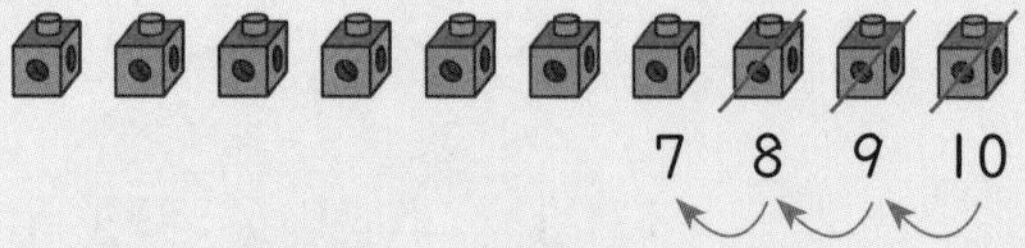

$10-3=7$

→ 10에서 3을 빼면 뺄셈 결과는 7이 됩니다.

◐ 10−3의 계산

방법 1 빼는 수만큼 ╱으로 지워서 구하기

→ $10-3=7$

방법 2 하나씩 짝 지어서 남는 수 구하기

→ $10-3=7$

개념+ 10에서 빼는 여러 가지 뺄셈식

$10-1=9$	$10-4=6$	$10-7=3$
$10-2=8$	$10-5=5$	$10-8=2$
$10-3=7$	$10-6=4$	$10-9=1$

◐ 10 가르기

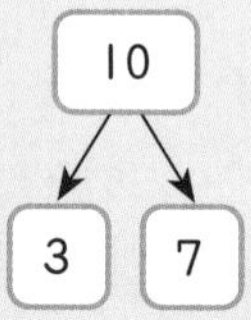

→ $10-3=7$

확인 1 초록색 구슬 10개 중 4개를 빼냈습니다. 남은 구슬은 모두 몇 개인지 거꾸로 세기를 이용하여 구하세요.

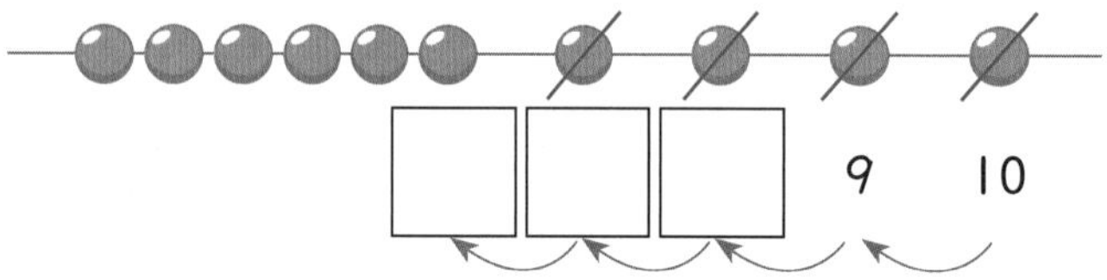

$10-4=$ □

확인 2 그림을 보고 알맞은 뺄셈식을 만들어 보세요.

(1)

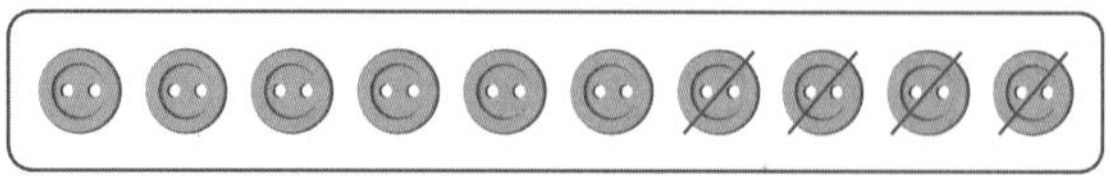

$10-4=$ □

(2)

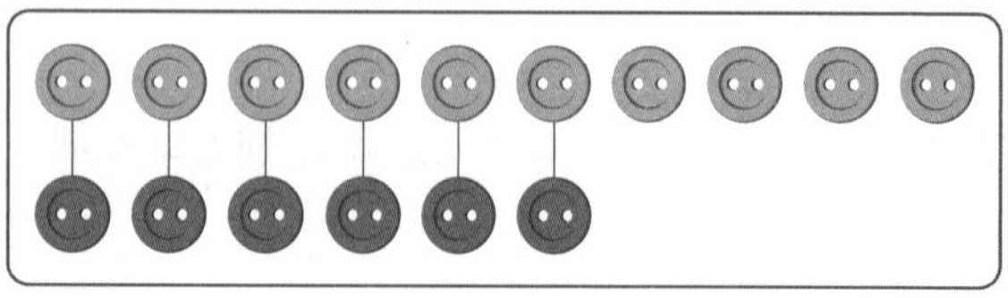

$10-6=$ □

» 정답 · 풀이 11쪽

기본기 다지는 교과서 문제

1 그림을 보고 알맞은 뺄셈식을 만들어 보세요.

(1)

10－2＝□

(2)

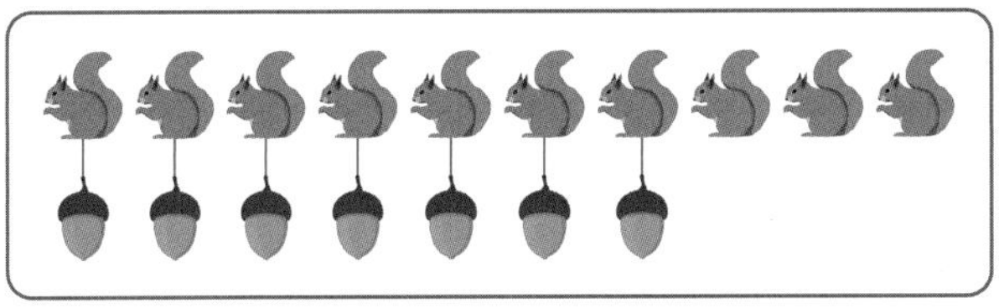

10－7＝□

2 □ 안에 알맞은 수를 써넣으세요.

(1)

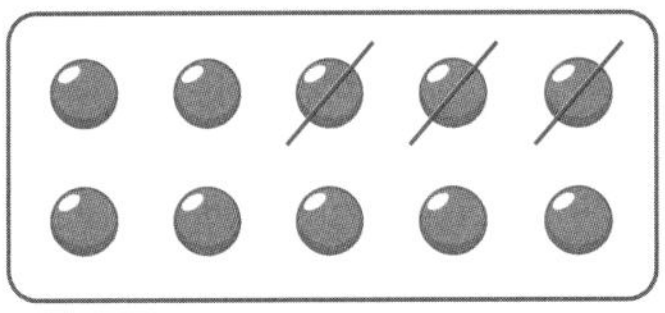

10－□＝□

(2)

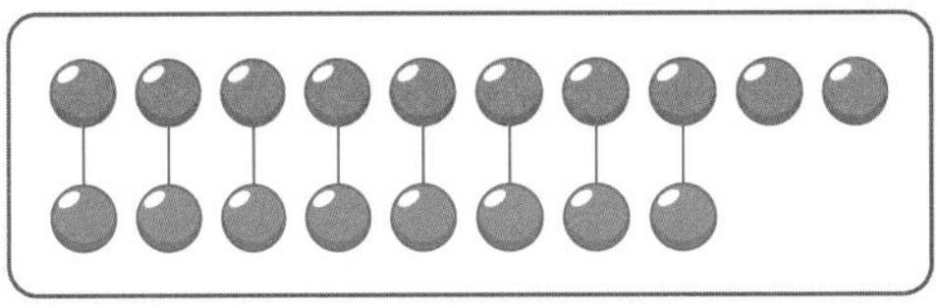

10－□＝□

3 뺄셈식으로 나타내 보세요.

(1)

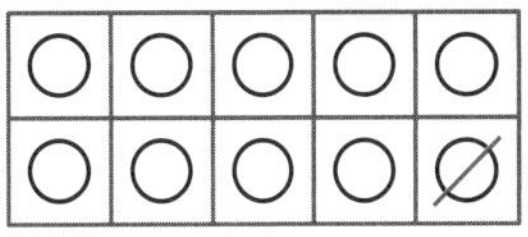

10－1＝□

(2)

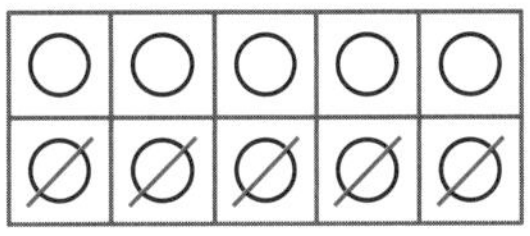

10－5＝□

개념 따라쓰기

2 단원

10에서 빼는 여러 가지 뺄셈식

10－1＝9
10－2＝8
10－3＝7
10－4＝6
10－5＝5
10－6＝4
10－7＝3
10－8＝2
10－9＝1

스스로 풀어내는 도전 10 문제

막힐 땐 힌트북

1

이해

그림을 보고 알맞은 뺄셈식을 만들어 보세요.

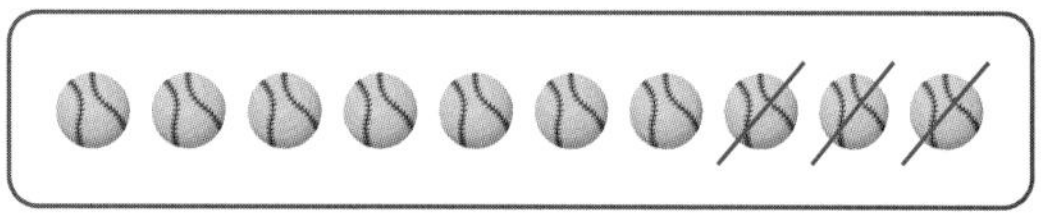

10 − □ = □

2

계산

뺄셈을 하세요.

(1) 10 − 8 = □

(2) 10 − 5 = □

3

18쪽

적용

두 수의 차가 4인 것에 ○표 하세요.

10	4

( )

10	5

( )

10	6

( )

4

18쪽

적용

색칠하고 남아 있는 칸의 수를 구하는 뺄셈식을 쓰세요.

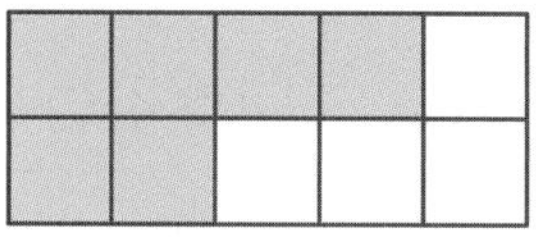

10 − □ = □

5

18쪽

추론

□ 안에 알맞은 수를 써넣으세요.

(1) 10 − □ = 3

(2) 10 − □ = 7

6

18쪽

창의 융합

사탕이 10개 들어 있는 봉지에서 손바닥 위의 수만큼 꺼낸 것입니다. 그림을 보고 봉지에 남은 사탕은 몇 개인지 뺄셈식을 만들어 보세요.

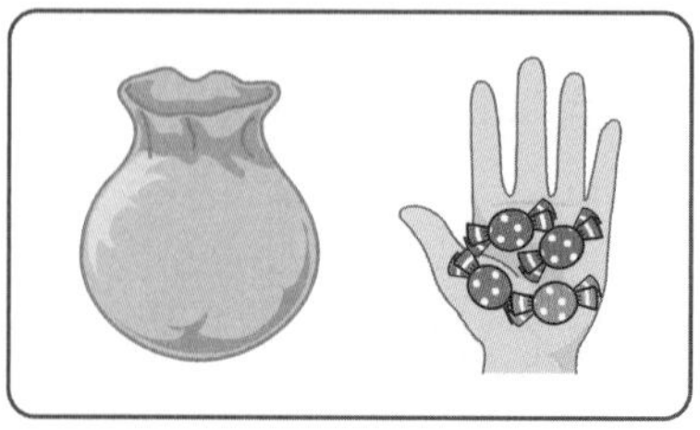

□ − □ = □

조금 더 **어려운 문제**에 도전해 볼까요?

7 19쪽 계산

차가 큰 것부터 차례로 기호를 쓰세요.

㉠ 10－4　㉡ 10－3
㉢ 10－6　㉣ 10－7

□－□－□－□

8 19쪽 창의 융합

같은 모양은 같은 수를 나타냅니다. ★이 나타내는 수를 구해 보세요.

10－2＝♥　♥－1－3＝★

(　　　　)

+9 19쪽 수학적 독해력

슬기는 구슬 10개를 가지고 있습니다. 슬기가 보여주는 구슬을 보고 다른 손에 감춘 구슬은 몇 개인지 구하세요.

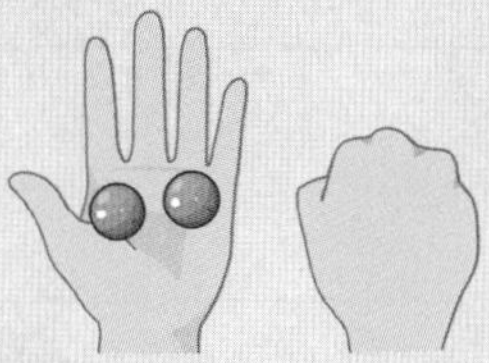

(　　　　)

독해 포인트 슬기가 가지고 있는 구슬은 모두 10개입니다.

+10 19쪽 수학적 표현력

피자 10조각 중에서 로운이가 몇 개를 먹고 나니 7조각이 남았습니다. 로운이가 먹은 피자는 몇 조각인지 설명해 보세요.

10에서 7이 남으려면 □을 빼야 합니다. 따라서 로운이가 먹은 피자는 □조각입니다.

오늘 공부 어땠나요? 10개 중 맞힌 문제 □개 > **틀린 문제**는 힌트를 보고 다시 도전해 보세요. > **맞힌 문제**는 힌트를 보고 자신의 생각과 비교해 보세요.

10일 10을 만들어 더하기

① 10을 만들어 세 수 더하기

앞의 두 수를 먼저 더하기

$(6+4)+2$

$=10+2=12$

뒤의 두 수를 먼저 더하기

$1+(8+2)$

$=1+10=11$

→ 10이 되는 두 수를 먼저 더해 10을 만들고 남는 수를 더합니다.

◐ 10을 만들어 더하기
10이 되는 두 수를 먼저 더하면 더 쉽게 계산할 수 있습니다.

개념+ 양 끝의 두 수로 10을 만들어 세 수 더하기

양 끝의 두 수로 10을 만들어 세 수를 더할 수도 있습니다.

$6+2+4=12$

(6과 4를 더해 10, 10과 2를 더해 12)

확인 1 그림을 보고 □ 안에 알맞은 수를 써넣으세요.

(1)

$(7+3)+5$

$=\square+\square=\square$

(2)

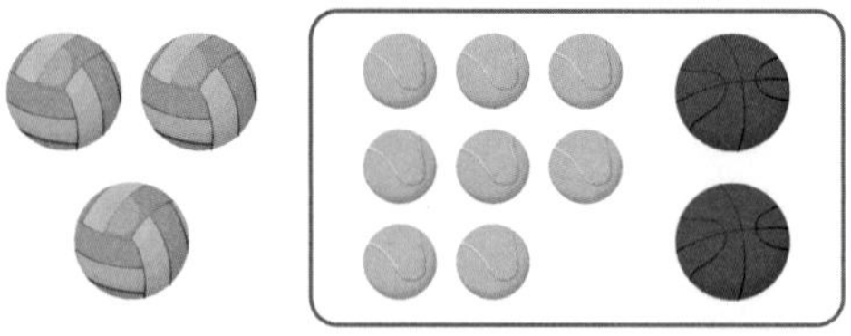

$3+(8+2)$

$=\square+\square=\square$

기본기 다지는 교과서 문제

» 정답 · 풀이 12쪽

1 그림을 보고 □ 안에 알맞은 수를 써넣으세요.

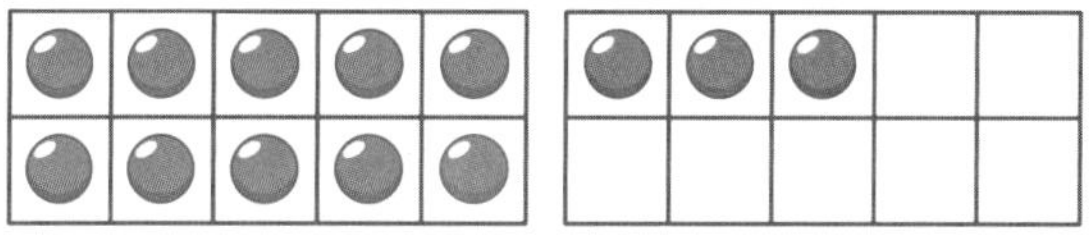

□ + □ + □ = □

2 □ 안에 알맞은 수를 써넣으세요.

(1) 9 + 1 + 4 = □

(9 + 1 → □, □ + 4 → □)

(2) 6 + 7 + 3 = □

(7 + 3 → □, 6 + □ → □)

3 10을 만들어 세 수를 더해 보세요.

(1) 4 + 6 + 5 = □ + 5 = □

(2) 6 + 5 + 5 = 6 + □ = □

(3) 8 + 7 + 2 = □ + 7 = □

개념 따라쓰기

10을 만들어 더하기 ①

6 + 4 + 2 (6 + 4 = 10)　　2 + 6 + 4 (6 + 4 = 10)

10이 되는 두 수를 먼저 더하면 더 쉽게 계산할 수 있습니다.

10을 만들어 더하기 ②

6 + 2 + 4 (6 + 4 = 10)

양 끝의 두 수로 10을 만들어 세 수를 더할 수도 있습니다.

스스로 풀어내는 도전 10 문제

1

이해

풍선은 모두 몇 개인지 식으로 나타내어 보세요.

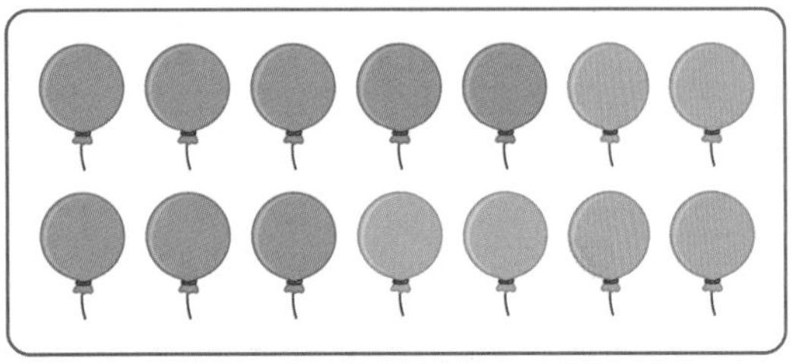

□ + □ + □ = □

2

이해

합이 10이 되는 두 수를 ⬭로 묶고, 세 수의 합을 구하세요.

(1) 3+7+2= □

(2) 5+4+6= □

3

20쪽

계산

합이 같은 것끼리 선으로 이어 보세요.

1+5+9 •	• 4+10
4+2+8 •	• 10+6
7+3+6 •	• 10+5

4

20쪽

추론

밑줄 친 두 수의 합이 10이 되도록 ○ 안에 알맞은 수를 써넣고, 식을 완성해 보세요.

(1) ○+8+4= □

(2) 2+3+○= □

5

20쪽

계산

계산해 보세요.

(1) 9+1+5= □

(2) 6+2+8= □

6

20쪽

문제 해결

수지는 파란색 구슬 3개, 빨간색 구슬 6개, 노란색 구슬 4개를 가지고 있습니다. 수지가 가지고 있는 구슬은 모두 몇 개인지 식을 만들고 계산하세요.

□ + □ + □ = □

조금 더 **어려운 문제**에 도전해 볼까요?

7 21쪽 　　적용

계산 결과를 비교하여 ◯ 안에 >, <를 알맞게 써넣으세요.

9+1+3 ◯ 5+4+6

8 21쪽 　　창의 융합

다음 중 두 수를 골라 식을 완성하려고 합니다. ★과 ♥에 들어갈 수를 구하세요.

1	3	4	7	8

6+★+♥=16

★ (　　　　　　)

♥ (　　　　　　)

+9 21쪽 　　수학적 독해력

길을 따라갔을 때의 도토리의 수를 구하려고 합니다. □ 안에 알맞은 수를 써넣어 덧셈식을 완성해 보세요.

2+8+3=13 　 2+□+5=□ 　 2+4+□=□

독해 포인트 도토리의 수를 구할 때 10이 되는 두 수를 먼저 더하면 더 쉽게 계산할 수 있어요.

+10 21쪽 　　수학적 표현력

영민이는 지난달에 위인전 1권, 동화책 3권, 만화책 9권을 읽었습니다. 영민이가 지난달에 읽은 책은 모두 몇 권인지 설명해 보세요.

영민이가 읽은 책의 수는

(위인전의 수)+(동화책의 수)+(만화책의 수)

=□+□+□=□입니다.

따라서 영민이가 읽은 책은 모두 □권입니다.

오늘 공부 어땠나요? 　 10개 중 맞힌 문제 □개 　 **틀린 문제**는 힌트를 보고 다시 도전해 보세요. 　 **맞힌 문제**는 힌트를 보고 자신의 생각과 비교해 보세요.

01 □ 안에 알맞은 수를 써넣으세요.

$1+4+3=\square$

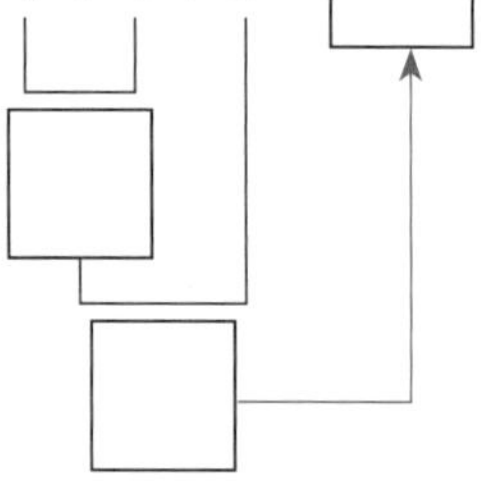

02 그림을 보고 구슬이 모두 몇 개인지 구하세요.

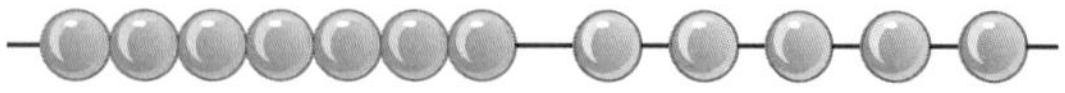

$7+5=\square$

03 계산이 틀린 곳을 찾아 바르게 고쳐 보세요.

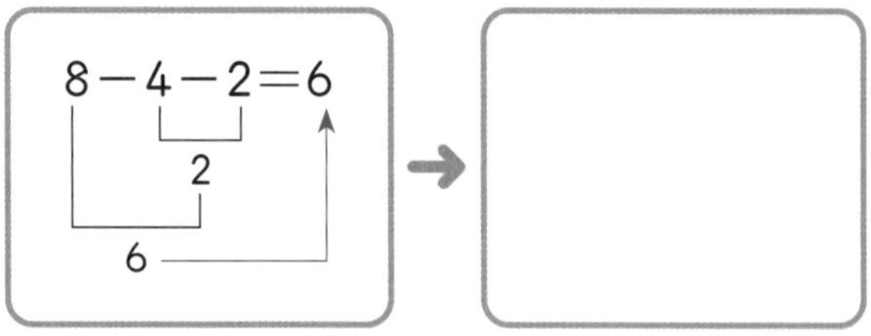

04 합이 10이 되는 두 수를 ⬭로 묶고, 세 수의 합을 구하세요.

$6+4+2=\square$

05 합이 같은 것끼리 선으로 이어 보세요.

4+9 •	• 3+8
8+3 •	• 7+5
5+7 •	• 9+4

06 ○ 안에 >, <를 알맞게 써넣으세요.

(1) $2+1+5$ ○ $3+6$

(2) $10-4$ ○ $9-3-1$

07 두 수의 합이 10이 되도록 선으로 이어 보세요.

1	5	8	3
•	•	•	•
•	•	•	•
2	9	7	5

08 ●와 ▲의 차는 얼마일까요?

3+●=10

▲−6=4

(　　　　　　)

09 어떤 수에서 3을 빼야 할 것을 잘못하여 더했더니 10이 되었습니다. 바르게 계산하면 얼마일까요?

(　　　　　　)

서술형

10 민호는 8살이고 형은 민호보다 2살 더 많습니다. 민호의 동생은 형보다 3살 적다면 동생은 몇 살인지 풀이 과정을 쓰고, 답을 구하세요.

[식] ______________________

____

____

[답] ______________________

11일

여러 가지 모양 찾아보기

❶ □, △, ○ 모양 찾기

□ 모양	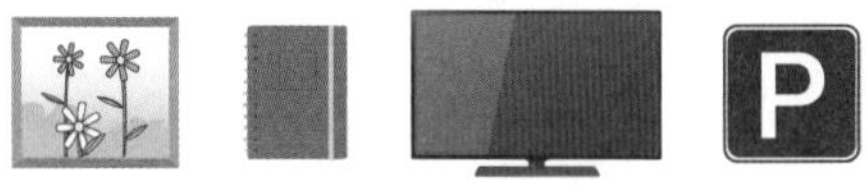
△ 모양	
○ 모양	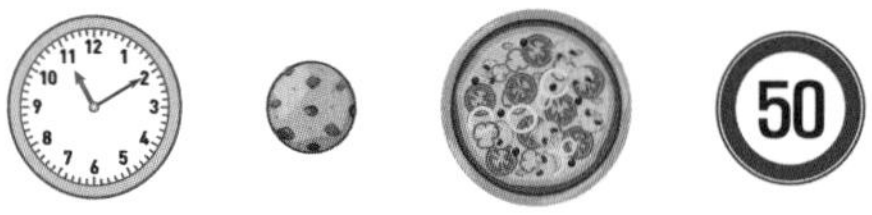

◐ 같은 모양을 찾을 때에는 크기나 색깔은 생각하지 않아도 됩니다.

➔ 크기나 색깔이 달라도 모양이 같으면 같은 모양입니다.

❷ 같은 모양끼리 모으기

↓

□ 모양	△ 모양	○ 모양
	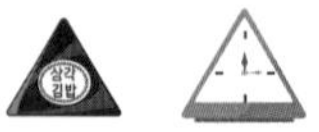	

달력, 계산기, 교통표지판은 크기와 색깔이 다르지만 모두 □ 모양이야.

확인 1 알맞은 모양에 ○표 하세요.

(1)

(□ , △ , ○)

(2)

(□ , △ , ○)

(3)

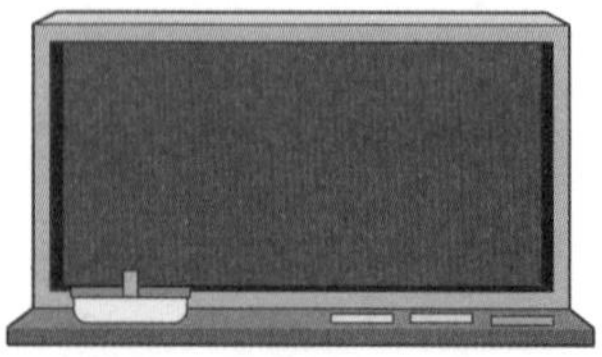

(□ , △ , ○)

기본기 다지는 교과서 문제

1 ■ 모양을 찾아 ○표 하세요.

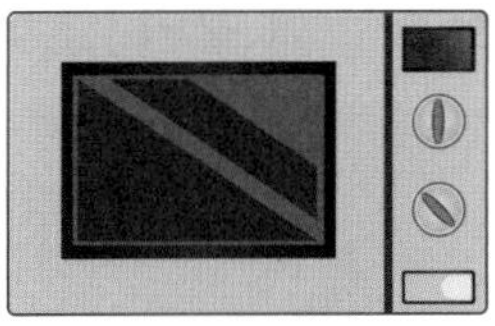 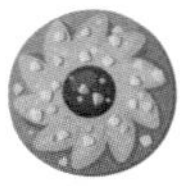 

( ) ( ) ( )

2 ▲ 모양을 찾아 ○표 하세요.

  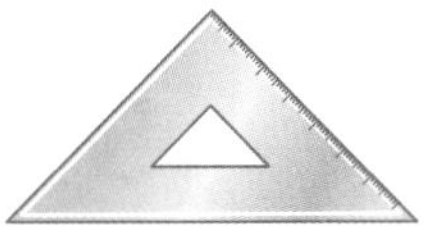

( ) ( ) ( )

3 ● 모양을 찾아 ○표 하세요.

 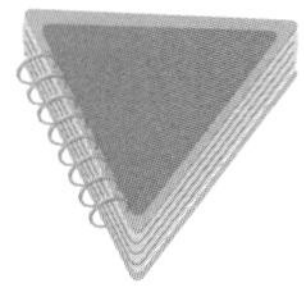 

( ) ( ) ( )

4 같은 모양끼리 선으로 이어 보세요.

 • • 

 • • 

 • • 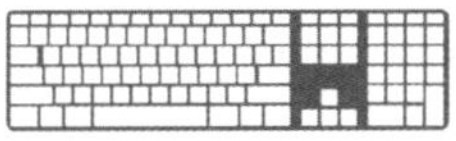

개념 따라쓰기

■, ▲, ● 모양 알아보기

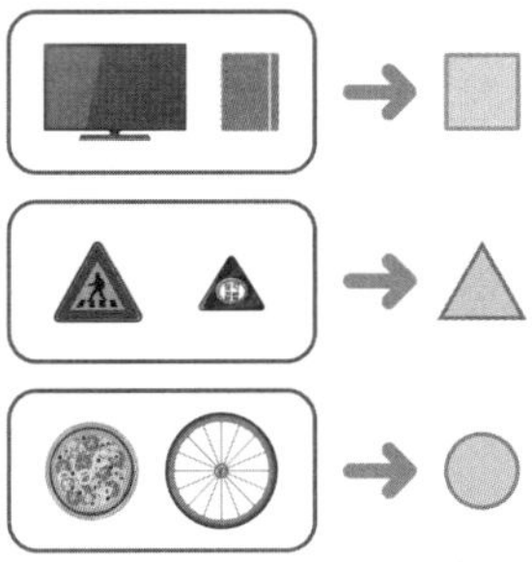

크기나 색깔이 달라도 모양이 같으면 같은 모양입니다.

1 이해

■ 모양을 찾아 ○표 하세요.

(　　) (　　) (　　)

2 적용

같은 모양끼리 선으로 이어 보세요.

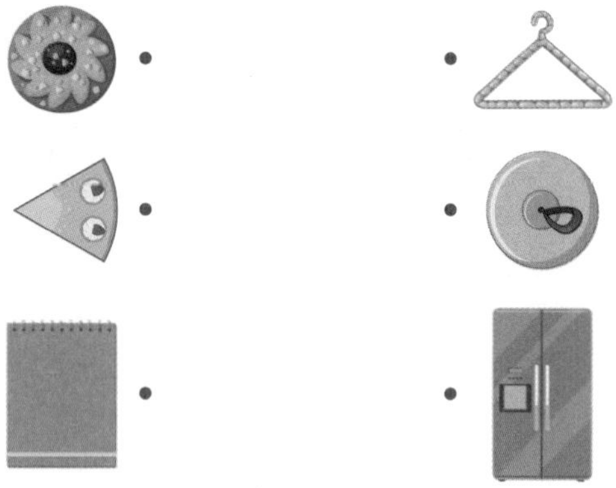

3 22쪽 문제 해결

모양이 <u>다른</u> 하나를 찾아 ○표 하세요.

(　　) (　　) (　　) (　　)

4 22쪽 적용

어떤 모양을 모아 놓은 것인지 찾아 ○표 하세요.

■ ▲ ●

(　　) (　　) (　　)

5 22쪽 의사 소통

□ 안에 들어갈 알맞은 모양을 찾아 ○표 하세요.

■ ▲ ●

(　　) (　　) (　　)

6 22쪽 적용

■ 모양의 물건은 모두 몇 개일까요?

(　　　　)

» 정답 · 풀이 13쪽

7 23쪽 창의 융합

모양 자의 안쪽에 있는 모양을 이용하여 □, △, ○ 모양을 그리려고 합니다. 가장 많이 그릴 수 있는 모양은 어떤 모양일까요?

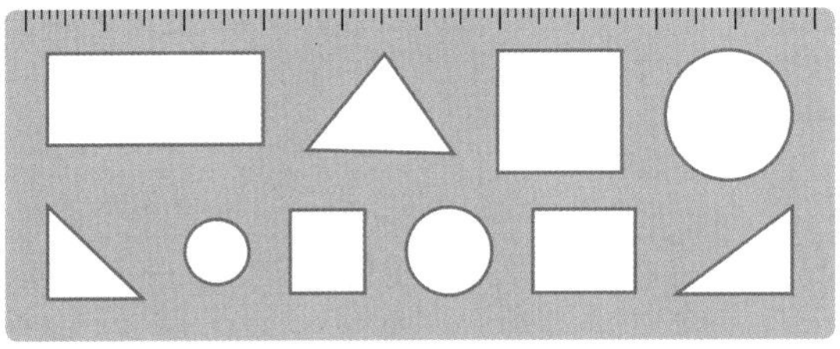

(　　　　　　)

8 23쪽 창의 융합

같은 모양끼리 모은 것입니다. 잘못 모은 것을 찾아 기호를 쓰세요.

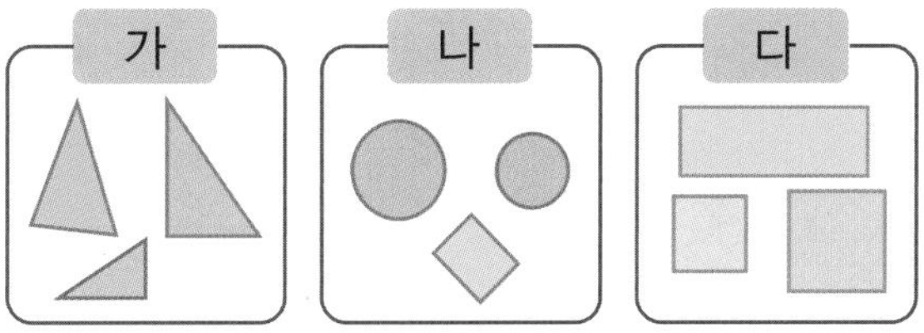

(　　　　　　)

+9 23쪽 수학적 독해력

그림을 보고 알맞게 이야기한 친구는 누구일까요?

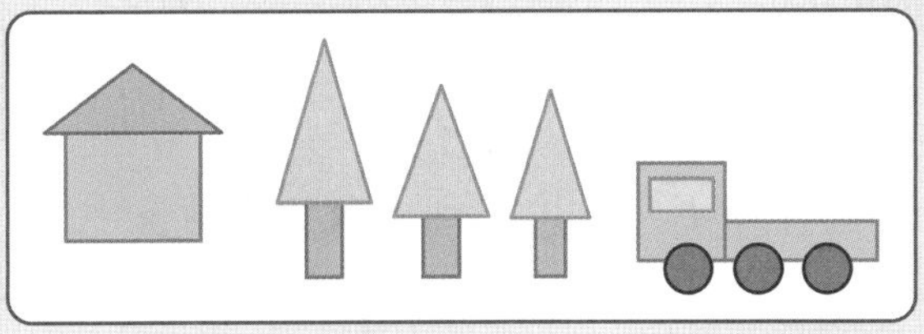

수현: 집은 □와 △ 모양으로 되어 있어.

종욱: 나무는 △ 모양으로만 되어 있어.

지혜: 트럭은 □, △, ○ 모양이 모두 있어.

(　　　　　　)

독해 포인트 □, △, ○ 모양을 찾을 때에는 크기나 색깔은 생각하지 않습니다.

+10 23쪽 수학적 표현력

그림에서 □, △, ○ 모양을 찾아 〈보기〉와 같이 써 보세요.

〈보기〉

액자는 □ 모양입니다.

____

오늘 공부 어땠나요? 10개 중 맞힌 문제 [　] 개 › **틀린 문제**는 힌트를 보고 다시 도전해 보세요. › **맞힌 문제**는 힌트를 보고 자신의 생각과 비교해 보세요.

12일 여러 가지 모양 알아보기

① □, △, ○ 모양 본뜨기

□ 모양 △ 모양 ○ 모양

◐ 본뜨기, 찍기 등의 활동으로 □, △, ○ 모양을 알 수 있습니다.

◐ 모양을 알아볼 때에는 뾰족한 부분, 곧은 선, 둥근 부분이 있는지 살펴봅니다.

② □, △, ○ 모양 알아보기

본뜨기	모양	특징
	□ 모양	• 뾰족한 부분이 4군데입니다. • 곧은 선이 있습니다.
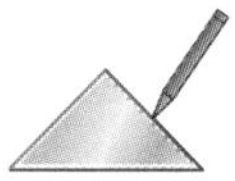	△ 모양	• 뾰족한 부분이 3군데입니다. • 곧은 선이 있습니다.
	○ 모양	• 뾰족한 부분과 곧은 선이 없습니다. • 둥근 부분이 있습니다.

확인 1 물건을 찰흙 위에 찍었을 때 나오는 모양을 찾아 ○표 하세요.

(1)

(□ , △ , ○)

(2)

(□ , △ , ○)

확인 2 설명에 알맞은 모양을 찾아 ○표 하세요.

(1) 뾰족한 부분이 없습니다.

(□ , △ , ○)

(2) 뾰족한 부분이 3군데입니다.

(□ , △ , ○)

기본기 다지는 교과서 문제

1 그려진 모양을 찾아 알맞게 선으로 이어 보세요.

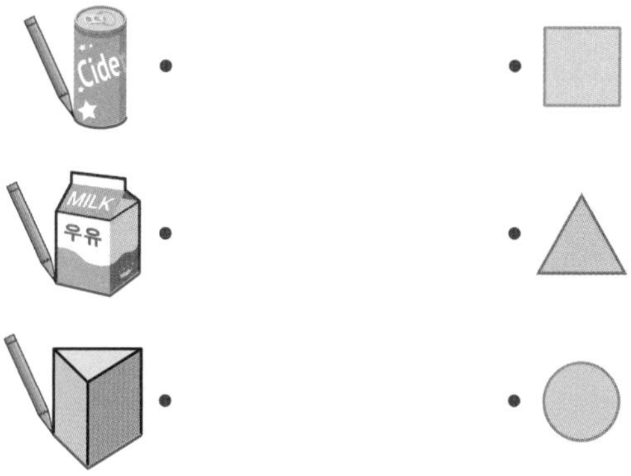

2 손으로 만든 모양을 찾아 ○표 하세요.

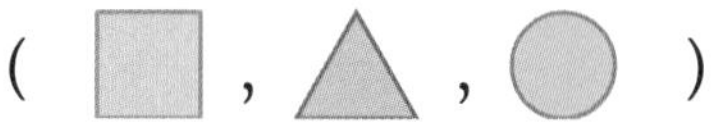

3 블록에 물감을 묻혀 찍었을 때 나올 수 있는 모양을 모두 찾아 ○표 하세요.

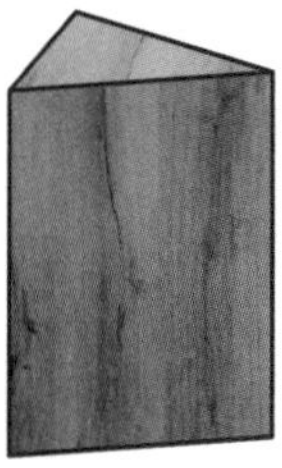

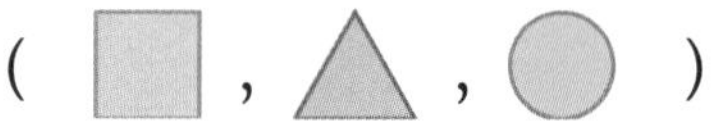

개념 따라쓰기

■, ▲, ● 모양 본뜨기

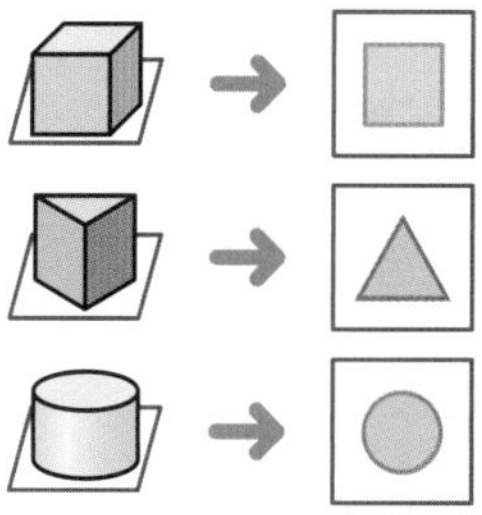

본뜨기, 찍기 등의 활동으로 ■, ▲, ● 모양을 알 수 있습니다.

■, ▲, ● 모양 알아보기

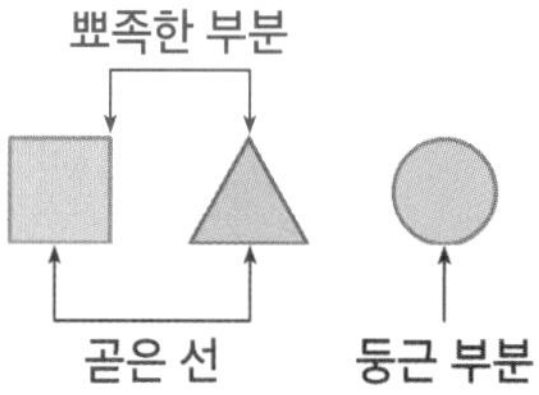

모양을 알아볼 때에는 뾰족한 부분, 곧은 선, 둥근 부분이 있는지 살펴봅니다.

스스로 풀어내는 도전 10 문제

막힐 때 힌트북

1

이해

물감을 묻혀 찍었을 때 나올 수 있는 모양을 찾아 선으로 이어 보세요.

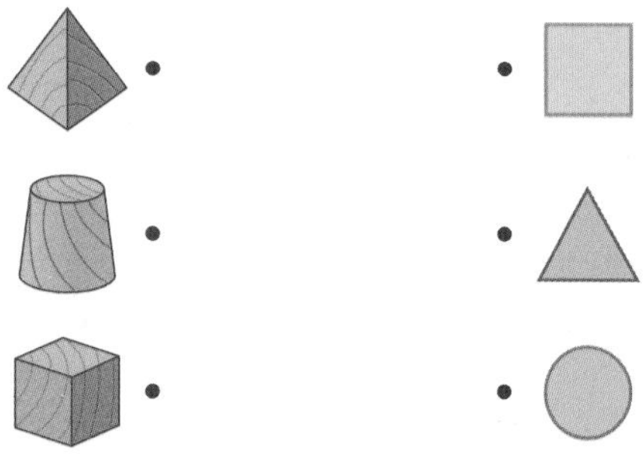

2

적용

바닥을 본떠 그렸을 때 나오는 모양이 다른 하나에 ○표 하세요.

(　　　) (　　　) (　　　) (　　　)

3 24쪽

적용

윤하가 가지고 있는 과자의 모양에 ○표 하세요.

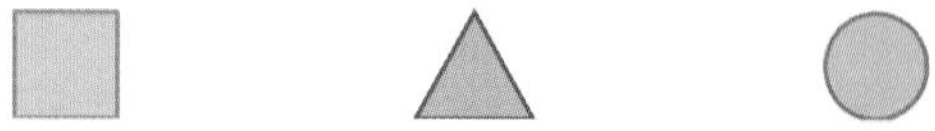

(　　　) (　　　) (　　　)

4 24쪽

이해

다음에서 설명하는 모양에 ○표 하세요.

- 곧은 선이 있습니다.
- 뾰족한 부분이 3군데입니다.

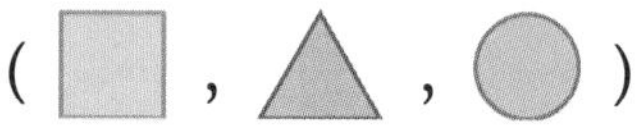

5 24쪽

창의 융합

롤케이크를 그림처럼 잘랐을 때 나타나는 단면의 모양을 찾아 선으로 이어 보세요.

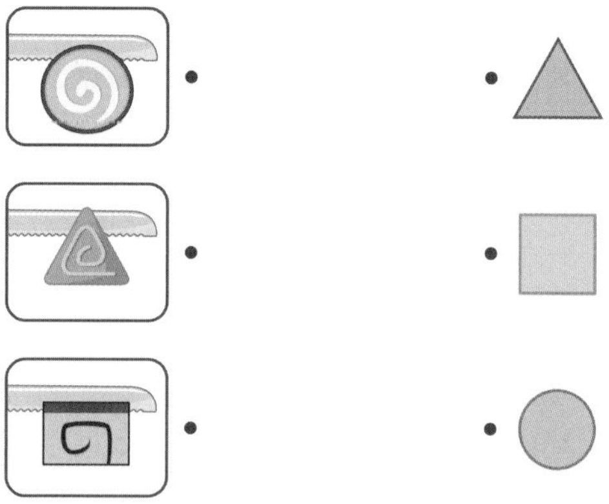

6 24쪽

문제 해결

색종이를 점선을 따라 자르면 △ 모양은 □ 모양보다 몇 개 더 많이 만들어질까요?

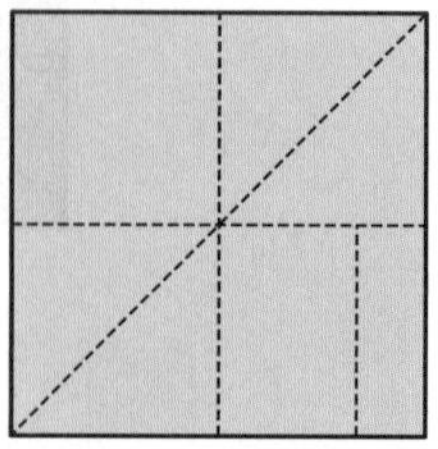

(　　　　　　)

7 25쪽 창의 융합

다음은 어떤 물건을 본뜬 모양의 일부입니다. 본뜬 물건이 될 수 있는 것을 찾아 기호를 쓰세요.

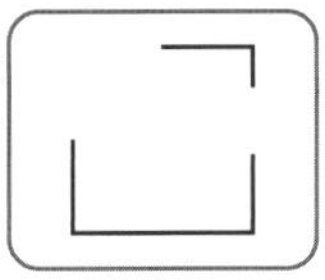

(　　　　　　)

8 25쪽 추론

다음과 같이 색종이를 3번 접은 다음 펼쳐서 접힌 선을 따라 자르면 △ 모양이 몇 개 만들어질까요?

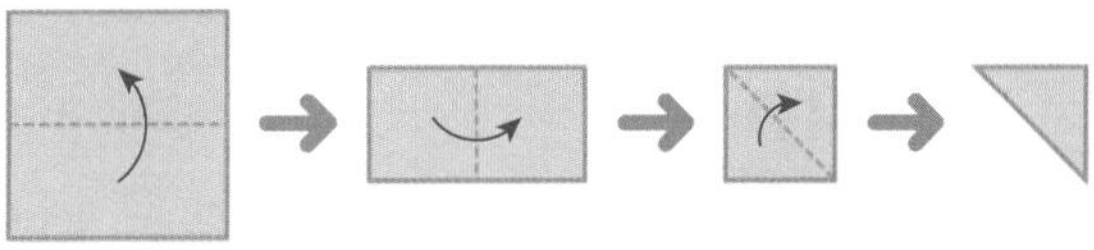

(　　　　　　)

+9 25쪽 수학적 독해력

블록에 물감을 묻혀 찍고 나눈 대화입니다. 바르게 말한 사람은 누구일까요?

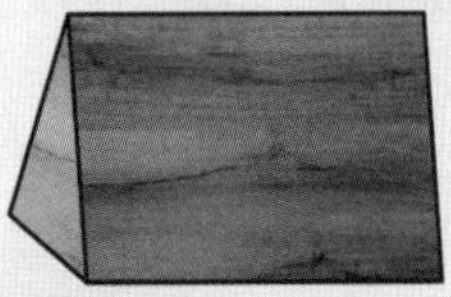

슬기: □ 모양만 나와.

로운: △ 모양은 나올 수 없어.

영민: ○ 모양은 나올 수 없어.

(　　　　　　)

독해 포인트 나올 수 있는 모양과 나올 수 없는 모양을 생각해 봅니다.

+10 25쪽 수학적 표현력

□ 모양과 △ 모양의 같은 점과 다른 점을 설명해 보세요.

같은 점 : □, △ 모양은 모두 [　　]한 부분이 있습니다.

다른 점 : □ 모양은 뾰족한 부분이 [　　]군데이고, △ 모양은 뾰족한 부분이 [　　]군데입니다.

오늘 공부 어땠나요? 10개 중 맞힌 문제 [　　]개 › **틀린 문제**는 힌트를 보고 다시 도전해 보세요. › **맞힌 문제**는 힌트를 보고 자신의 생각과 비교해 보세요.

여러 가지 모양 꾸미기

❶ □, △, ○ 모양으로 꾸미기

□, △, ○ 모양을 이용하여 여러 가지 모양을 꾸밀 수 있습니다.

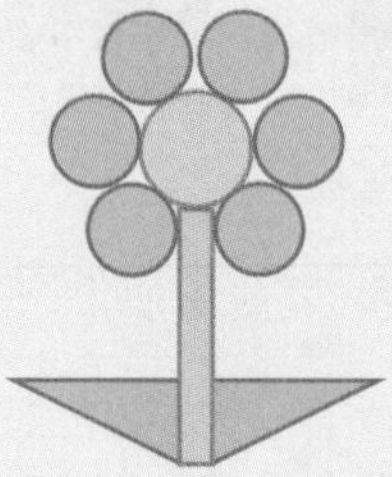

➜ 꽃잎은 ○ 모양, 줄기는 □ 모양, 잎은 △ 모양으로 꾸몄습니다.

꾸민 모양을 말할 때에는 어느 부분을 어떤 모양으로 꾸몄는지 말합니다.

❷ 꾸민 모양에 이용된 □, △, ○ 모양의 수 세기

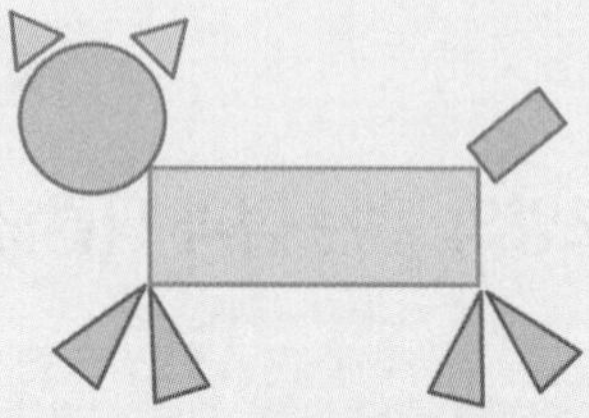

➜ □ 모양이 2개, △ 모양이 6개, ○ 모양이 1개 있습니다.

이용한 모양의 개수를 셀 때 빠뜨리거나 두 번 세지 않도록 모양별로 다른 표시를 하며 셉니다.

확인 1 □, △, ○ 모양을 이용하여 잠자리 모양을 꾸몄습니다. 어떻게 꾸몄는지 알아보세요.

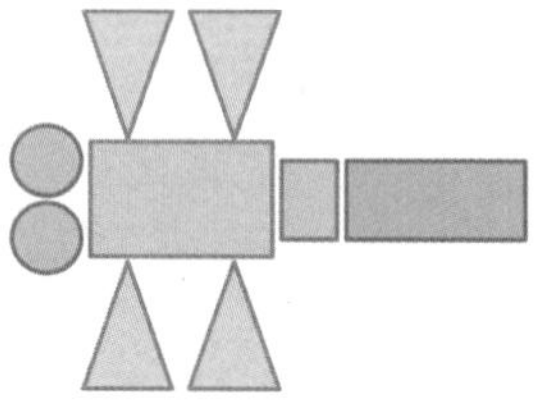

(1) 잠자리 눈은 (□ , △ , ○) 모양으로 꾸몄습니다.

(2) 잠자리 몸통은 (□ , △ , ○) 모양으로 꾸몄습니다.

(3) 잠자리 날개는 (□ , △ , ○) 모양으로 꾸몄습니다.

(4) □ 모양은 3개, △ 모양은 [ ]개, ○ 모양은 [ ]개를 이용하였습니다.

기본기 다지는 교과서 문제

» 정답 · 풀이 15쪽

1 다음 모양을 꾸미는 데 이용한 모양을 찾아 ○표 하세요.

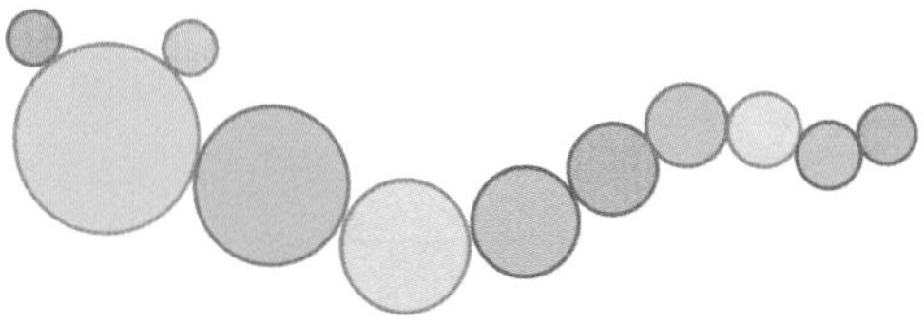

(□ , △ , ○)

2 다음 모양을 꾸미는 데 이용하지 않은 모양을 찾아 ×표 하세요.

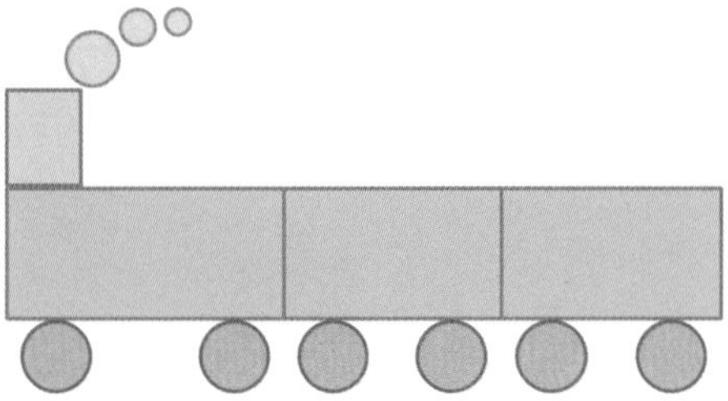

(□ , △ , ○)

3 □, △, ○ 모양을 이용하여 꽃 모양을 꾸몄습니다. □, △, ○ 모양을 몇 개씩 이용했는지 세어 쓰세요.

□ 모양: [ ]개

△ 모양: [ ]개

○ 모양: [ ]개

개념 따라쓰기

□, △, ○ 모양으로 꾸미기

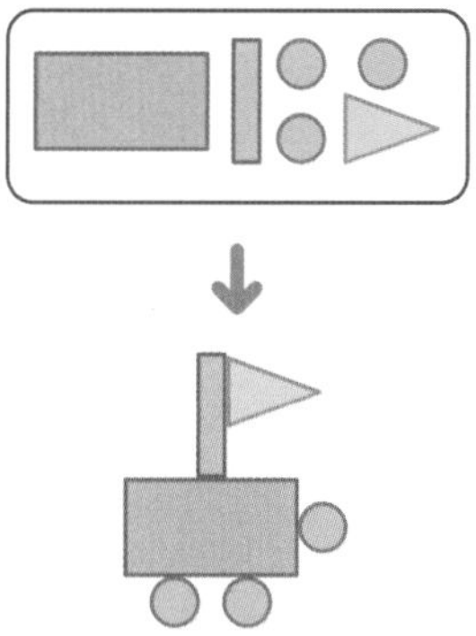

□, △, ○ 모양을 이용하여 여러 가지 모양을 꾸밀 수 있습니다.

□, △, ○ 모양의 수 세기

□ 모양: 2개

△ 모양: 1개

○ 모양: 3개

이용한 모양의 개수를 셀 때에는 빠뜨리거나 두 번 세지 않도록 모양별로 다른 표시를 하며 셉니다.

3 단원

스스로 풀어내는 도전 10 문제

막힐 땐 힌트북

1

이해

△ 모양으로만 꾸민 모양에 ○표 하세요.

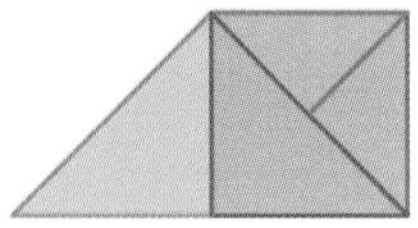

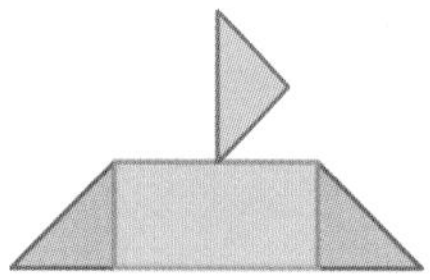

(   )   (   )

2

이해

다음 모양을 꾸미는 데 이용하지 않은 모양에 ×표 하세요.

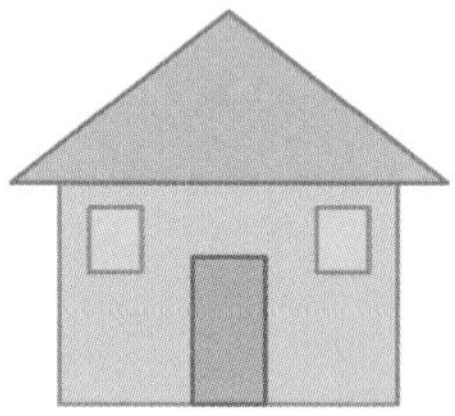

(□ , △ , ○)

3 26쪽

적용

□, △, ○ 모양을 각각 몇 개씩 이용했는지 세어 쓰세요.

□ 모양: (   )

△ 모양: (   )

○ 모양: (   )

4 26쪽

적용

□, △, ○ 모양을 모두 이용하여 꾸민 모양의 기호를 쓰세요.

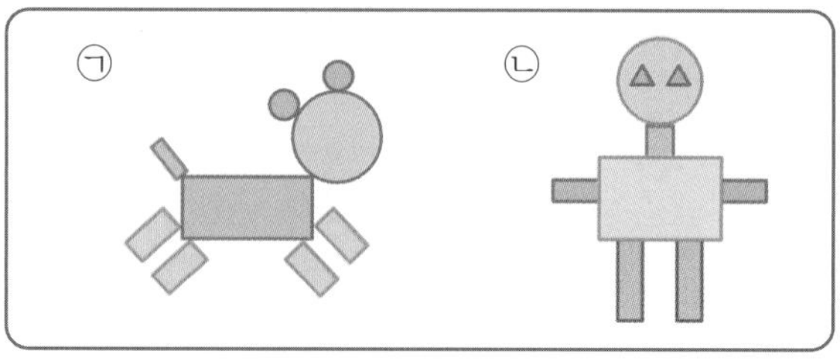

(   )

5 26쪽

적용

다음 모양을 꾸미는 데 가장 많이 이용한 모양에 ○표 하세요.

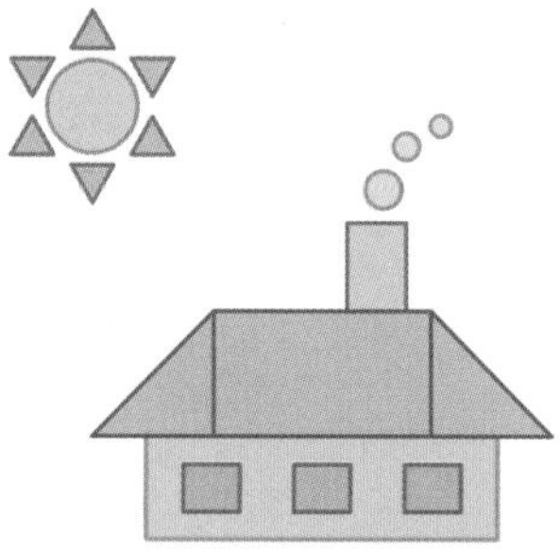

(□ , △ , ○)

6 26쪽

적용

모양을 꾸미는 데 ○ 모양을 더 많이 이용한 것에 ○표 하세요.

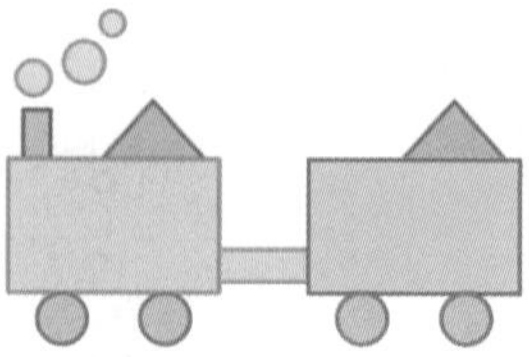

(   )   (   )

조금 더 **어려운 문제**에 도전해 볼까요?

7 27쪽 창의 융합

〈보기〉의 모양을 모두 이용하여 꾸민 모양에 ○표 하세요.

〈보기〉

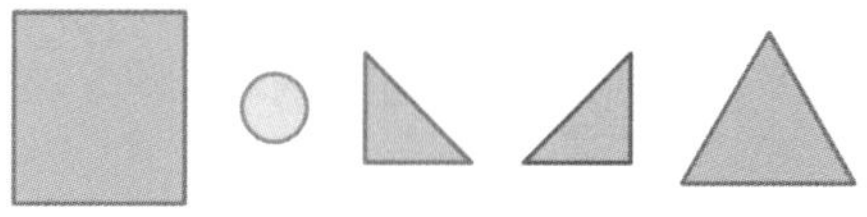

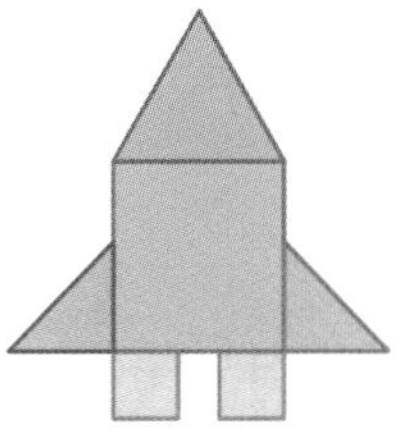

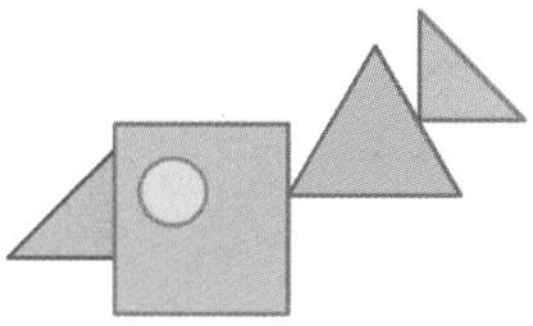

(　　　)　　　(　　　)

8 27쪽 문제 해결

〈보기〉의 모양을 모두 이용하여 꾸민 모양입니다. 어떻게 꾸민 모양인지 선을 그어 보세요.

〈보기〉

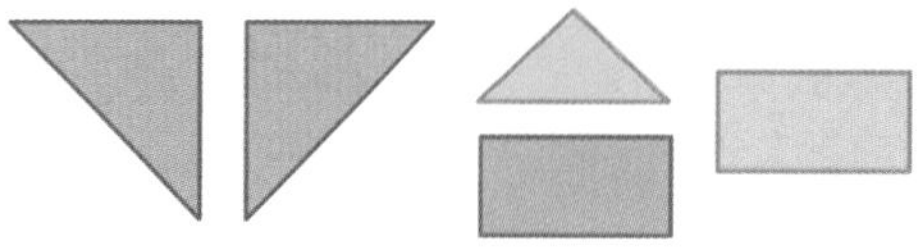

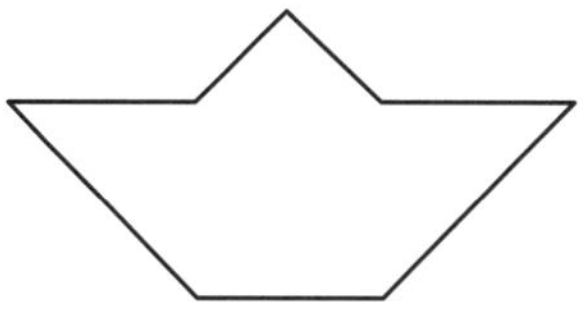

+9 27쪽 수학적 독해력

종욱이와 수현이가 여러 가지 모양을 이용하여 다음과 같이 모양을 꾸몄습니다. □ 모양과 ○ 모양만을 이용해서 모양을 꾸민 사람은 누구일까요?

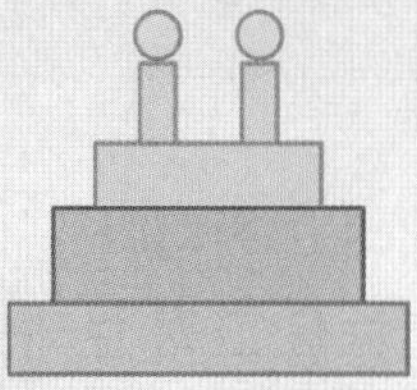

종욱

수현

(　　　　　　　)

독해 포인트 □ 모양과 ○ 모양만 이용한 모양을 찾아보세요.

+10 27쪽 수학적 표현력

□, △, ○ 모양 중 다음 모양을 꾸미는 데 가장 많이 이용한 모양은 어떤 모양인지 설명해 보세요.

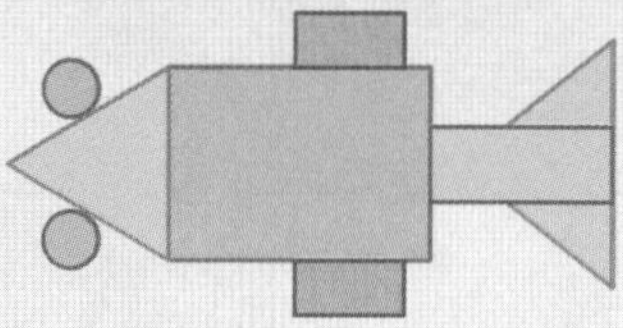

□ 모양은 4개, △ 모양은 □개, ○ 모양은 □개를 이용하였습니다. 따라서 가장 많이 이용한 모양은 (□, △, ○) 모양입니다.

오늘 공부 어땠나요? 10개 중 맞힌 문제 □개 〉 **틀린 문제**는 힌트를 보고 다시 도전해 보세요. 〉 **맞힌 문제**는 힌트를 보고 자신의 생각과 비교해 보세요.

14일 몇 시 알아보기

① 몇 시 알아보기

디지털 시계에서 ':' 앞은 시,
':' 뒤는 분을 나타냅니다.

짧은바늘이 10, 긴바늘이 12를 가리킬 때
시계는 **10시**를 나타내고 **열 시**라고 읽습니다.

- 10시: 짧은바늘이 가리키는 숫자
- 열 시: '십 시'라고 읽지 않도록 주의합니다.

□시 알아보기
시계의 짧은바늘이 □, 긴바늘이 12를 가리킬 때 시계는 □시입니다.

- 8시, 10시 등을 시각이라고 합니다.
- 긴바늘이 한 바퀴 움직일 때 짧은바늘은 숫자 1칸을 움직입니다.

시계에 □시 나타내기
시계의 짧은바늘이 □, 긴바늘이 12를 가리키도록 그립니다.

개념+ 시계에 몇 시 나타내기

예 시계에 5시 나타내기

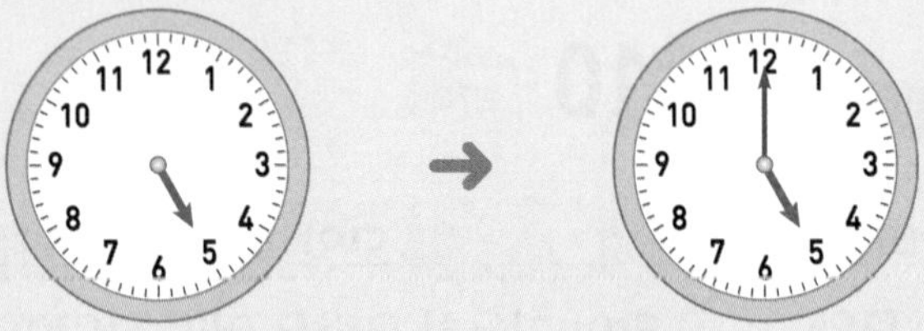

» 짧은바늘이 5를 가리키도록 그립니다.

» 긴바늘이 12를 가리키도록 그립니다.

확인 1 시계를 보고 몇 시인지 알아보려고 합니다. □ 안에 알맞은 수를 써넣으세요.

(1) 짧은바늘이 □ 을 가리킵니다.

(2) 긴바늘이 □ 를 가리킵니다.

(3) 시계는 □ 시를 나타냅니다.

확인 2 시계에 7시를 나타내려고 합니다. □ 안에 알맞은 수를 써넣고, 짧은바늘을 그려 보세요.

(1) 짧은바늘은 □ 을 가리키도록 그립니다.

(2) 긴바늘은 □ 를 가리키도록 그립니다.

(3) 7시를 시계에 나타내어 보세요.

기본기 다지는 교과서 문제

» 정답 · 풀이 16쪽

1 몇 시인지 써 보세요.

(1) 

☐시

(2) 

☐시

2 시계를 보고 선으로 이어 보세요.

4:00　　9:00　　1:00

3 그림을 보고 시계에 몇 시를 나타내 보세요.

7시에 깨어 일어났습니다.

10시에 잠이 들었습니다.

개념 따라쓰기

몇 시 알아보기

→ 4시

짧은바늘이 4, 긴바늘이 12를 가리킬 때 시계는 4시를 나타냅니다.

시계에 몇 시 나타내기

4시 →

시계에 4시를 나타낼 때에는 짧은바늘이 4, 긴바늘이 12를 가리키도록 그립니다.

3 단원

1
이해

몇 시인지 써 보세요.

(1)

(　　　　　　　)

(2)

(　　　　　　　)

2
28쪽

이해

시계를 보고 선으로 이어 보세요.

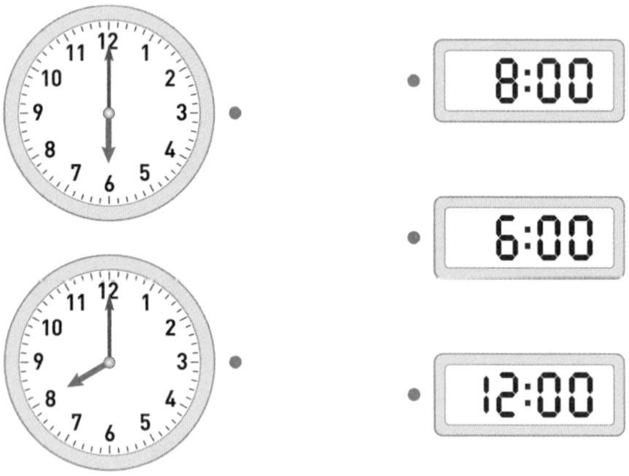

3
28쪽

적용

시계에 긴바늘과 짧은바늘을 그려 넣고, 몇 시인지 써 보세요.

(1)

긴바늘 → 12
짧은바늘 → 3

□시

(2)

긴바늘 → 12
짧은바늘 → 7

□시

4
28쪽

이해

시계에 다음 시각을 나타낼 때 짧은바늘과 긴바늘이 가리키는 숫자를 각각 쓰세요.

6시

짧은바늘 (　　　　　　　)
긴바늘 (　　　　　　　)

5
28쪽

문제 해결

서영이와 주하가 도서관에 간 시각입니다. 도서관에 먼저 간 사람은 누구일까요?

서영

주하

(　　　　　　　)

6
적용

시계에 시각을 나타내 보세요.

9시

» 정답 · 풀이 16쪽

7 29쪽

추론

서준이는 4시에 공부를 시작해서 6시에 마쳤습니다. 시각을 나타내어 보세요.

시작한 시각

마친 시각

8 29쪽

창의 융합

민호는 다음 시각에서 긴바늘이 한 바퀴 움직인 후에 축구를 끝냈습니다. 민호가 축구를 끝낸 시각은 몇 시일까요?

(   )

+9 29쪽

수학적 독해력

설명하는 시각은 몇 시일까요?

- 긴바늘이 12를 가리킵니다.
- 짧은바늘과 긴바늘이 완전히 겹쳐져 있습니다.

(   )

독해 포인트 긴바늘이 12를 가리키면 □시입니다.

+10 29쪽

수학적 표현력

민서와 윤하가 아침에 일어난 시각입니다. 더 일찍 일어난 사람은 누구인지 말해 보세요.

민서

윤하

민서는 □시에 일어났고, 윤하는 □시에 일어났습니다. 따라서 더 일찍 일어난 사람은 □입니다

오늘 공부 어땠나요?

10개 중 맞힌 문제 □ 개

틀린 문제는 힌트를 보고 다시 도전해 보세요.

맞힌 문제는 힌트를 보고 자신의 생각과 비교해 보세요.

15일 몇 시 30분 알아보기

❶ 몇 시 30분 알아보기

짧은바늘이 2와 3 사이, 긴바늘이 6을 가리킬 때
시계는 **2시 30분**을 나타내고 **두 시 삼십 분**이라고 읽습니다.

→ 앞의 숫자를 읽습니다.

■시 30분 알아보기
시계의 짧은바늘이 ■와 ■ 다음 숫자 사이를 가리키고, 긴바늘이 6을 가리킬 때는 ■시 30분입니다.

→ 작은 눈금 한 칸은 1분을 나타냅니다. 따라서 긴바늘이 6을 가리키면 30분을 나타냅니다.

❷ 시계에 몇 시 30분 나타내기

예 시계에 10시 30분 나타내기

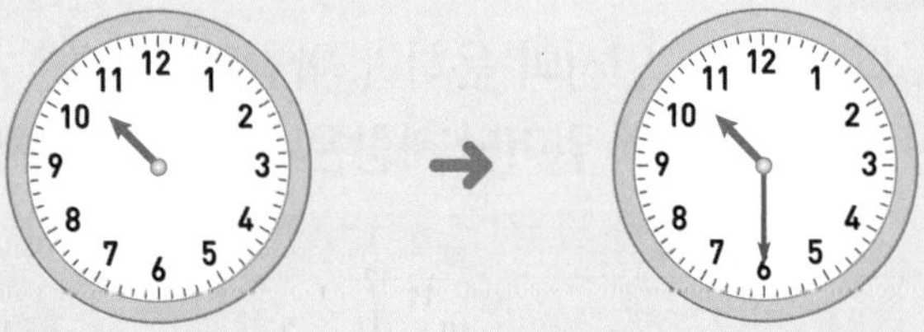

» 짧은바늘이 10과 11 사이를 가리키도록 그립니다.

» 긴바늘이 6을 가리키도록 그립니다.

■시 30분＝■시 반
■시 30분은 긴바늘이 반 바퀴를 돌았을 때이므로 '■시 반'이라고도 합니다.

확인 1 시계를 보고 몇 시 30분인지 알아보려고 합니다. □ 안에 알맞은 수를 써넣으세요.

(1) 짧은바늘이 □과 □ 사이를 가리킵니다.

(2) 긴바늘이 □을 가리킵니다.

(3) 시계는 □시 □분을 나타냅니다.

확인 2 시계에 9시 30분을 나타내려고 합니다. □ 안에 알맞은 수를 써넣고, 짧은바늘과 긴바늘을 그려 보세요.

(1) 짧은바늘이 □와 □ 사이를 가리키도록 그립니다.

(2) 긴바늘이 □을 가리키도록 그립니다.

(3) 9시 30분을 시계에 나타내어 보세요.

기본기 다지는 교과서 문제

» 정답 · 풀이 17쪽

1 몇 시 30분인지 써 보세요.

(1)

□시 □분

(2)

□시 □분

2 시계를 보고 선으로 이어 보세요.

1:30　　7:30　　11:30

3 시계에 시각을 나타내 보세요.

(1) 2시 30분

(2) 8시 30분

개념 따라쓰기

몇 시 30분 알아보기

→ 8시 30분

짧은바늘이 8과 9 사이를 가리키고, 긴바늘이 6을 가리킬 때 시계는 8시 30분을 나타냅니다.

시계의 작은 눈금

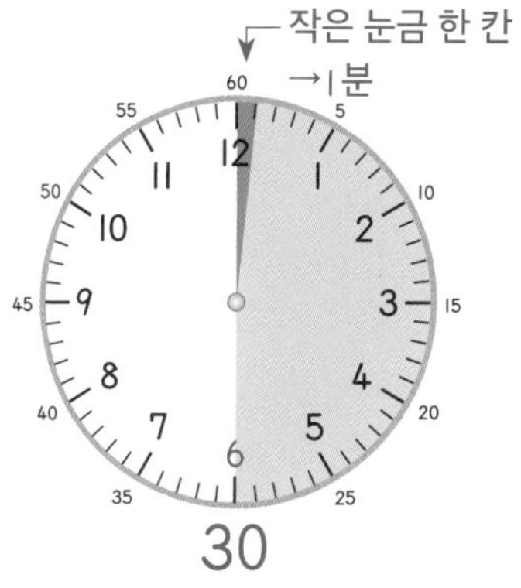

작은 눈금 한 칸은 1분을 나타냅니다. 따라서 긴바늘이 숫자 6을 가리키면 30분을 나타냅니다.

스스로 풀어내는 도전 10 문제

막힐 땐 힌트북

1

이해

몇 시 30분인지 써 보세요.

(1)

□시 □분

(2)

□시 □분

2

30쪽

이해

시계를 보고 선으로 이어 보세요.

6:30　　12:30　　11:30

3

30쪽

적용

시계에 긴바늘과 짧은바늘을 그려 넣고, 시각을 써 보세요.

긴바늘 → 6
짧은바늘 → 3과 4 사이

□시 □분

4

이해

시계에 시각을 나타내 보세요.

(1) 7시 30분

(2) 1시 30분

5

30쪽

이해

시계에 시각을 잘못 나타낸 것을 찾아 ○표 하세요.

8시 30분
(　　)

12시 30분
(　　)

5시 30분
(　　)

6

30쪽

문제 해결

다음은 진우가 오늘 오후에 한 일입니다. 시각이 빠른 것부터 순서대로 기호를 쓰세요.

㉠

청소하기

㉡

독서하기

㉢

운동하기

□ – □ – □

7 31쪽 문제 해결

2시 30분을 시계에 나타내는 방법을 설명한 것입니다. ㉠과 ㉡에 알맞은 수의 합은 얼마일까요?

> ㄴ짧은바늘이 2와 ㉠ 사이, 긴바늘이 ㉡을 가리키도록 그립니다.

( )

8 31쪽 추론

다음이 설명하는 시각을 쓰세요.

> • 3시와 5시 사이의 시각입니다.
> • 긴바늘이 6을 가리킵니다.
> • 4시보다 빠른 시각입니다.

( )

+9 31쪽 수학적 독해력

주하는 집에서 영화를 봤습니다. 영화가 4시 30분에 시작하여 6시 30분에 끝났다면 주하가 영화를 보는 동안 시계의 긴바늘은 몇 바퀴 움직였을까요?

( )

독해 포인트 1시간이 지나는 동안 긴바늘은 한 바퀴를 움직여요.

+10 31쪽 수학적 표현력

수현이가 시각을 읽은 것입니다. 잘못 읽은 이유를 말하고, 바르게 읽어 보세요.

> 7시 30분은 짧은 바늘이 7과 ☐ 사이에 있고 긴바늘이 ☐을 가리킬 때의 시각입니다. 주어진 시계는 짧은바늘이 8과 9 사이에 있고 긴바늘이 6을 가리키므로 ☐시 ☐분이라고 읽어야 합니다.

오늘 공부 어땠나요? 10개 중 맞힌 문제 ☐개 › 틀린 문제는 힌트를 보고 다시 도전해 보세요. › 맞힌 문제는 힌트를 보고 자신의 생각과 비교해 보세요.

단원평가

01 △ 모양을 찾아 ○표 하세요.

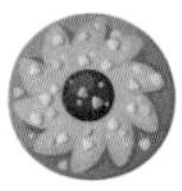

(　　　) (　　　) (　　　)

02 모양이 다른 하나를 찾아 기호를 쓰세요.

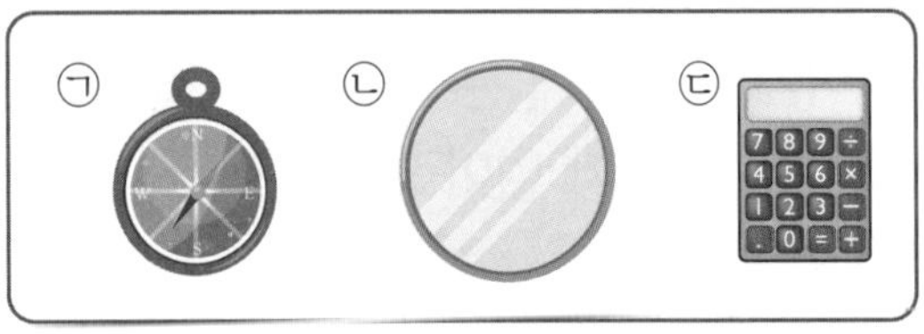

(　　　　　)

03 상자의 바닥을 본떠 그렸을 때 나오는 모양을 찾아 ○표 하세요.

→ (□ , △ , ○)

04 어떤 모양의 일부분을 나타낸 그림입니다 알맞게 선으로 이어 보세요.

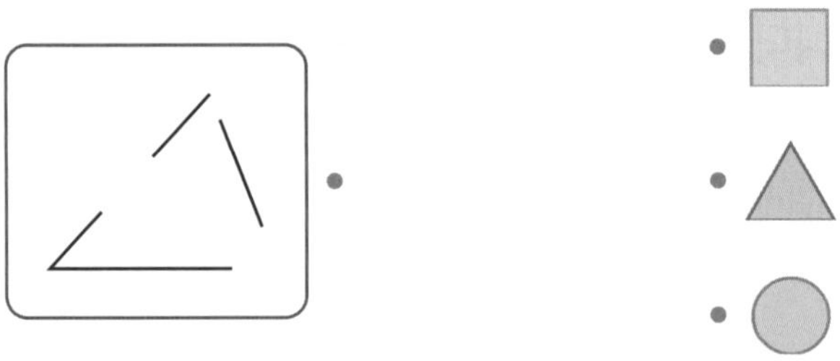

05 □, ○ 모양을 각각 몇 개씩 이용했는지 세어 쓰세요.

□ 모양: (　　　　　)

○ 모양: (　　　　　)

06 다음 모양을 꾸미는 데 이용하지 않은 모양에 ○표 하세요.

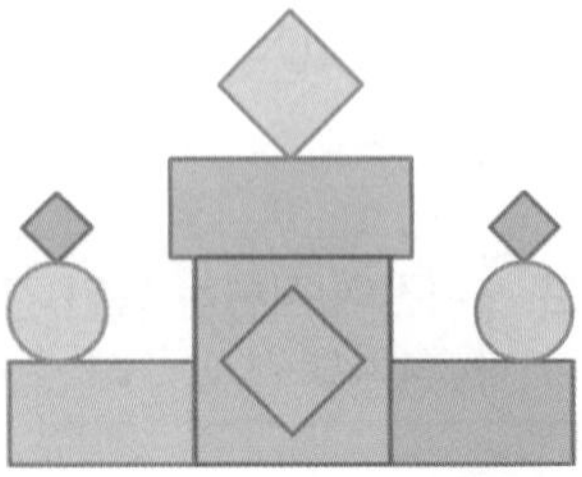

(□ , △ , ○)

07 시각을 써 보세요.

(1) 

(　　　　　　　　)

(2) 

(　　　　　　　　)

08 짧은바늘과 긴바늘을 그려 넣고, 시각을 써 보세요.

짧은바늘 → 8
긴바늘 → 12

(　　　　　　　　)

09 나타내는 시각이 같은 것을 찾아 기호를 쓰세요.

(　　　　　　　　)

서술형

10 다음이 설명하는 시각을 찾으려고 합니다. 풀이 과정을 쓰고, 답을 구하세요.

- 2시와 4시 사이의 시각입니다.
- 긴바늘이 6을 가리킵니다.
- 3시보다 빠른 시각입니다.

[풀이] ______________________

____

____

[답] ______________________

16일

(몇)+(몇)의 여러 가지 계산 방법

① 7+4의 계산

방법 1 이어 세기로 구하기

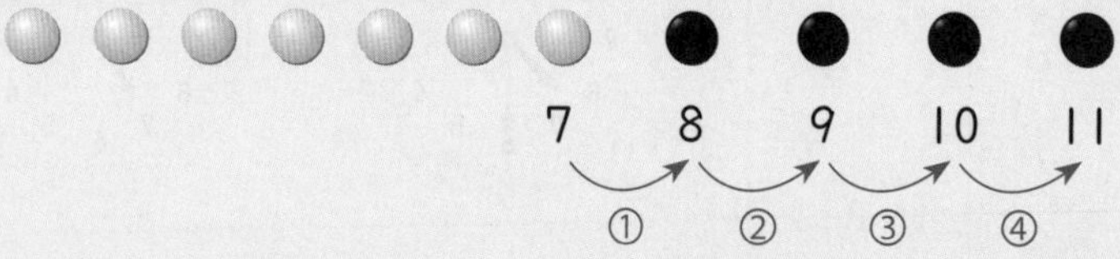

→ 7+4=11 (7에서 4를 이어 센 수)

→ 7에서 이어 세면 8, 9, 10, 11입니다.

방법 2 그림을 그려 구하기

○	○	○	○	○
○	○	△	△	△

△				

→ 7+4=11 (○와 △의 수의 합)

→ ○ 7개를 그리고 △ 3개를 그려 10개를 만들고, 남은 1개를 더 그려 11개가 되었습니다.

확인 1 8+5는 얼마인지 여러 가지 방법으로 알아보세요.

(1) 8에서 5를 이어 세어 보세요.

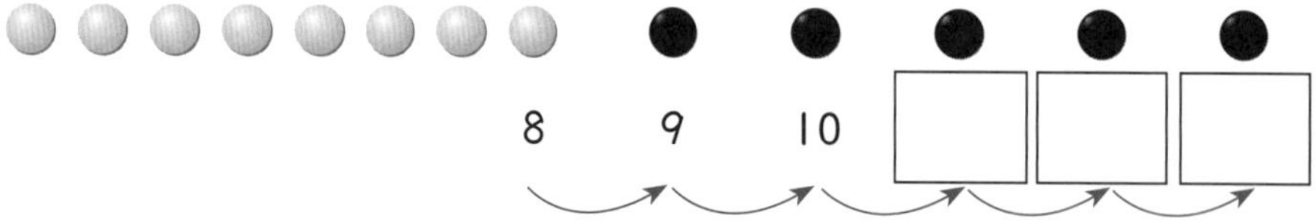

(2) 십 배열판에 더하는 수 5만큼 △를 그려 보세요.

○	○	○	○	○
○	○	○		

(3) 8+5는 얼마일까요?

8+5=☐

» 정답 · 풀이 20쪽

1 구슬은 모두 몇 개인지 □ 안에 알맞은 수를 써넣으세요.

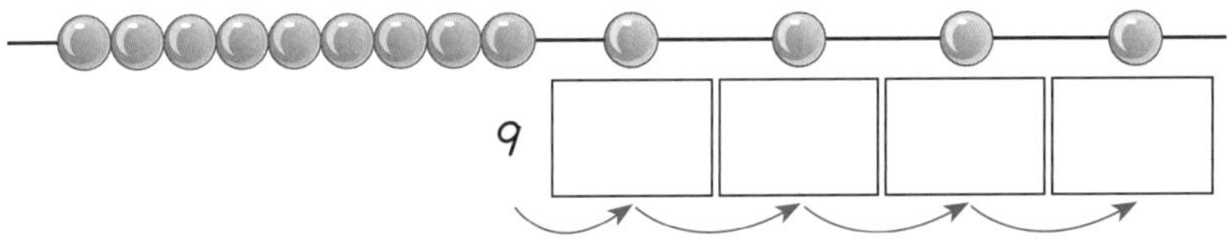

9+4=□

2 오리는 모두 몇 마리일까요?

(식) 5+□=□

(답) ______

3 □ 안에 알맞은 수를 써넣으세요.

(1)

3+9=□

(2)

8+6=□

개념 따라쓰기

이어 세기로 덧셈하기

7+4

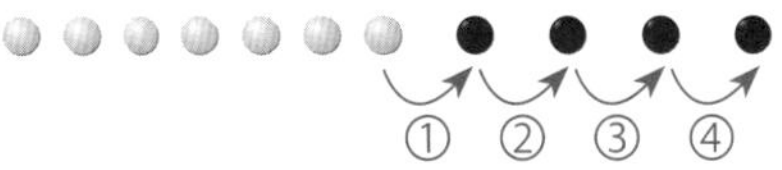

→7+4=11

이어 세기로 두 수의 덧셈을 할 수 있습니다.

그림을 그려 덧셈하기

7+4

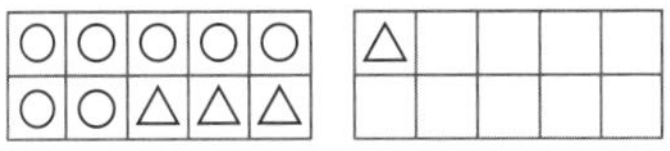

→7+4=11

그림을 그려 두 수의 덧셈을 할 수 있습니다.

스스로 풀어내는 도전 10 문제

막힐 땐 힌트북

1 이해

연필은 모두 몇 개인지 구해 보세요.

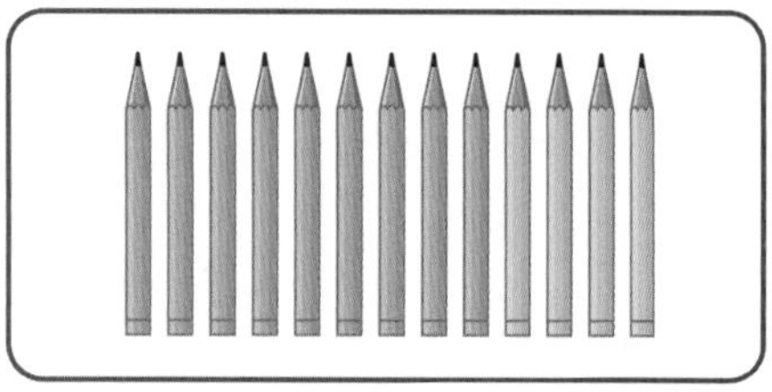

연필은 모두 □ 개입니다.

2 이해

마카롱은 모두 몇 개인지 △를 그려 구해 보세요.

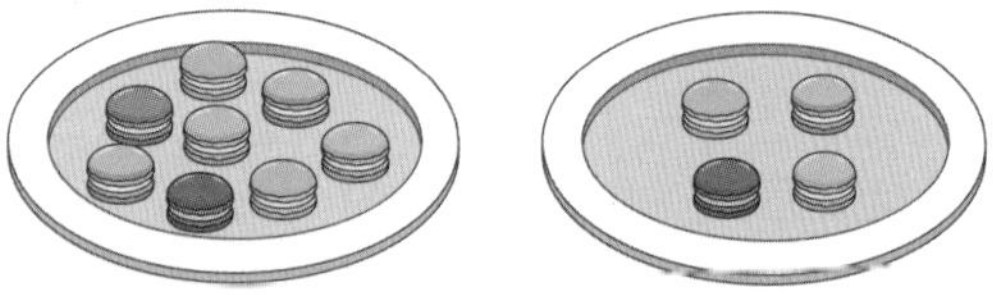

○	○	○	○	○
○	○	○		

마카롱은 모두 □ 개입니다.

3 32쪽 적용

바나나와 딸기는 모두 몇 개인지 □ 안에 알맞은 수를 써넣으세요.

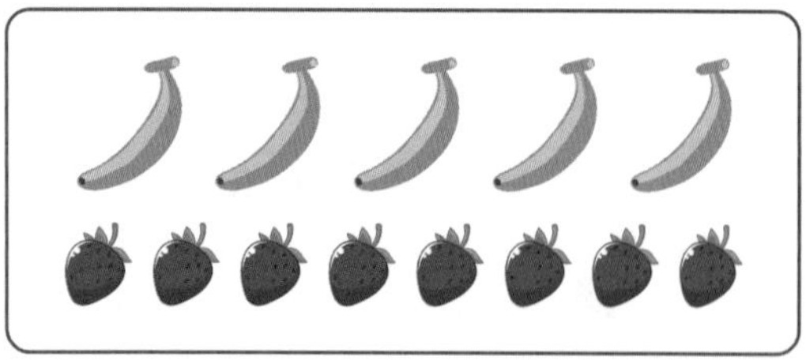

5＋□＝□

4 32쪽 창의 융합

개구리가 7번째 연잎에 앉아 있습니다. 개구리가 6번 더 뛰었다면 몇 번째 연잎에 앉게 될까요?

(　　　　　)

5 32쪽 문제 해결

주차장에 자동차가 9대 있는데 3대가 더 들어왔습니다. 주차장에 있는 자동차는 모두 몇 대인지 □ 안에 알맞은 수를 써넣으세요.

□＋3＝□

6 32쪽 문제 해결

합이 같도록 점을 그리고, □ 안에 알맞은 수를 써넣으세요.

7＋7＝□　　9＋□＝□

7 33쪽

의사 소통

다음을 읽고 영민이가 가지고 있는 공책은 몇 권인지 구해 보세요.

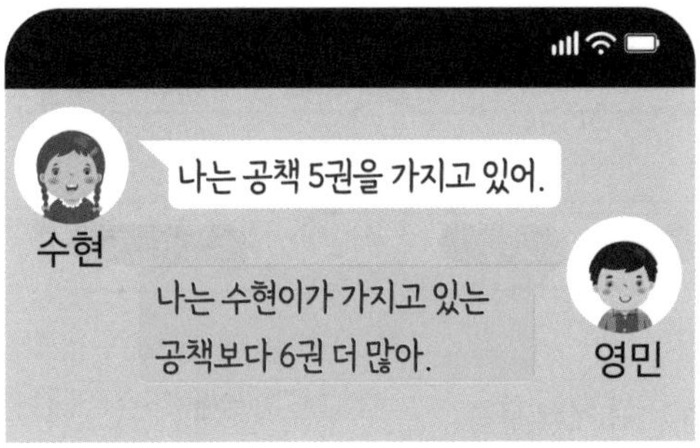

(　　　　　　　　)

8 33쪽

창의 융합

5장의 수 카드 중에서 2장을 뽑아 한 번씩만 사용하여 합이 가장 큰 덧셈식을 만들고 합을 구해 보세요.

3　7　2　5　8

□ + □ = □

+9 33쪽

수학적 독해력

슬기와 로운이가 모은 우유팩은 모두 몇 개인지 구해 보세요.

(식) □ + □ = □

(답) ______________

독해 포인트 '같은 개수'는 몇 개인지 생각해 보세요.

+10 33쪽

수학적 표현력

주머니에 구슬이 6개 있었는데 7개를 더 넣었습니다. 주머니에 있는 구슬은 모두 몇 개인지 말해 보세요.

주머니에 있던 구슬의 수와 더 넣은 구슬의 수를 더하면 됩니다. 6 + □ = □이므로 주머니에 있는 구슬은 모두 □개입니다.

오늘 공부 어땠나요? 10개 중 맞힌 문제 □ 개 › **틀린 문제**는 힌트를 보고 다시 도전해 보세요. › **맞힌 문제**는 힌트를 보고 자신의 생각과 비교해 보세요.

17일 받아올림이 있는 (몇)+(몇)

① 7+6의 계산

방법 1 앞의 수를 10으로 만들어 더하기

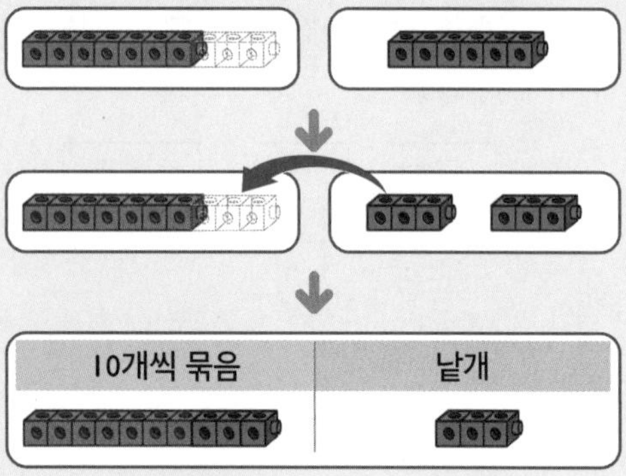

7 + 6 = 13

(6을 3과 3으로 가르기)

7과 더해서 10이 되는 수는 3이므로 6을 3과 3으로 가르기합니다.

방법 2 뒤의 수를 10으로 만들어 더하기

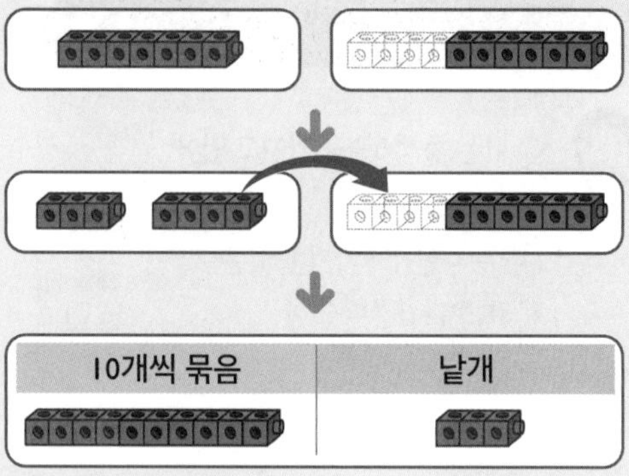

7 + 6 = 13

(7을 3과 4로 가르기)

6과 더해서 10이 되는 수는 4이므로 7을 3과 4로 가르기합니다.

개념+ 7+6은 5와 5를 더하여 10을 만들고, 남은 2와 1을 더하는 방법으로 계산할 수도 있습니다.

7 + 6 = 13

(7 → 5, 2 / 6 → 5, 1)

확인 1 8+6을 여러 가지 방법으로 계산해 보세요.

방법 1 8을 10으로 만들어 더하기

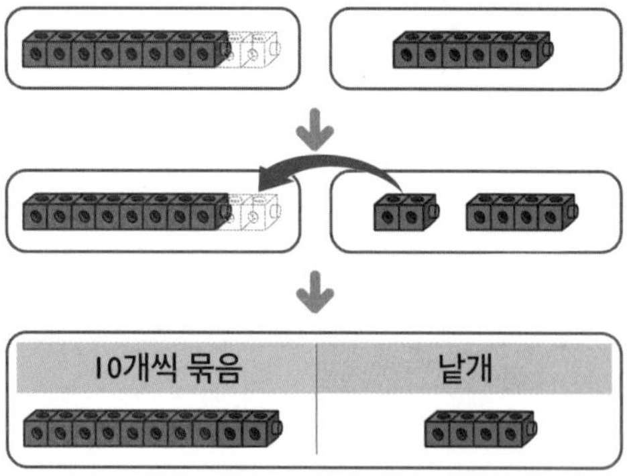

8 + 6 = □

(6 → 2, 4)

방법 2 6을 10으로 만들어 더하기

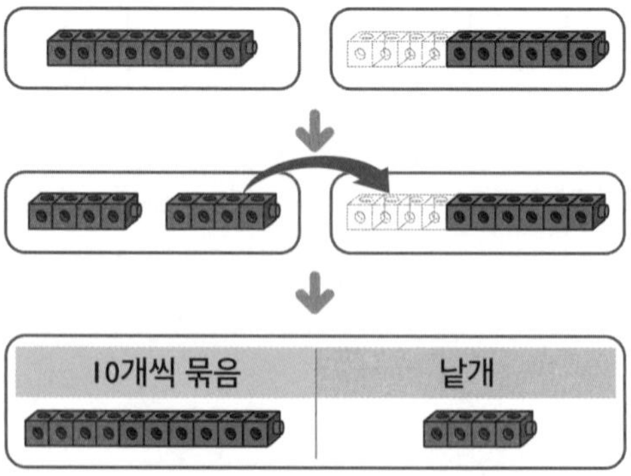

8 + 6 = □

(8 → 4, 4)

기본기 다지는 교과서 문제

» 정답 · 풀이 21쪽

1 7+9를 여러 가지 방법으로 계산해 보세요.

(1) 민호: 7과 3을 더하여 10을 만들어 구해 볼래!

7 + 9 = □

3 □

(2) 주하: 9와 1을 더하여 10을 만들어 구해 볼래!

7 + 9 = □

□ 1

(3) 서연: 5와 5를 더하여 10을 만들어 구해 볼래!

7 + 9 = □

5 □ 5 □

2 8+5를 계산해 보세요.

(1) 8 + 5 = □

2 □

(2) 8 + 5 = □

□ 5

3 덧셈을 해 보세요.

(1) 9+4=□ (2) 6+5=□

(3) 8+7=□ (4) 7+7=□

개념 따라쓰기

앞의 수를 10으로 만들어 더하기

5 + 8

5 3

앞의 수를 10으로 만들기 위해 뒤의 수를 가르기하여 계산합니다.

뒤의 수를 10으로 만들어 더하기

5 + 8

3 2

뒤의 수를 10으로 만들기 위해 앞의 수를 가르기하여 계산합니다.

[1~2] 6+8을 여러 가지 방법으로 계산해 보세요.

1

이해

6을 10으로 만들어 덧셈을 해 보세요.

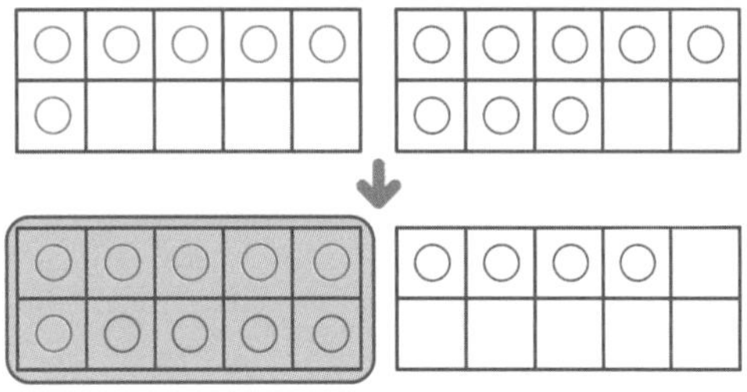

6 + 8 = □

(8 → 4, □)

2

이해

8을 10으로 만들어 덧셈을 해 보세요.

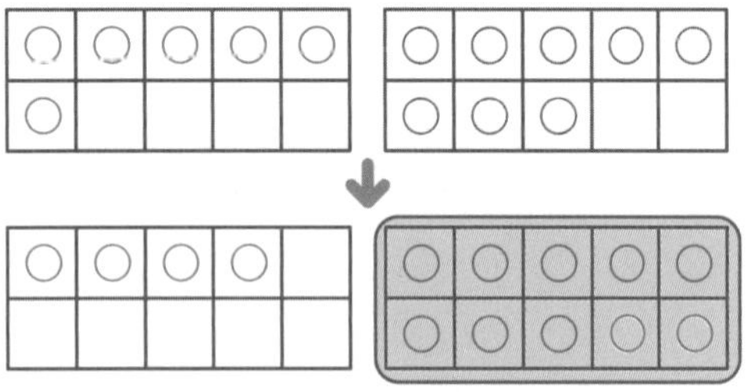

6 + 8 = □

(6 → □, 2)

3

34쪽 적용

7+4를 계산해 보세요.

(1) 7 + 4 = □ (7 → □, 1)

(2) 7 + 4 = □ (4 → 1, □)

4

34쪽 적용

□ 안에 알맞은 수를 써넣으세요.

(1) 5 + 6 = □ (6 → □, □)

(2) 7 + 8 = □ (7 → □, □)

5

34쪽 계산

덧셈을 해 보세요.

(1) 6+9=□

(2) 9+7=□

6

34쪽 추론

관계있는 것끼리 모두 선으로 이어 보세요.

8+3 •	• 8+2+1
4+9 •	• 4+6+3
	• 3+1+9

» 정답 · 풀이 21쪽

7 35쪽

문제 해결

계산 결과의 크기를 비교하여 ○ 안에 >, =, < 를 알맞게 써넣으세요.

9+3 ○ 8+5

8 35쪽

문제 해결

합을 구하여 선으로 이어 보세요.

8+8   7+6

13   15   16

+9 35쪽

수학적 독해력

1부터 9까지의 수 카드 중에서 2장을 뽑아 카드에 적힌 두 수의 합이 크면 이기는 놀이를 하고 있습니다. 이긴 사람의 이름을 쓰세요.

나는 8과 6을 뽑았어.

지혜

나는 4와 9를 뽑았어.

서준

(   )

독해 포인트 지혜가 뽑은 수 카드의 합과 서준이가 뽑은 수 카드의 합을 각각 구해 봅니다.

+10 35쪽

수학적 표현력

5+9를 여러 가지 방법으로 계산하려고 합니다. 종욱이가 계산한 방법과 다른 방법으로 계산해 보세요.

5 + 9 = 14

5   4

5와 더해서 10이 되는 수는 5이므로 9를 5와 4로 가르기 하여 5와 5를 먼저 더했어.

종욱

9와 더해서 10이 되는 수는 □이므로 5를 □와 □로 가르기 하여 □과 9를 먼저 더했어.

5 + 9 = □

□   □

오늘 공부 어땠나요?

10개 중 맞힌 문제 □ 개

틀린 문제는 힌트를 보고 다시 도전해 보세요.

맞힌 문제는 힌트를 보고 자신의 생각과 비교해 보세요.

18일 여러 가지 덧셈하기

① 여러 가지 덧셈하기

같은 수에 1씩 커지는 수를 더하면 합도 1씩 커집니다.	1씩 작아지는 수에 같은 수를 더하면 합도 1씩 작아집니다.	두 수를 서로 바꾸어 더해도 합은 같습니다.
$9+3=12$ $9+4=13$ $9+5=14$ $9+6=15$	$8+6=14$ $7+6=13$ $6+6=12$ $5+6=11$	$4+7=11$ $7+4=11$

같은 수에
1씩 커지는 수를 더하면
합도 1씩 커집니다.

1씩 작아지는 수에
같은 수를 더하면
합도 1씩 작아집니다.

두 수를
서로 바꾸어 더해도
합은 같습니다.

확인 1 덧셈을 해 보세요.

(1) $5+6=11$

$5+7=$ □

$5+8=$ □

$5+9=$ □

(2) $9+4=13$

$8+4=$ □

$7+4=$ □

$6+4=$ □

(3) $8+6=14$

$6+8=$ □

(4) $6+7=13$

$7+6=$ □

기본기 다지는 교과서 문제

» 정답 · 풀이 22쪽

1 덧셈을 해 보세요.

(1)
8+5=☐
8+6=☐
8+7=☐
8+8=☐

(2)
9+6=☐
8+6=☐
7+6=☐
6+6=☐

(3)
3+9=☐
9+3=☐

(4)
6+5=☐
6+6=☐

개념 따라쓰기

같은 수에 1씩 커지는 수 더하기

5+6=11
5+7=12 (+1)
5+8=13 (+1)

같은 수에 1씩 커지는 수를 더하면 합도 1씩 커집니다.

1씩 작아지는 수에 같은 수 더하기

8+8=16
7+8=15 (−1)
6+8=14 (−1)

1씩 작아지는 수에 같은 수를 더하면 합도 1씩 작아집니다.

2 9+5와 합이 같은 덧셈식을 모두 찾아 색칠해 보세요.

9+5	8+5	7+5	6+5	5+5
9+6	8+6	7+6	6+6	5+6
9+7	8+7	7+7	6+7	5+7
9+8	8+8	7+8	6+8	5+8
9+9	8+9	7+9	6+9	5+9

두 수를 바꾸어 더하기

9+3=12
3+9=12

두 수를 서로 바꾸어 더해도 합은 같습니다.

4단원

[1~2] 덧셈을 해 보고, 합이 어떻게 변하는지 알맞은 말에 ○표 하세요.

1

이해

9+5=□

8+5=□

7+5=□

6+5=□

1씩 작아지는 수에 같은 수를 더하면 합도 1씩 (커집니다 , 작아집니다).

2

이해

7+6=□

7+7=□

7+8=□

7+9=□

같은 수에 1씩 커지는 수를 더하면 합도 1씩 (커집니다 , 작아집니다).

3

36쪽

이해

□ 안에 알맞은 수를 써넣으세요.

(1) 4+9=□

9+4=□

(2) 6+8=□

8+6=□

4

36쪽

문제 해결

합이 16인 덧셈식을 모두 찾아 색칠해 보세요.

		5+7		
	6+6	6+7	6+8	
7+5	7+6	7+7	7+8	7+9
	8+6	8+7	8+8	
		9+7		

5

36쪽

추론

□ 안에 알맞은 수를 써넣어 덧셈식을 완성해 보세요.

(1) 8+7=15

□+8=16

(2) 9+6=15

9+□=16

6

36쪽

문제 해결

□ 안에 알맞은 수를 써넣고, 두 수의 합이 작은 식부터 순서대로 이어 보세요.

시작

3+8=11 •

• 4+8=□

5+8=□ •

• 8+6=□

» 정답 · 풀이 22쪽

조금 더 **어려운 문제**에 도전해 볼까요?

7 37쪽 창의 융합

합이 같은 식을 찾아 〈보기〉와 같이 ○, △, □표 해 보세요.

〈보기〉
(5+6) △6+6△ [7+6]

9+2	8+5	5+7
9+3	8+3	6+7

8 37쪽 추론

옆으로 덧셈식이 되는 세 수를 찾아 □+□=□표 하세요. (단, 덧셈식은 3개 더 찾을 수 있습니다.)

5 +	3 =	8	5	11
9	6	8	10	9
7	4	6	9	15
9	3	12	5	10
16	8	7	7	14

+9 37쪽 수학적 독해력

합이 1씩 커지는 길을 따라가는 로봇이 있습니다. 이 로봇이 화살표를 따라 길을 갈 수 있도록 □ 안에 알맞은 수를 써넣으세요.

7+4=11 →	7+□=12 →	7+□=13 ↓
7+□=16 ←	7+□=15 ←	7+□=14

독해 포인트 화살표(→)를 따라 합이 1씩 커지도록 빈칸을 채워 보세요.

+10 37쪽 수학적 표현력

계산 결과가 다른 식을 말한 친구를 찾아보세요.

두 수를 서로 바꾸어 더해도 합은 같으므로

□+6=6+□입니다.

따라서 계산 결과가 다른 식을 말한 친구는

□입니다.

오늘 공부 어땠나요? 10개 중 맞힌 문제 □개 〉 **틀린 문제**는 힌트를 보고 다시 도전해 보세요. 〉 **맞힌 문제**는 힌트를 보고 자신의 생각과 비교해 보세요.

공부한 날 월 일

19일 (십몇)−(몇)의 여러 가지 계산 방법

① 11−3의 계산

방법 1 거꾸로 세어 구하기

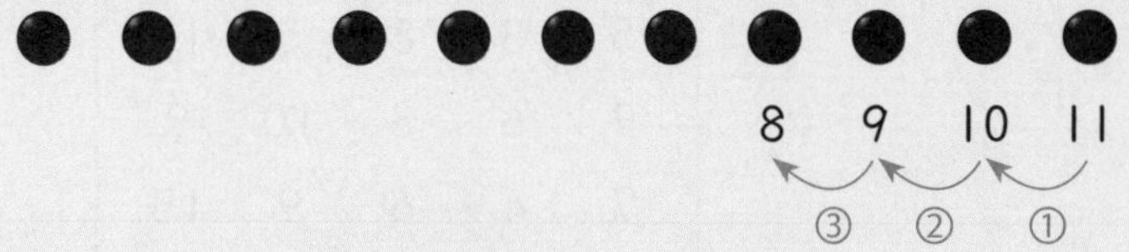

→ 11−3=8

11에서 3을 거꾸로 센 수

→ 11부터 거꾸로 세면 10, 9, 8입니다.

방법 2 / 으로 지워서 구하기

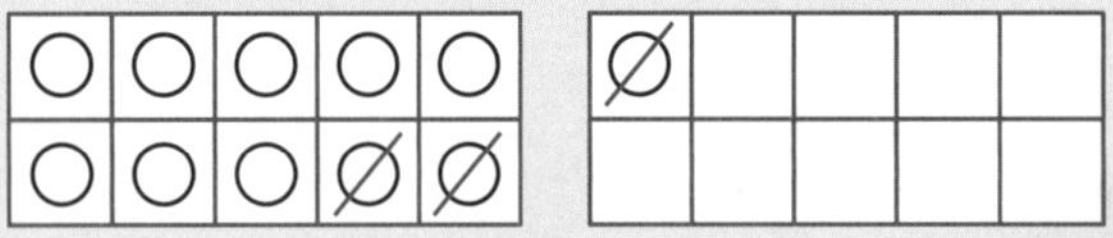

→ / 으로 1개를 지우고, 2개를 더 지웠더니 8개가 되었습니다.

확인 1 12−4는 얼마인지 여러 가지 방법으로 알아보세요.

(1) 바둑돌을 하나씩 짝 지어 보세요.

검은색 바둑돌이 ☐개 더 많습니다.

(2) 십 배열판에서 빼는 수 4만큼 /으로 지워 보세요.

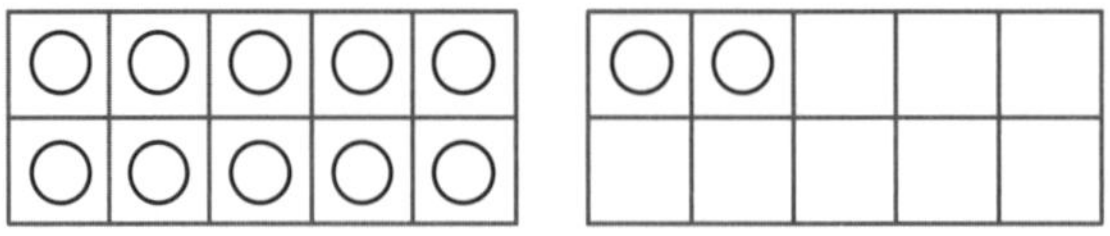

(3) 12−4는 얼마일까요?

12−4=☐

기본기 다지는 교과서 문제

» 정답 · 풀이 23쪽

1 남은 달걀은 몇 개인지 □ 안에 알맞은 수를 써넣으세요.

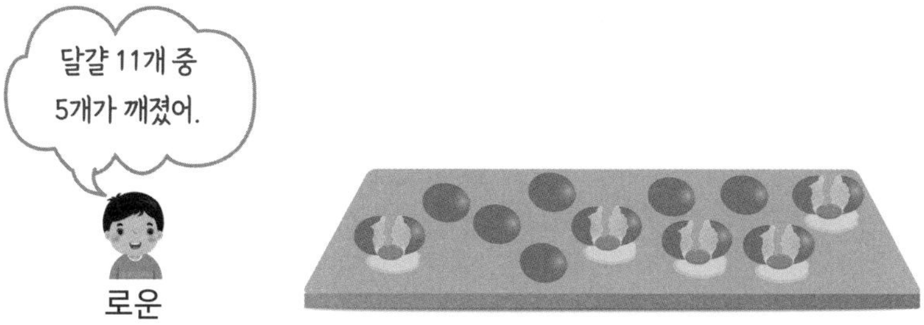

$11-5=$ □

2 연필이 몇 개 더 많은지 □ 안에 알맞은 수를 써넣으세요.

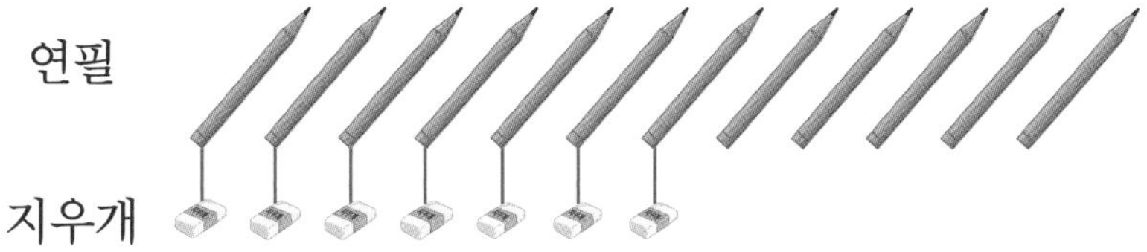

연필이 □ 개 더 많습니다.

3 토끼가 다람쥐보다 몇 마리 더 많을까요?

(식) $14-$ □ $=$ □

(답) ______________

개념 따라쓰기

거꾸로 세기로 뺄셈하기

$11-3$

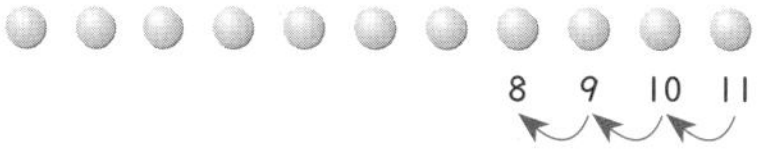

→ $11-3=8$

거꾸로 세기로 뺄셈을 할 수 있습니다.

/으로 지워서 뺄셈하기

$11-3$

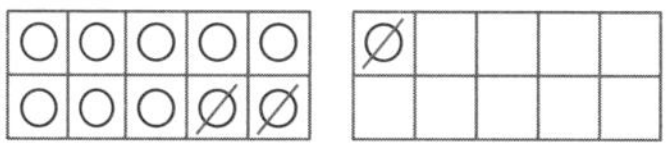

→ $11-3=8$

/으로 지워서 뺄셈을 할 수 있습니다.

스스로 풀어내는 도전 10 문제

막힐 땐 힌트북

1

이해

연못에 남은 오리는 몇 마리인지 구해 보세요.

연못에 남은 오리는 □마리입니다.

2

이해

어느 것이 몇 개 더 많은지 알맞은 말에 ○표 하고, □ 안에 알맞은 수를 써넣으세요.

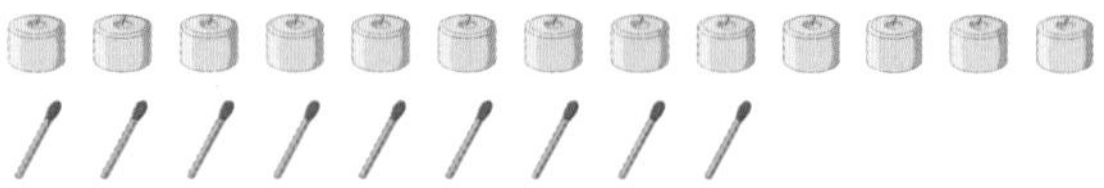

(초 , 성냥개비)가 □개 더 많습니다.

3

38쪽

적용

모형을 보고 □ 안에 알맞은 수를 써넣으세요.

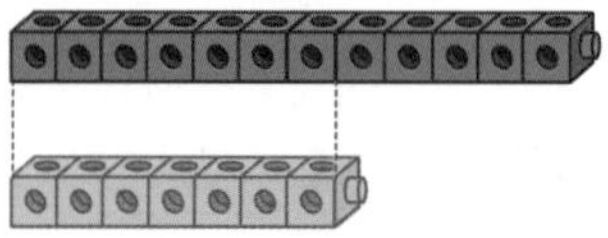

12－7=□

4

38쪽

적용

/ 으로 지워 뺄셈을 해 보세요.

○	○	○	○	○
○	○	○	○	○

○	○	○	○	○

15－7=□

5

38쪽

문제 해결

딸기 17개 중에서 9개를 먹었습니다. 남은 딸기는 몇 개일까요?

(　　　　　)

6

38쪽

적용

차가 더 작은 것에 △표 하세요.

11－2	16－8
(　　　　　)	(　　　　　)

» 정답 · 풀이 23쪽

7 39쪽

창의 융합

다음을 읽고 주하가 가지고 있는 사탕은 몇 개인지 구해 보세요.

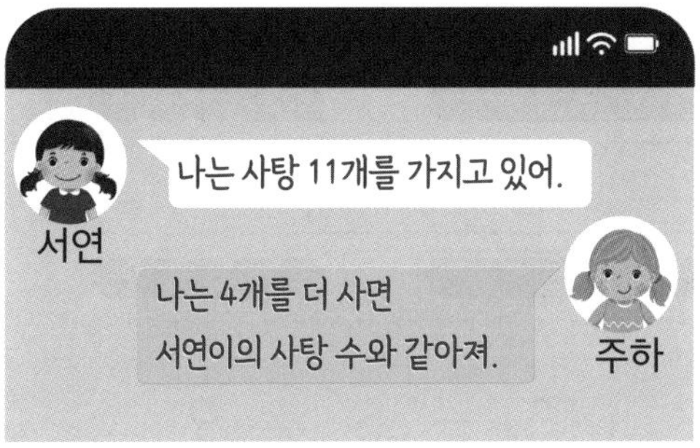

(   )

8 39쪽

문제 해결

4장의 수 카드 중에서 2장을 뽑아 한 번씩만 사용하여 차가 가장 큰 뺄셈식을 만들고 차를 구해 보세요.

13 6 11 5

☐ − ☐ = ☐

+9 39쪽

수학적 독해력

남은 피자는 몇 조각인지 구해 보세요.

(식) ☐ − ☐ = ☐

(답) ____________________

독해 포인트 '나누어 준'만큼 빼야 합니다.

+10 39쪽

수학적 표현력

자전거가 15대, 킥보드가 9대 있습니다. 자전거는 킥보드보다 몇 대 더 많은지 말해 보세요.

자전거의 수에서 킥보드의 수를 빼면 됩니다.

15 − ☐ = ☐이므로, 자전거는 킥보드보다 ☐대 더 많습니다.

오늘 공부 어땠나요? 10개 중 맞힌 문제 ☐개 > **틀린 문제**는 힌트를 보고 다시 도전해 보세요. > **맞힌 문제**는 힌트를 보고 자신의 생각과 비교해 보세요.

20일 받아내림이 있는 (십몇)−(몇)

① 15−6의 계산

방법 1 뒤의 수를 가르기하여 빼기

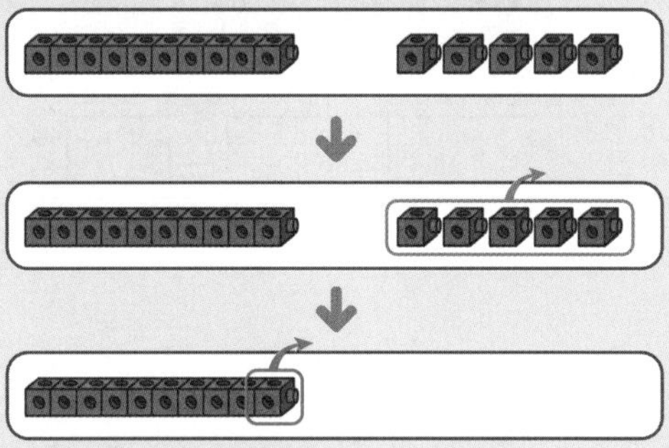

$15 - 6 = 9$

5 1

➔ 15에서 5를 빼고 1을 더 뺍니다.

방법 2 앞의 수를 가르기하여 빼기

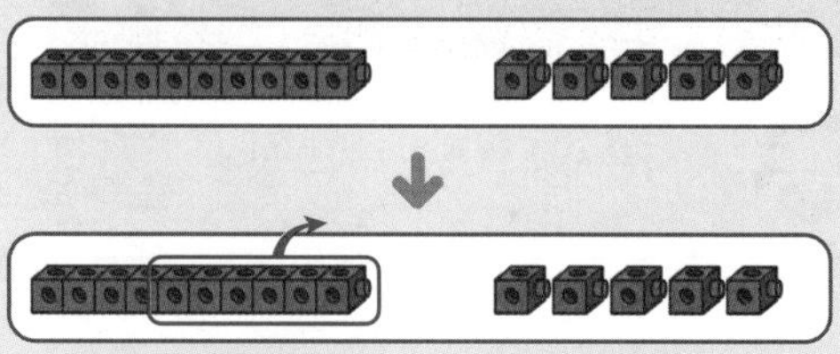

$15 - 6 = 9$

10 5

➔ 10에서 6을 빼고 남은 5를 더합니다.

확인 1 13−8을 여러 가지 방법으로 계산해 보세요.

방법 1 뒤의 수를 가르기하여 13에서 3을 먼저 빼기

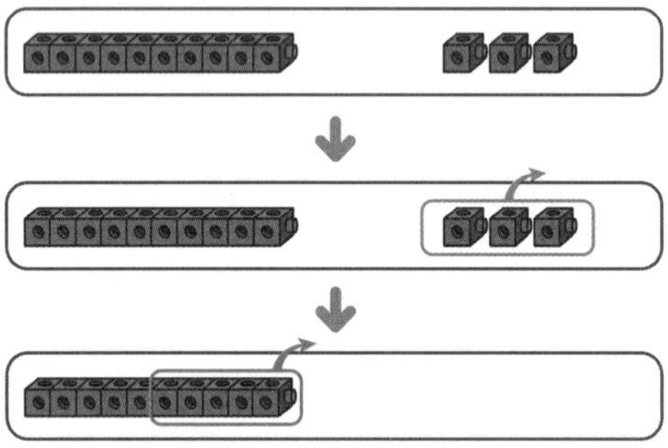

$13 - 8 = \square$

3 5

방법 2 앞의 수를 가르기하여 10에서 8을 먼저 빼기

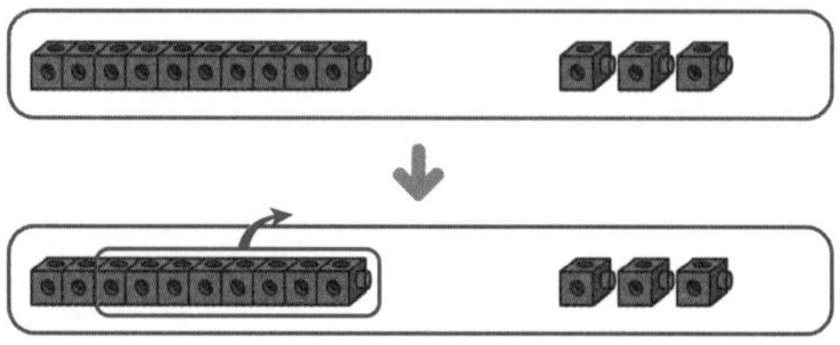

$13 - 8 = \square$

10 3

» 정답 · 풀이 24쪽

기본기 다지는 교과서 문제

1 12－4를 여러 가지 방법으로 계산해 보세요.

(1) 
슬기

12에서 2를 먼저 빼서 구해 볼래!

12 － 4 ＝ ☐
(4를 2와 ☐로 가르기)

(2) 
로운

10에서 4를 한 번에 빼서 구해 볼래!

12 － 4 ＝ ☐
(12를 10과 ☐로 가르기)

2 14－8을 계산해 보세요.

(1) 14 － 8 ＝ ☐
(8을 4와 ☐로 가르기)

(2) 14 － 8 ＝ ☐
(14를 10과 ☐로 가르기)

3 뺄셈을 해 보세요.

(1) 13－7＝☐ (2) 12－6＝☐

(3) 14－4＝☐ (4) 15－5＝☐

개념 따라쓰기

뒤의 수를 가르기하여 빼기

11 － 5
(5를 1과 4로 가르기)

뒤의 수를 가르기하여 11에서 1을 먼저 빼고 4를 뺍니다.

앞의 수를 가르기하여 빼기

11 － 5
(11을 10과 1로 가르기)

앞의 수를 가르기하여 10에서 5를 빼고 남은 1을 더합니다.

4단원

스스로 풀어내는 도전 10 문제

[1~2] 16－8을 여러 가지 방법으로 계산해 보세요.

1
이해

뒤의 수를 가르기하여 뺄셈을 해 보세요.

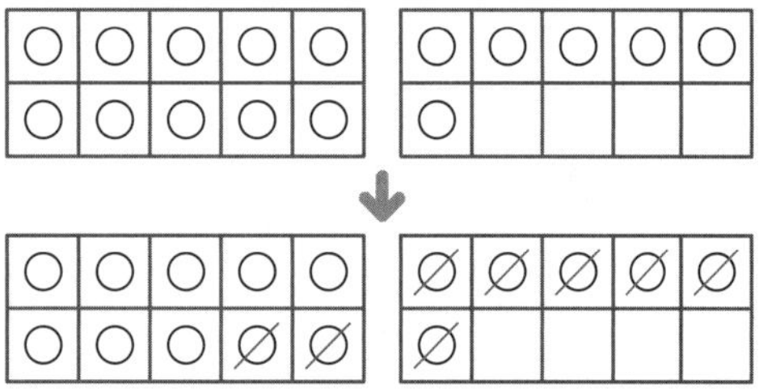

16 － 8 ＝ □

6 □

2
이해

앞의 수를 가르기하여 뺄셈을 해 보세요.

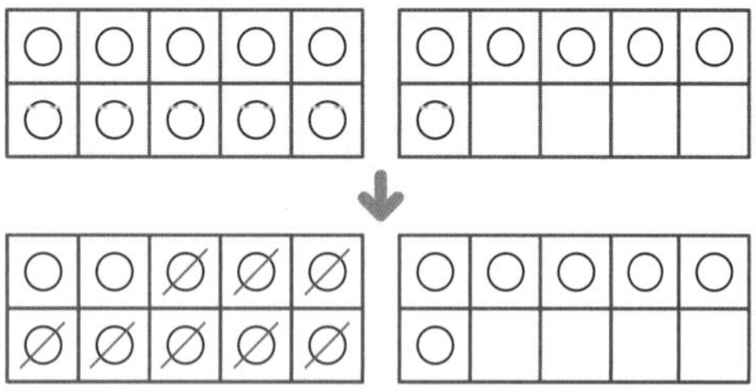

16 － 8 ＝ □

10 □

3
40쪽
적용

15－7을 계산해 보세요.

(1) 15 － 7 ＝ □

□ 2

(2) 15 － 7＝ □

□ 5

4
40쪽
적용

□ 안에 알맞은 수를 써넣으세요.

(1) 14 － 6 ＝ □

□ □

(2) 16 － 9 ＝ □

□ □

5
40쪽
계산

뺄셈을 해 보세요.

(1) 17－8＝□

(2) 13－6＝□

6
40쪽
문제 해결

어린이 11명에게 사탕을 한 개씩 나누어 주려고 합니다. 사탕은 9개 있습니다. 사탕이 몇 개 더 필요할까요?

〔식〕 □－□＝□

〔답〕 ______________

» 정답 · 풀이 24쪽

조금 더 **어려운 문제**에 도전해 볼까요?

7 41쪽 문제 해결

차가 6인 뺄셈식을 모두 찾아 ○표 하세요.

13－6	11－7	15－9	14－8
( )	( )	( )	( )

8 41쪽 추론

같은 모양은 같은 수를 나타냅니다. ♥가 나타내는 수는 얼마일까요?

16－7＝★
14－★＝♥

(   )

+9 41쪽 수학적 독해력

카드에 적힌 두 수의 차가 더 작은 사람이 이기는 놀이를 하였습니다. 이긴 사람은 누구일까요?

윤하: 11, 6

민호: 15, 8

(   )

독해 포인트 두 수의 차가 '더 작은 사람'이 이겨요.

+10 41쪽 수학적 표현력

가장 큰 수와 가장 작은 수의 차를 구하세요.

9   12   6   14

수의 크기를 비교하면 6＜9＜12＜14이므로 가장 큰 수는 ☐, 가장 작은 수는 ☐입니다.

따라서 가장 큰 수와 가장 작은 수의 차는

☐－☐＝☐입니다.

오늘 공부 어땠나요? 10개 중 맞힌 문제 ☐개 › **틀린 문제**는 힌트를 보고 다시 도전해 보세요. › **맞힌 문제**는 힌트를 보고 자신의 생각과 비교해 보세요.

4 단원

공부한 날 월 일

여러 가지 뺄셈하기

① 여러 가지 뺄셈하기

13－4＝9 13－5＝8 13－6＝7 13－7＝6	12－6＝6 13－6＝7 14－6＝8 15－6＝9	12－5＝7 13－6＝7 14－7＝7 15－8＝7
같은 수에서 1씩 커지는 수를 빼면 차는 1씩 작아집니다.	1씩 커지는 수에서 같은 수를 빼면 차도 1씩 커집니다.	1씩 커지는 수에서 1씩 커지는 수를 빼면 차는 항상 같습니다.

확인 1 뺄셈을 해 보세요.

(1) 13－6＝7

13－7＝□

13－8＝□

13－9＝□

(2) 15－9＝6

15－8＝□

15－7＝□

15－6＝□

(3) 14－8＝6

15－8＝□

16－8＝□

17－8＝□

(4) 12－6＝6

13－7＝□

14－8＝□

15－9＝□

기본기 다지는 교과서 문제

» 정답 · 풀이 25쪽

1 빼셈을 해 보세요.

(1)
$12-5=\square$
$12-6=\square$
$12-7=\square$
$12-8=\square$

(2)
$11-6=\square$
$12-6=\square$
$13-6=\square$
$14-6=\square$

(3)
$13-6=\square$
$14-7=\square$
$15-8=\square$
$16-9=\square$

(4)
$14-7=\square$
$13-7=\square$
$12-7=\square$
$11-7=\square$

2 13−8과 차가 같은 뺄셈식을 모두 찾아 색칠해 보세요.

11−5	11−6	11−7	11−8	11−9
	12−6	12−7	12−8	12−9
		13−7	13−8	13−9
			14−8	14−9
				15−5

개념 따라쓰기

같은 수에서 1씩 커지는 수 빼기

$10-6=4$
$10-7=3$ (−1)
$10-8=2$ (−1)

같은 수에서 1씩 커지는 수를 빼면 차는 1씩 작아집니다.

1씩 커지는 수에서 같은 수 빼기

$10-8=2$
$11-8=3$ (+1)
$12-8=4$ (+1)

1씩 커지는 수에서 같은 수를 빼면 차도 1씩 커집니다.

1씩 커지는 수 사이의 빼기

$10-4=6$
$11-5=6$
$12-6=6$

1씩 커지는 수에서 1씩 커지는 수를 빼면 차는 항상 같습니다.

4단원

[1~2] 뺄셈을 해 보고, 차가 어떻게 변하는지 알맞은 말에 ○표 하세요.

1

이해

11−6=□

11−7=□

11−8=□

11−9=□

같은 수에서 1씩 커지는 수를 빼면 차는 1씩 (커집니다, 작아집니다).

2

이해

15−9=□

16−9=□

17−9=□

18−9=□

1씩 커지는 수에서 같은 수를 빼면 차도 1씩 (커집니다, 작아집니다).

3

42쪽

이해

□ 안에 알맞은 수를 써넣으세요.

14−5=□

15−6=□

16−7=□

17−8=□

4

42쪽

문제 해결

차가 7인 뺄셈식을 모두 찾아 색칠해 보세요.

		12−7		
	13−6	13−7	13−8	
14−5	14−6	14−7	14−8	14−9
	15−6	15−7	15−8	
		16−7		

5

42쪽

적용

□ 안에 알맞은 수를 써넣어 뺄셈식을 완성해 보세요.

13−5=8

13−□=7

13−□=6

6

42쪽

문제 해결

□ 안에 알맞은 수를 써넣고, 두 수의 차가 작은 식부터 순서대로 이어 보세요.

시작

12−6=6 •

• 13−5=□

13−6=□ •

• 14−5=□

» 정답 · 풀이 26쪽

7
43쪽 · 창의 융합

차가 같은 식을 찾아 〈보기〉와 같이 ◯, △, □표 해 보세요.

〈보기〉
(11−6) △13−7△ [12−4]

11−3	12−7	13−5
11−5	14−9	15−9

8
43쪽 · 추론

옆으로 뺄셈식이 되는 세 수를 찾아 □−□=□표 하세요. (단, 뺄셈식은 4개 더 찾을 수 있습니다.)

17 − 9 = 8			11	4
12	8	13	5	8
9	14	7	7	11
14	6	8	5	13
2	6	16	7	9

+9
43쪽 · 수학적 독해력

슬기가 먹은 젤리는 몇 개일까요?

(　　　　　　)

독해 포인트 (슬기가 먹고 남은 젤리의 수)
=(서준이가 먹고 남은 젤리의 수)

+10
43쪽 · 수학적 표현력

차가 4가 되는 칸은 모두 몇 칸인지 말해 보세요.

		11−7		
	12−6	12−7	12−8	
13−5	13−6	13−7	13−8	13−9

↘ 방향의 뺄셈식은 □씩 커지는 수에서 1씩 커지는 수를 빼고 있으므로 차는 같습니다.

차가 4가 되는 뺄셈식은 □−7이므로 차가 4가 되는 칸은 모두 □칸입니다.

오늘 공부 어땠나요? 10개 중 맞힌 문제 □개 › **틀린 문제**는 힌트를 보고 다시 도전해 보세요. › **맞힌 문제**는 힌트를 보고 자신의 생각과 비교해 보세요.

01 그림을 보고 덧셈을 해 보세요.

6+5=□

02 그림을 보고 뺄셈을 해 보세요.

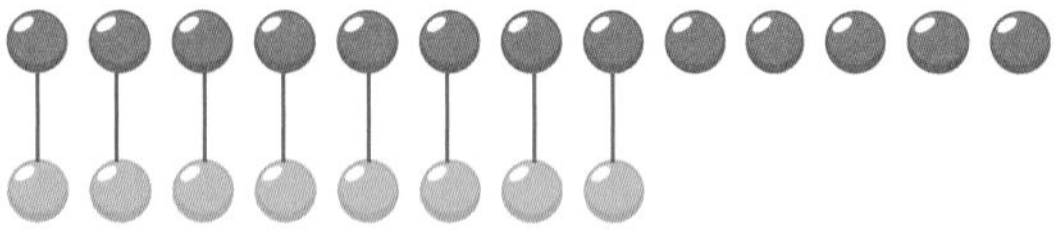

13−8=□

03 □ 안에 알맞은 수를 써넣으세요.

(1) 7+6=□

3 □

(2) 15−8=□

10 □

04 빈칸에 알맞은 수를 써넣으세요.

9 →(+6)→ □ →(−7)→ □

05 어항 안에 물고기가 11마리, 거북이 4마리 들어 있습니다. 물고기는 거북보다 몇 마리 더 많을까요?

( )

06 계산 결과가 가장 큰 것에 ○표, 가장 작은 것에 △표 해 보세요.

15−7	16−9	5+6
( )	( )	( )

07 차가 5가 되도록 □ 안에 알맞은 수를 써넣으세요.

12－7＝5

13－□＝5

14－□＝5

08 ㉠과 ㉡의 차는 얼마일까요?

5＋8＝㉠
13－6＝㉡

(　　　　　　)

09 주하와 슬기는 색종이를 13장씩 가지고 있습니다. 그중 주하는 5장, 슬기는 9장을 사용하여 종이비행기를 접었습니다. 두 사람이 종이비행기를 접고 남은 색종이는 모두 몇 장일까요?

(　　　　　　)

서술형

10 두 덧셈식의 합이 같도록 □ 안에 알맞은 수를 구하려고 합니다. 풀이 과정을 쓰고, 답을 구하세요.

• 6＋9　　• 7＋□

[풀이] ______________________

____

____

[답] ______________________

22일 규칙 찾기

① 규칙을 찾고 말하기

→ , 가 반복되는 규칙입니다.

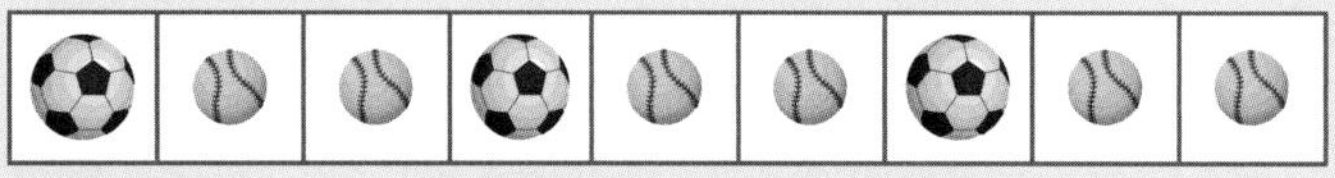

→ , , 이 반복되는 규칙입니다.

◐ 규칙 찾는 방법
반복되는 부분을 묶으면 규칙을 쉽게 찾을 수 있습니다.

→ , 가 반복되는 규칙

② 규칙에 따라 빈칸에 알맞은 그림 그리기

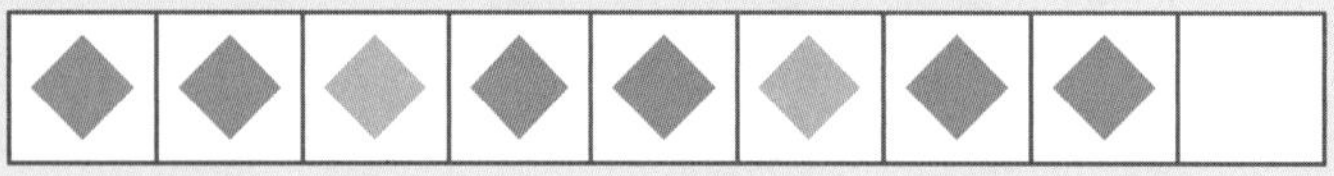

→ ◆, ◆, ◆가 반복되는 규칙이므로 빈칸에 ◆를 그립니다.

◐ 모양이 같을 때 규칙 찾기
모양이 같을 때에는 색깔의 규칙을 찾아봅니다.

확인 1 규칙을 찾아 □ 안에 알맞은 말을 써넣으세요.

(1)

→ □, □가 반복되는 규칙입니다.

(2)

→ □, □, □이/가 반복되는 규칙입니다.

확인 2 규칙을 찾아 빈칸에 알맞은 그림을 그려 보세요.

(1)
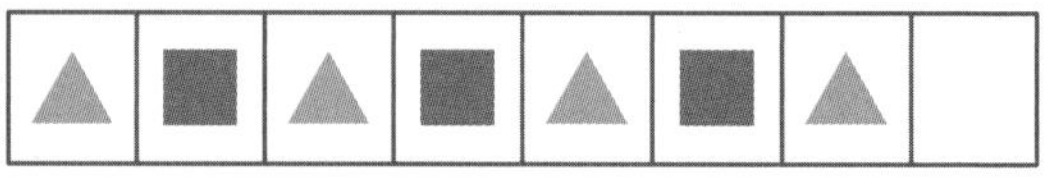

→ ▲, □가 반복되는 규칙입니다.

따라서 빈칸에 알맞은 모양은 □입니다.

(2)
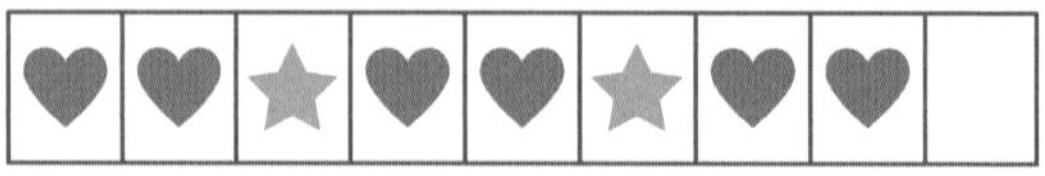

→ ♥, □, □이/가 반복되는 규칙입니다.

따라서 빈칸에 알맞은 모양은 □입니다.

기본기 다지는 **교과서** 문제

» 정답 · 풀이 28쪽

1 〈보기〉와 같이 반복되는 부분에 ◯ 표시해 보세요.

〈보기〉

| ● ◆ ◆ | ● ◆ ◆ | ● ◆ ◆ |

(1) ◆ ◆ ◆ ◆ ◆ ◆ ◆ ◆

(2) ♥ ♥ ★ ♥ ♥ ★ ♥ ♥ ★

2 규칙을 찾아 □ 안에 알맞은 말을 써넣으세요.

(1) 별, 달

★ ☾ ★ ☾ ★ ☾ ★ ☾

→ □, □이 반복되는 규칙입니다.

(2) ☾ ★ ★ ☾ ★ ★ ☾ ★ ★

→ □, □, □이 반복되는 규칙입니다.

3 규칙을 찾아 빈칸에 알맞은 모양을 그려 보세요.

(1)

➡	⬅	➡	⬅	➡	⬅	➡	⬅	

(2)

★	★	◆	★	★	◆	★	★	

개념 따라쓰기

규칙 찾기

반복되는 부분

반복되는 부분을 묶으면 규칙을 쉽게 찾을 수 있습니다.

규칙에 따라 빈칸에 알맞은 그림 그리기

가 반복되는 규칙

규칙을 찾으면 빈칸에 알맞은 그림을 그릴 수 있습니다.

5단원

1

이해

규칙을 찾아 □ 안에 알맞은 말을 써넣으세요.

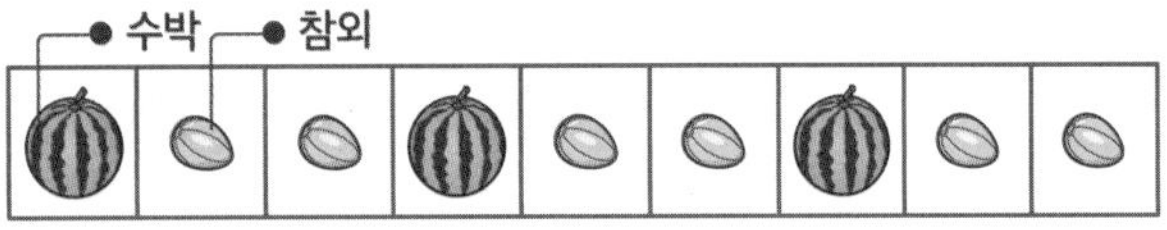

→ □, □, □ 이/가 반복되는 규칙입니다.

2

44쪽

적용

장갑과 양말을 규칙에 따라 늘어놓은 것입니다. 빈칸에 알맞은 것은 무엇일까요?

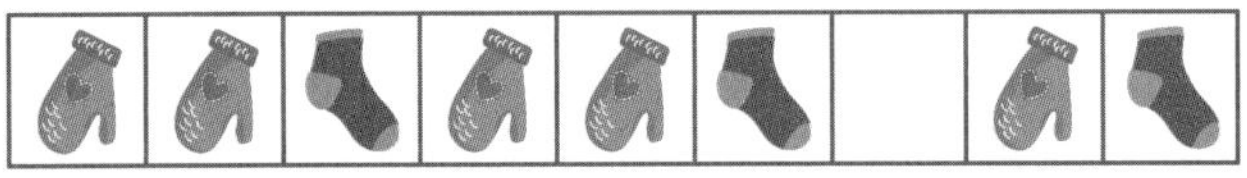

(   )

3

44쪽

적용

규칙을 찾아 빈칸에 알맞은 색을 칠해 보세요.

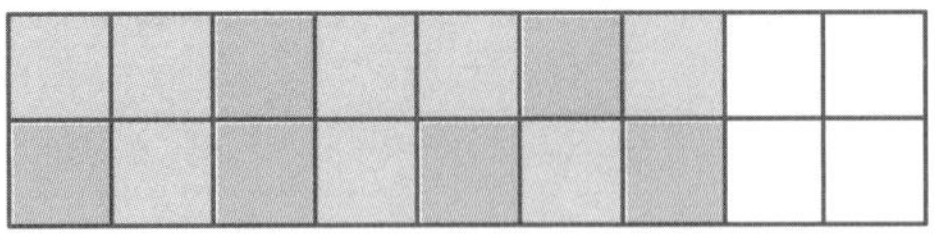

4

이해

신호등의 규칙을 찾아 □ 안에 알맞은 말을 써넣으세요.

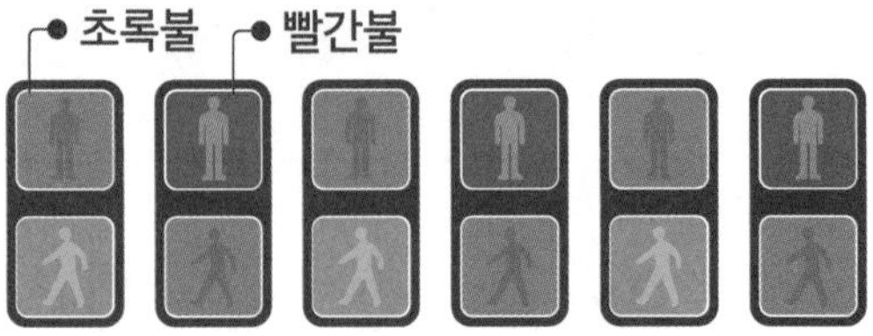

→ □, □ 이 반복되는 규칙입니다.

5

44쪽

적용

규칙을 찾아 시곗바늘을 알맞게 그려 보세요.

6

44쪽

적용

풍선을 보고 규칙을 바르게 말한 사람을 찾아 쓰세요.

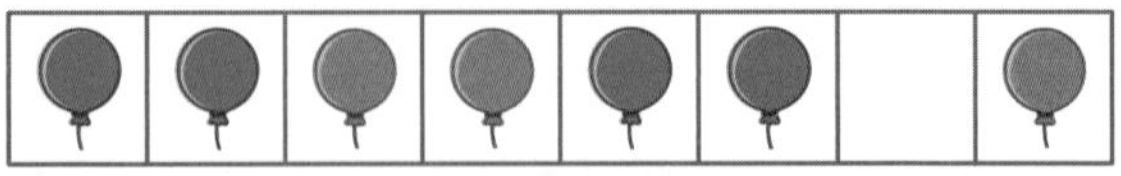

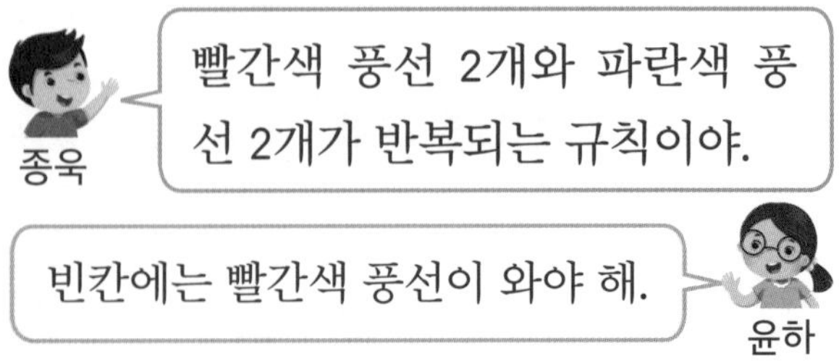

(   )

7 45쪽 창의 융합

규칙을 찾아 빈칸에 알맞은 그림을 그리고, 같은 모양의 물건에 ○표 하세요.

▲	●	■	▲	●	■	▲	●	

(　　　) (　　　) (　　　)

8 45쪽 적용

규칙을 찾아 빈칸에 알맞은 그림을 그려 보세요.

◆	♥	◆	◆	♥	◆			

+9 45쪽 수학적 독해력

규칙에 따라 깃발을 꽂으려고 합니다. 아홉째에 꽂을 깃발은 무슨 색일까요?

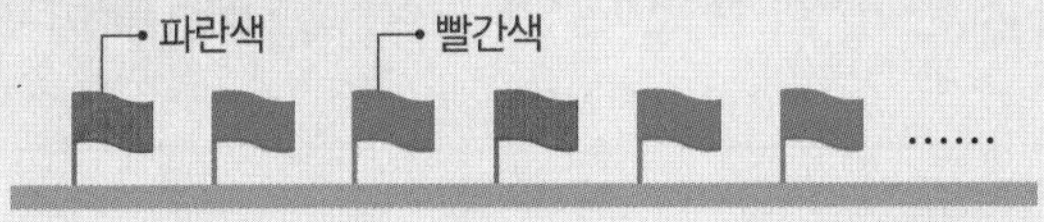

(　　　　　　)

독해 포인트 반복되는 부분을 묶은 후 규칙을 찾으세요.

+10 45쪽 수학적 표현력

규칙을 찾아 빈칸에 알맞은 그림을 그리려고 합니다. 규칙을 말하고, 답을 구하세요.

●	●	○	●	●	○		●	○

검은색 바둑돌 □개와 흰색 바둑돌 □개가 반복되는 규칙입니다. 빈칸은 흰색 바둑돌 다음이므로 □ 바둑돌이 와야 합니다.

오늘 공부 어땠나요? 10개 중 맞힌 문제 □개 › **틀린 문제**는 힌트를 보고 다시 도전해 보세요. › **맞힌 문제**는 힌트를 보고 자신의 생각과 비교해 보세요.

23일 규칙 만들기

① 두 가지 색으로 규칙 만들기

→ 파란색, 빨간색이 반복되는 규칙을 만들었습니다.

② 여러 가지 물건으로 규칙 만들기

→ 연필, 연필, 지우개가 반복되는 규칙을 만들었습니다.

③ 규칙을 만들어 무늬 꾸미기

→ 첫째 줄은 빨간색과 초록색,
둘째 줄은 초록색과 빨간색이
반복되는 규칙을 만들어 무늬를 꾸몄습니다.

확인 1 노란색, 초록색이 반복되는 규칙을 만든 것에 ○표 하세요.

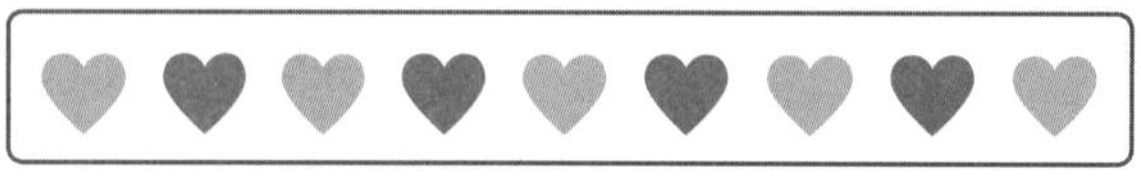 (　　　　　)

 (　　　　　)

확인 2 규칙에 따라 빈칸에 알맞게 색칠해 보세요.

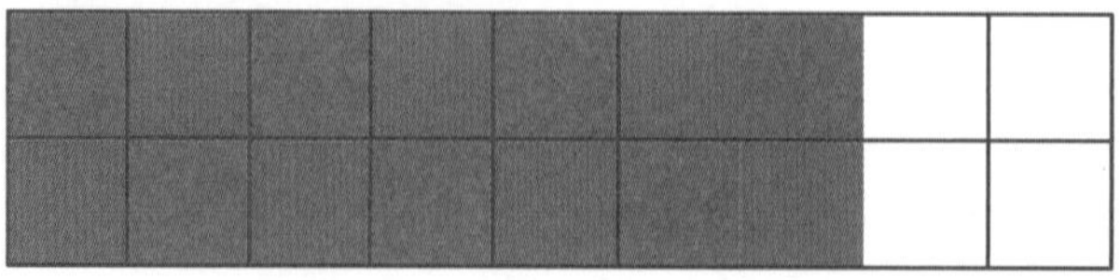

» 정답 · 풀이 29쪽

1 바나나, 바나나, 딸기가 반복되는 규칙을 바르게 만든 사람에 ○표 하세요.

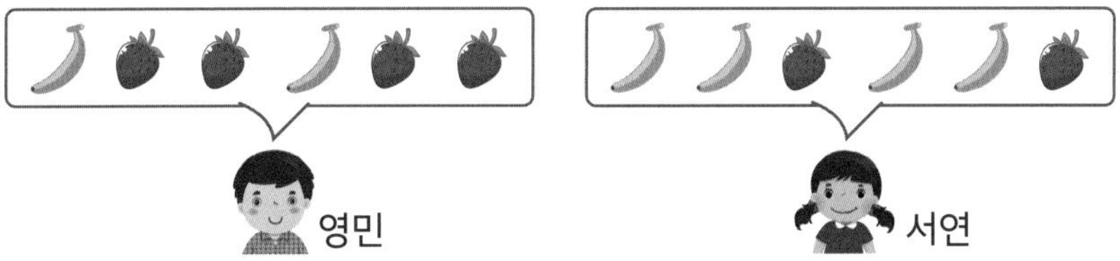

(　　　)　　　　　　(　　　)

2 규칙을 만들어 아이스크림을 색칠해 보세요.

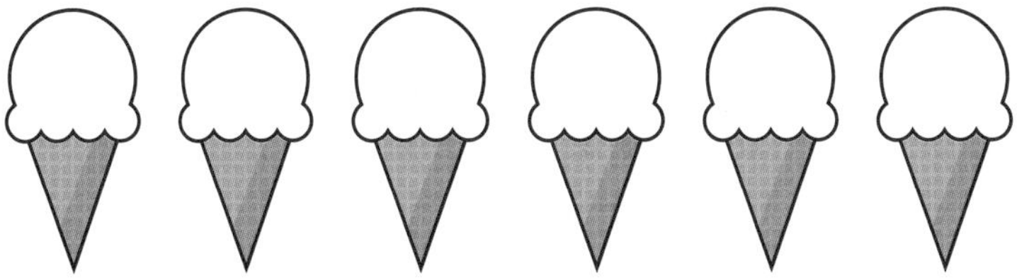

3 □와 △ 모양으로 규칙을 만들어 깃발을 꾸며 보세요.

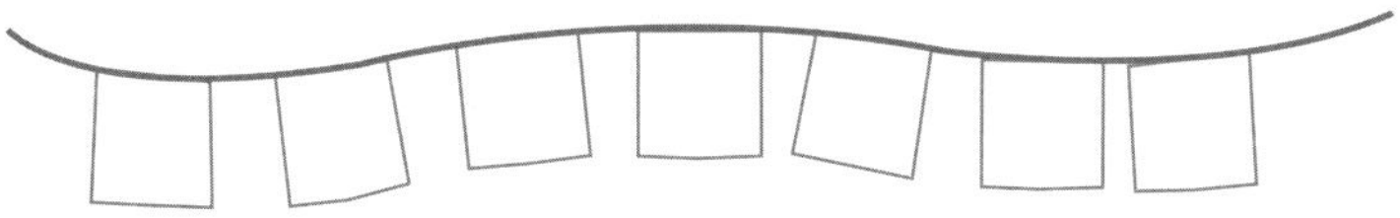

4 규칙에 따라 빈칸을 알맞게 색칠해 보세요.

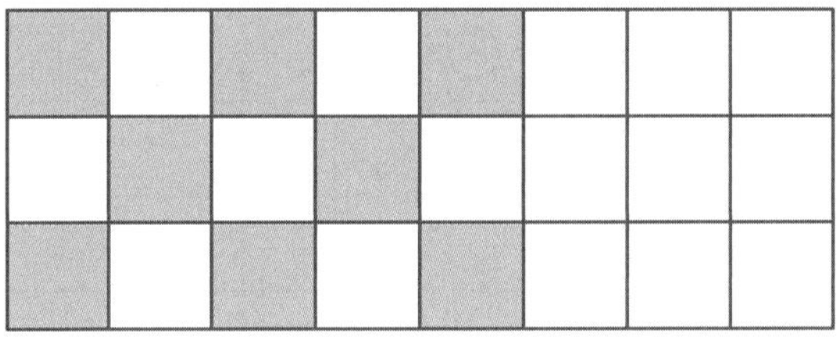

개념 따라쓰기

규칙 만들기

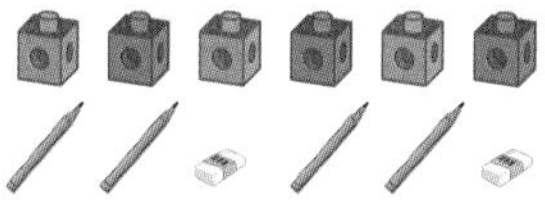

여러 가지 색이나 물건으로 다양한 규칙을 만들 수 있습니다.

▲, ■로 규칙을 만들어 무늬 꾸미기

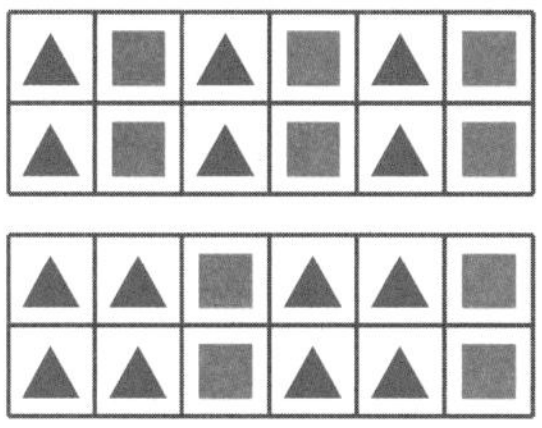

규칙을 만들어 여러 가지 무늬를 꾸밀 수 있습니다.

1

이해

야구 장갑( )과 야구공( )으로 규칙을 만들어 보세요.

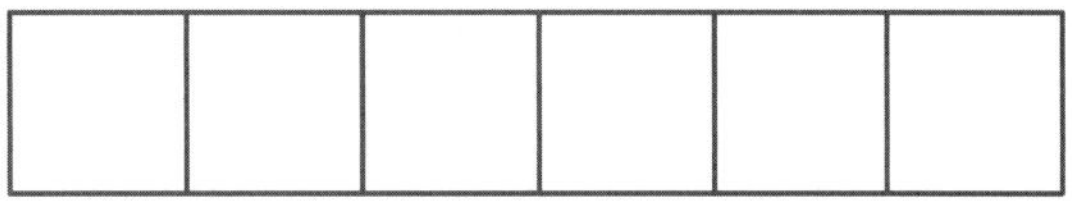

2

이해

규칙에 따라 색칠할 때 빈칸에 알맞은 색에 ○표 하세요.

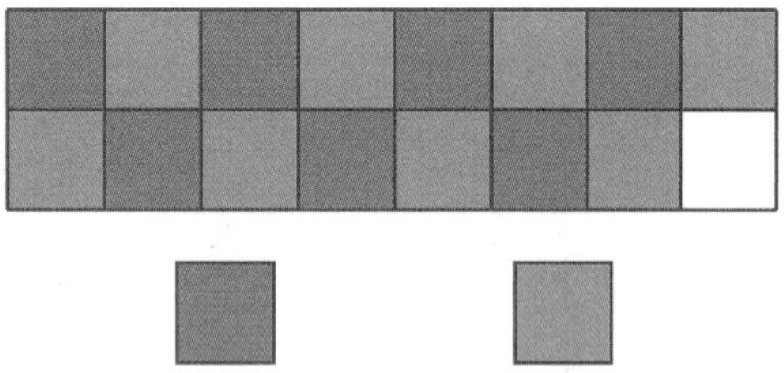

(   ) (   )

3

46쪽

이해

규칙에 따라 빈칸을 알맞게 색칠해 보세요.

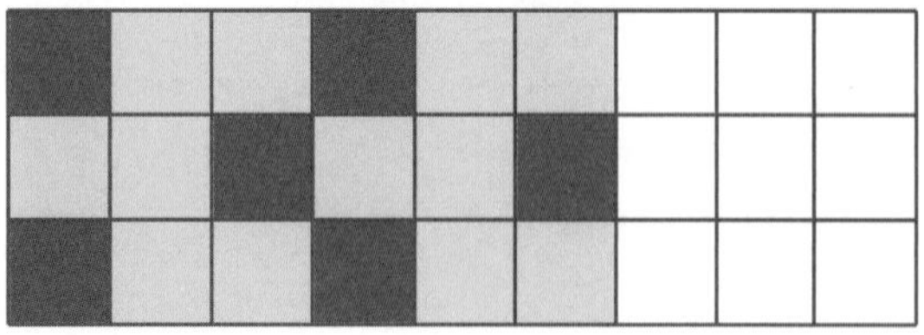

4

46쪽

적용

규칙에 따라 무늬를 바르게 꾸민 사람은 누구일까요?

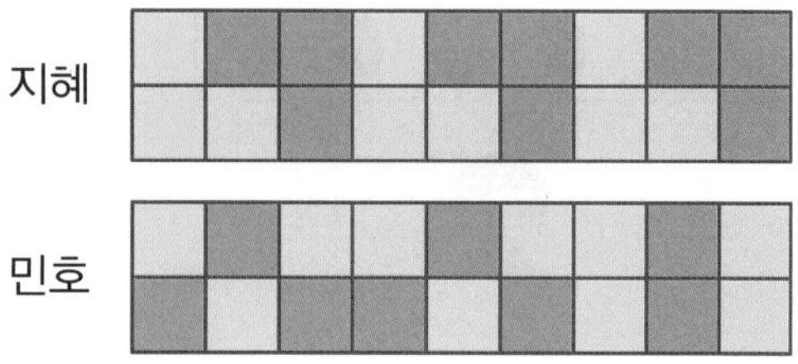

(   )

5

46쪽

추론

규칙에 따라 무늬를 꾸미려고 합니다. 무늬를 완성하면 ◆ 모양이 모두 몇 개일까요?

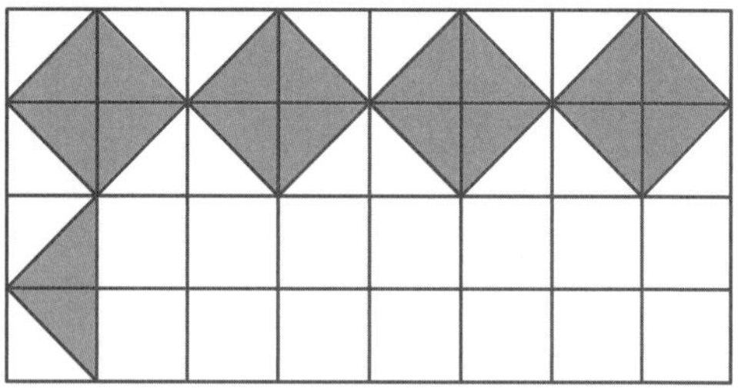

(   )

6

46쪽

추론

규칙에 따라 무늬를 완성하려고 합니다. ◇ 모양을 그려야 하는 곳을 찾아 기호를 쓰세요.

○	○	◇	○	○	◇	○	○	◇
○	○	◇						
				㉠	㉡	㉢	㉣	

(   )

» 정답 · 풀이 29쪽

7 47쪽 추론

규칙에 따라 무늬를 꾸민 포장지의 일부분이 찢어졌습니다. 찢어진 부분에서 빨간 우산은 모두 몇 개일까요?

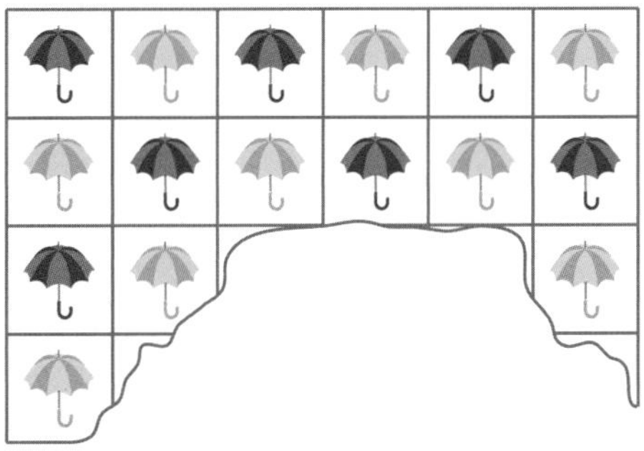

(　　　　　　　)

8 47쪽 이해

어떤 모양을 이용하여 만든 규칙적인 무늬인지 찾아 그려 보세요.

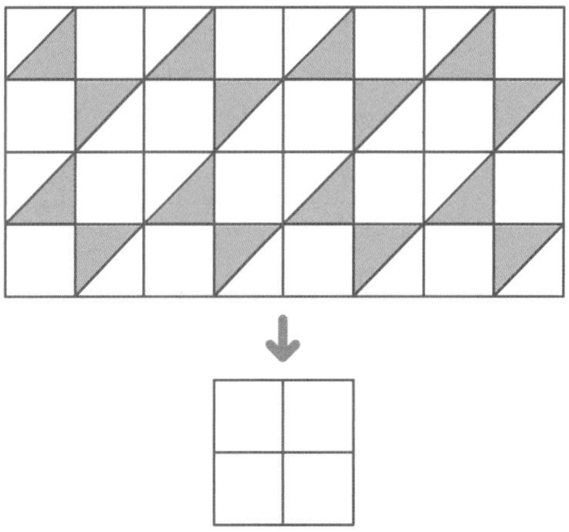

+9 47쪽 수학적 독해력

모양 도장으로 규칙을 만들어 무늬를 꾸몄습니다. 규칙에 따라 ㉠, ㉡에 찍어야 할 도장은 각각 □와 △ 중 어떤 것인지 쓰세요.

□	△	△	□	△	㉠	□	△	△
△	△	□	△	△	㉡	△	△	□

㉠ (　　　　　　　)
㉡ (　　　　　　　)

독해 포인트 첫째 줄과 둘째 줄에서 각각 반복되는 규칙을 찾아보세요.

+10 47쪽 수학적 표현력

규칙에 따라 무늬를 완성하였습니다. 모양의 규칙과 색의 규칙을 각각 설명해 보세요.

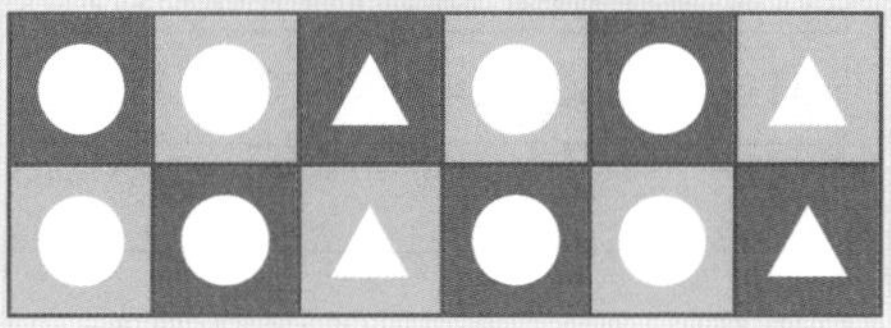

[모양의 규칙] 첫째 줄과 둘째 줄 모두 ○, ○, □가 반복되는 규칙입니다.

[색의 규칙] 첫째 줄은 파란색, 노란색이 반복되는 규칙이고, 둘째 줄은 □, □이 반복되는 규칙입니다.

오늘 공부 어땠나요? 10개 중 맞힌 문제 □개 > **틀린 문제**는 힌트를 보고 다시 도전해 보세요. > **맞힌 문제**는 힌트를 보고 자신의 생각과 비교해 보세요.

24일 수 배열과 수 배열표에서 규칙 찾기

① 수 배열에서 규칙 찾기

• 수가 반복되는 규칙

3 - 5 - 3 - 5 - 3 - 5 - 3 - 5 → 3, 5가 반복되는 규칙입니다.

• 수가 커지는 규칙

2 - 4 - 6 - 8 - 10 - 12 - 14 - 16 → 2부터 시작하여 2씩 커지는 규칙입니다.

• 수가 작아지는 규칙

8 - 7 - 6 - 5 - 4 - 3 - 2 - 1 → 8부터 시작하여 1씩 작아지는 규칙입니다.

② 수 배열표에서 규칙 찾기

1	2	3	4	5	6	7	8	9	10
11	12	13	14	15	16	17	18	19	20
21	22	23	24	25	26	27	28	29	30
31	32	33	34	35	36	37	38	39	40

• ········에 있는 수는 11부터 시작하여 → 방향으로 1씩 커지는 규칙입니다.

• ········에 있는 수는 9부터 시작하여 ↓ 방향으로 10씩 커지는 규칙입니다.

확인 1 수 배열에서 규칙을 찾아보세요.

(1) 1 - 3 - 1 - 3 - 1 - 3

→ ☐, ☐이 반복되는 규칙입니다.

(2) 3 - 3 - 7 - 3 - 3 - 7

→ ☐, ☐, ☐이 반복되는 규칙입니다.

확인 2 수 배열표를 보고 ☐ 안에 알맞은 수를 써넣으세요.

1	2	3	4	5	6	7	8
9	10	11	12	13	14	15	16
17	18	19	20	21	22	23	24
25	26	27	28	29	30	31	32

(1) ········에 있는 수는 ☐부터 시작하여

→ 방향으로 ☐씩 커지는 규칙입니다.

(2) 색칠한 수는 ☐부터 시작하여

☐씩 커지는 규칙입니다.

기본기 다지는 교과서 문제

» 정답 · 풀이 30쪽

1 규칙에 따라 빈칸에 알맞은 수를 써넣으세요.

(1)

2	5	2	5	2	5		

(2)

5	10	15	20	25		35	

(3)

80	70	60	50		30	20	

2 수 배열표를 보고 물음에 답하세요.

1	2	3	4	5	6	7	8	9	10
11	12	13	14	15	16	17	18	19	20
21	22	23	24	25	26	27	28	29	30
31	32	33	34	35	36	37	38	39	40
41	42	43	44	45	46	47	48	49	50
51	52	53	54	55	56	57	58	59	60
61	62	63	64	65	66	67	68	69	70
71	72	73	74	75	76	77	78	79	80
81	82	83	84	85	86	87	88	89	90
91	92	93	94	95	96	97	98	99	100

(1) ⋯⋯에 있는 수는 1부터 시작하여 ↘ 방향으로 ☐ 씩 커지는 규칙입니다.

(2) ⋯⋯에 있는 수는 10부터 시작하여 ↙ 방향으로 ☐ 씩 커지는 규칙입니다.

(3) 색칠한 수는 3부터 시작하여 ↓ 방향으로 ☐ 씩 커지는 규칙입니다.

개념 따라쓰기

수 배열에서 규칙 찾기

3, 6이 반복되는 규칙 →

3	6	3	6

1씩 커지는 규칙 →

1	2	3	4

← 1씩 작아지는 규칙

수 배열에서 찾을 수 있는 규칙

① 수가 반복되는 규칙

② 수가 커지는 규칙

③ 수가 작아지는 규칙

수 배열표에서 규칙 찾기

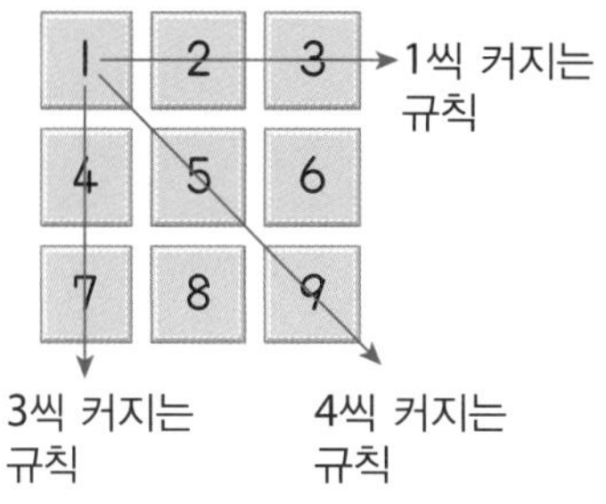

수 배열표에서 여러 가지 규칙을 찾을 수 있습니다.

5 단원

1

이해

규칙에 따라 빈칸에 알맞은 수를 써넣으세요.

(1) 0 - 1 - 0 - 1 - 0 - □

(2) 0 - 1 - 0 - 0 - □ - 0

2

이해

규칙을 찾아 □ 안에 알맞은 수를 써넣으세요.

(1) 4 - 8 - 12 - 16 - 20 - 24

➔ 4에서 시작하여 □씩 커지는 규칙입니다.

(2) 27 - 24 - 21 - 18 - 15 - 12

➔ 27에서 시작하여 □씩 작아지는 규칙입니다.

3

48쪽

적용

규칙에 따라 31부터 색칠해 보세요.

31 34 37 40 43 46 ......

31	32	33	34	35	36	37	38
39	40	41	42	43	44	45	46
47	48	49	50	51	52	53	54

4

48쪽

창의 융합

달력에 ★ 표시한 날은 서영이의 생일입니다. 서영이의 생일은 며칠일까요?

일	월	화	수	목	금	토
9	10	11	12	13	14	15
16	17	18	19	20		
		★				

(   )

5

48쪽

적용

다음과 같은 규칙으로 수를 늘어놓은 것을 찾아 기호를 쓰세요.

3 - 7 - 11 - 15 - 19 - 23

㉠ 2 - 5 - 8 - 11 - 14 - 17
㉡ 4 - 9 - 14 - 19 - 24 - 29
㉢ 5 - 9 - 13 - 17 - 21 - 25

(   )

6

48쪽

문제 해결

서로 다른 규칙이 나타나게 빈칸에 알맞은 수를 써넣으세요.

1		3
	5	
7		9

	6	9
2	5	
1		7

» 정답 · 풀이 30쪽

7 (49쪽) 추론

규칙에 따라 빈칸에 알맞은 수를 써넣으세요.

2 — 4 — 2

5 — 10 — 5

7 — ( ) — 7

8 (49쪽) 창의 융합

〈보기〉와 같은 규칙으로 수를 쓸 때, ♥에 알맞은 수는 얼마일까요?

〈보기〉

4 - 7 - 10 - 13 - 16

8 - ☐ - ☐ - ☐ - ♥

( )

+9 (49쪽) 수학적 독해력

공연장 의자에는 규칙에 따라 번호가 붙어 있습니다. 주하의 자리는 다열 여섯째 좌석입니다. 몇 번 좌석일까요?

( )

독해 포인트 '다열 여섯째 좌석'을 먼저 찾은 후 수의 규칙을 살펴보세요.

+10 (49쪽) 수학적 표현력

수 배열에서 규칙을 찾아 써 보세요.

- → 방향으로 ☐씩 커지는 규칙입니다.
- ↙ 방향으로 ☐씩 커지는 규칙입니다.
- ↘ 방향으로 ☐씩 커지는 규칙입니다.

오늘 공부 어땠나요? 10개 중 맞힌 문제 ☐개 › **틀린 문제**는 힌트를 보고 다시 도전해 보세요. › **맞힌 문제**는 힌트를 보고 자신의 생각과 비교해 보세요.

25일 규칙을 여러 가지 방법으로 나타내기

① 규칙을 모양으로 나타내기

야구 장갑을 □, 야구공을 △라고 하면 다음과 같이 나타낼 수 있습니다.

◐ 규칙을 찾아 모양, 수 등 여러 가지 방법으로 나타낼 수 있습니다.

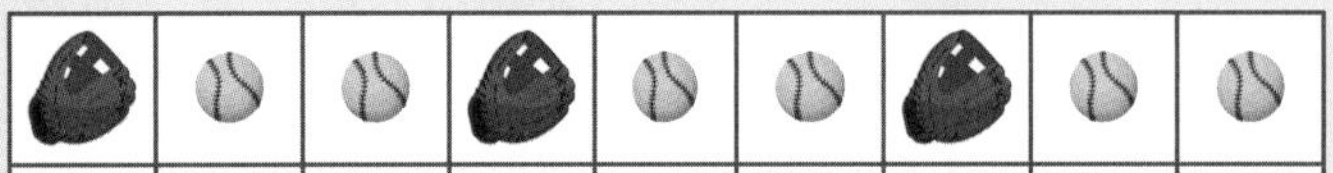

□	△	△	□	△	△	□	△	△

② 규칙을 수로 나타내기

야구 장갑을 1, 야구공을 2라고 하면 다음과 같이 나타낼 수 있습니다.

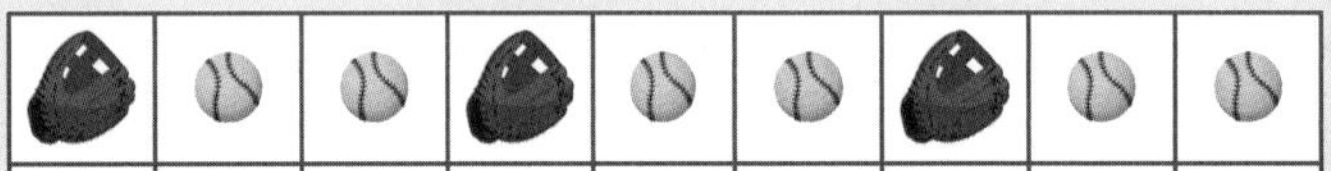

1	2	2	1	2	2	1	2	2

확인 1 규칙을 찾아 여러 가지 방법으로 나타내 보세요.

(1) 규칙을 찾아 쓴 것입니다. □ 안에 알맞은 말을 써넣으세요.

자동차, 자전거, □가 반복되는 규칙입니다.

(2) 자동차를 □, 자전거를 △라 하여 규칙을 나타내 보세요.

□	△	□	□	△	□			

(3) 자동차를 0, 자전거를 1이라 하여 규칙을 나타내 보세요.

0	1	0	0	1	0			

기본기 다지는 교과서 문제

» 정답 · 풀이 31쪽

1 규칙에 따라 빈칸에 ○, △로 나타내 보세요.

○	△	△					

2 규칙에 따라 빈칸에 3, 5로 나타내 보세요.

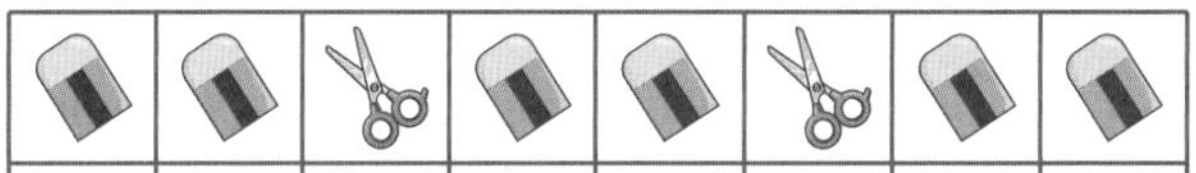

3	3	5					

3 규칙에 따라 빈칸에 채소의 이름을 쓰고 수를 써넣으세요.

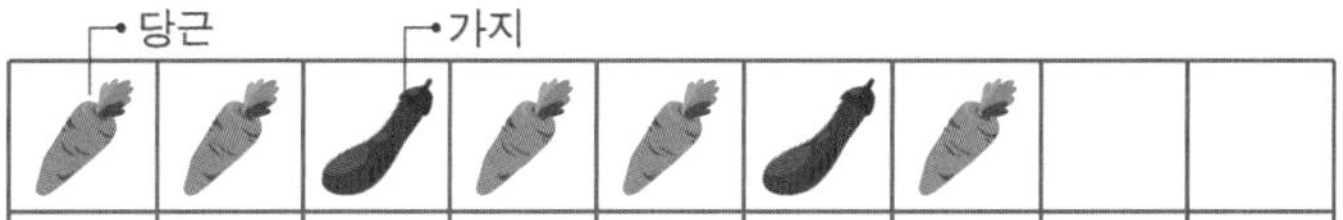

2	2	4	2	2	4	2		

4 규칙에 따라 두 가지 방법으로 나타내 보세요.

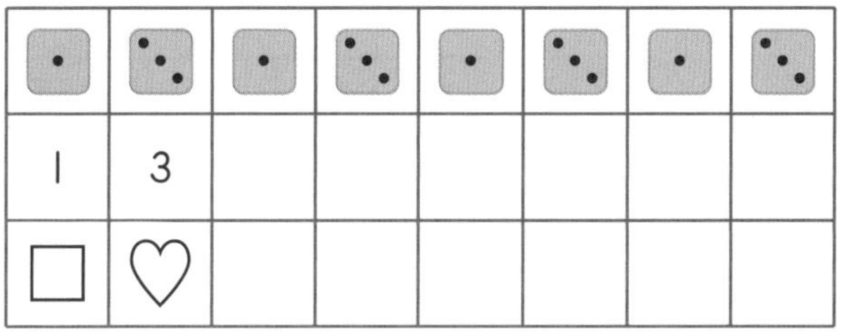

1	3						
□	♡						

개념 따라쓰기

규칙을 모양으로 나타내기

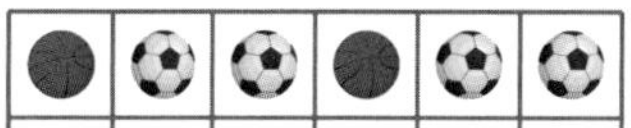

○	△	△	○	△	△	← 모양

규칙을 찾아 모양으로 나타낼 수 있습니다.

규칙을 수로 나타내기

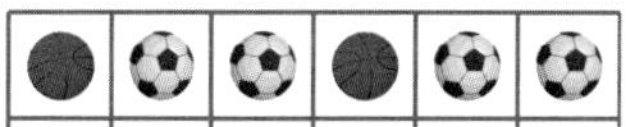

1	2	2	1	2	2	← 수

규칙을 찾아 수로 나타낼 수 있습니다.

스스로 풀어내는 도전 10 문제

막힐 때 힌트북

1 이해

규칙에 따라 빈칸에 ○, ◎로 나타내 보세요.

○	○	◎				

2 50쪽 이해

규칙에 따라 빈칸에 1, 2로 나타내 보세요.

1	2				

3 50쪽 적용

규칙에 따라 두 가지 방법으로 나타내 보세요.

◇	○	○				
3	6	6				

4 50쪽 이해

규칙에 따라 수로 나타낸 것입니다. 바르게 나타낸 사람은 누구일까요?

슬기	1	3	1	1	3	1	1	3
로운	1	3	3	1	3	3	1	3

( )

5 문제 해결

규칙에 따라 ◯에 알맞은 글자를 써넣으세요.

짝 짝	짝 짝	◯◯
쿵	쿵	◯

6 50쪽 적용

규칙에 따라 서영이는 모양으로, 종욱이는 수로 나타냈습니다. 잘못 나타낸 사람은 누구일까요?

서영	○	○	◇	○	○	◇	○	○
종욱	1	1	3	1	1	3	1	3

( )

7 51쪽 문제 해결

규칙을 ○, ◇, ○로 나타낼 수 있는 것을 찾아 기호를 쓰세요.

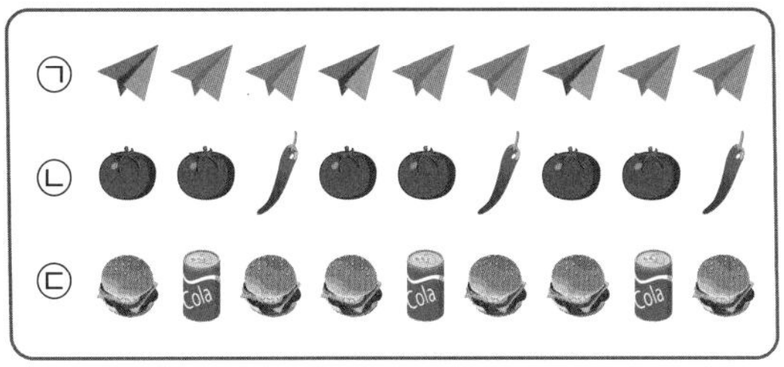

(　　　　　　　　)

8 51쪽 창의 융합

규칙에 따라 악보를 완성하려고 합니다. ♪를 몇 개 더 그려야 할까요?

(　　　　　　　　)

+9 51쪽 수학적 독해력

규칙에 따라 ㉠과 ㉡에 들어갈 그림에서 바퀴는 모두 몇 개일까요?

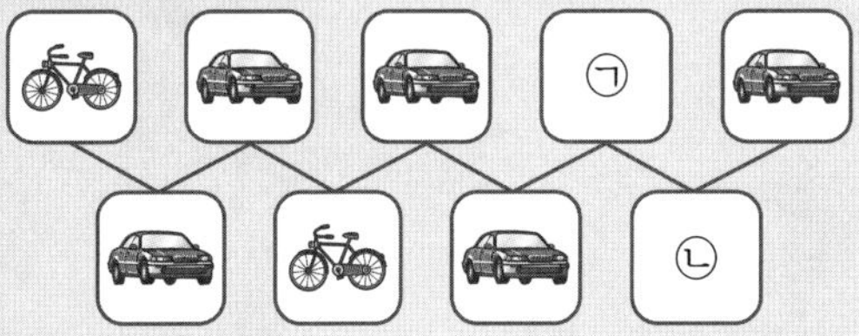

(　　　　　　　　)

독해 포인트 먼저 이어진 선을 따라 규칙을 찾으세요.

+10 51쪽 수학적 표현력

규칙에 따라 빈칸에 들어갈 펼친 손가락은 모두 몇 개인지 말해 보세요.

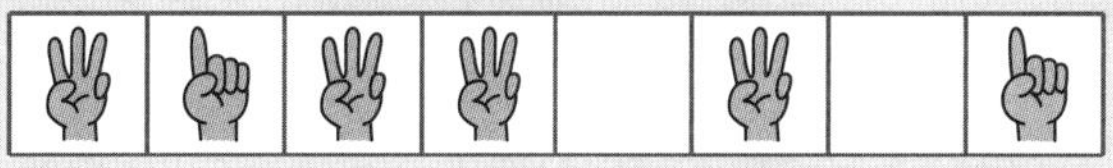

펼친 손가락이 3개, □개, □개가 반복되는 규칙이므로 빈칸에는 차례로 펼친 손가락 □개, 펼친 손가락 □개가 들어갑니다.

따라서 빈칸에 들어갈 펼친 손가락은 모두 □개입니다.

오늘 공부 어땠나요? 10개 중 맞힌 문제 □개 › **틀린 문제**는 힌트를 보고 다시 도전해 보세요. › **맞힌 문제**는 힌트를 보고 자신의 생각과 비교해 보세요.

01 규칙을 찾아 알맞은 수에 ○표 하세요.

〈규칙〉
검은색 바둑돌 (1 , 2)개와
흰색 바둑돌 (1 , 2)개가 반복됩니다.

02 규칙에 따라 빈칸에 알맞은 모양을 그려 보세요.

◎	▽	◎	▽	◎	▽		▽

03 규칙을 바르게 말한 사람은 누구일까요?

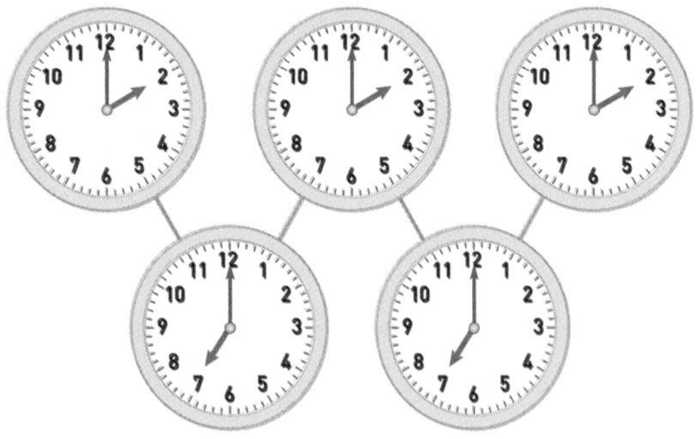

윤하: 2시, 7시, 2시가 반복되는 규칙입니다.
영민: 2시, 7시가 반복되는 규칙입니다.

( )

04 규칙에 따라 빈칸에 알맞은 그림을 그려 보세요.

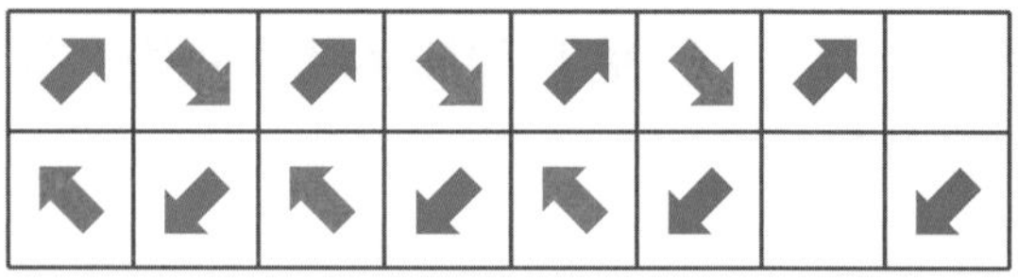

05 규칙에 따라 빈칸을 알맞게 색칠해 보세요.

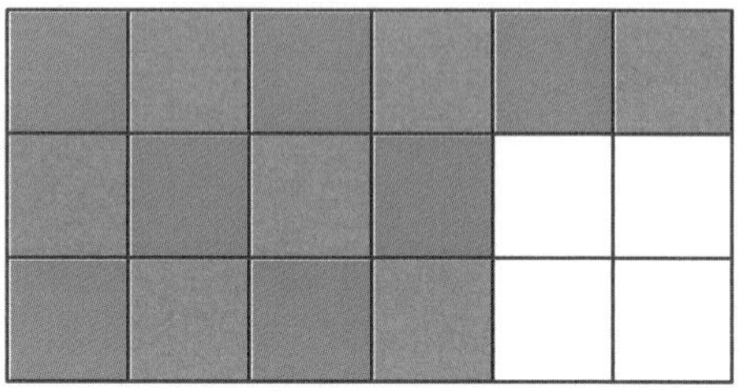

06 〈보기〉에서 찾은 규칙에 따라 무늬를 꾸며 보세요.

〈보기〉

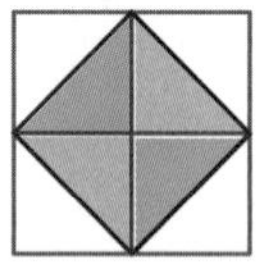

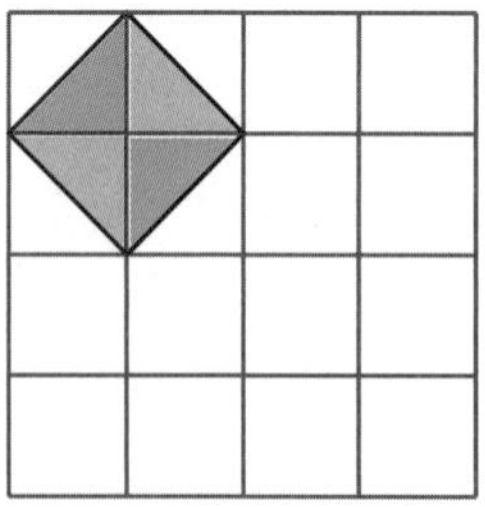

07 규칙에 따라 빈칸에 알맞은 수를 써넣으세요.

2 — 5 — 3

3 — 7 — 4

4 — 9 — 5

5 — ( ) — 6

08 수 배열표의 일부분입니다. 규칙을 찾아 ★에 알맞은 수를 구하세요.

24	25	26	27	28
31		33		
		40		
				★

( )

09 규칙에 따라 두 가지 방법으로 나타내 보세요.

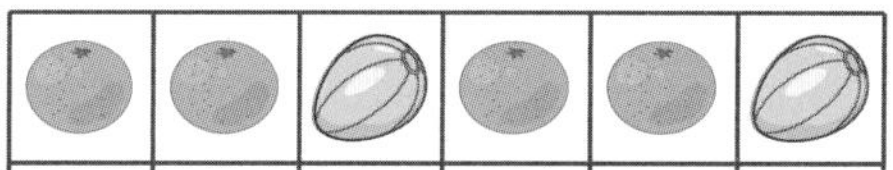

△	△	□			
1	1	3			

서술형

10 규칙에 따라 ㉠에 알맞은 수를 쓰려고 합니다. 풀이 과정을 쓰고, 답을 구하세요.

19 — 16 — 13 — 10 — 7 — ㉠

[풀이] ______________________

____

____

[답] ______________________

5단원

26일 받아올림이 없는 (몇십몇)+(몇)

① 23+2의 계산

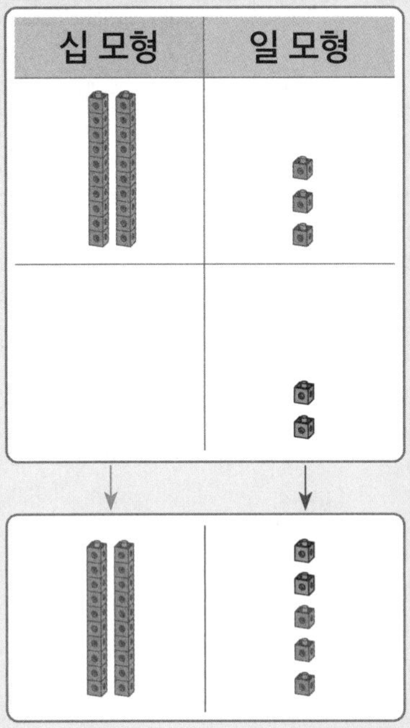

	2	3
+		2

» 낱개끼리 줄을 맞추어 세로로 씁니다.

➜

	2	3
+		2
		5

» 낱개끼리 더하여 낱개의 자리에 씁니다.

➜

	2	3
+		2
	2	5

» 10개씩 묶음은 그대로 내려 씁니다.

◐ (몇십)+(몇)과 (몇)+(몇십몇)도 (몇십몇)+(몇)과 같은 방법으로 계산합니다.

예

	2	0
+		3
	2	3

		2
+	3	4
	3	6

개념+ 23+2를 이어 세기로 구하기

23 → ① 24 → ② 25 ➜ 23+2=25 (23에서 2를 이어 센 수)

확인 1 그림을 보고 덧셈을 해 보세요.

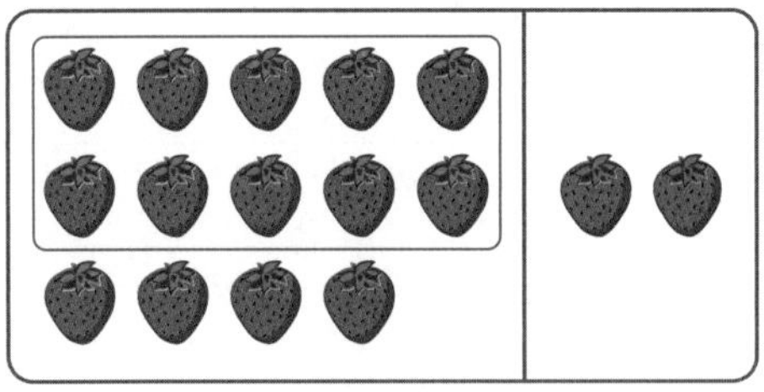

14+2=□

확인 2 □ 안에 알맞은 수를 써넣으세요.

(1)

	2	5
+		3
		□

➜

	2	5
+		3
	□	□

(2)

	4	2
+		4
		□

➜

	4	2
+		4
	□	□

» 정답 · 풀이 33쪽

1 그림을 보고 덧셈을 해 보세요.

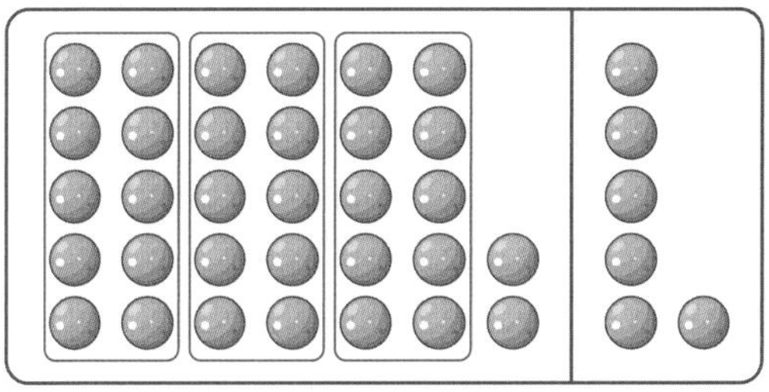

32＋□＝□

2 덧셈을 해 보세요.

(1)
$$\begin{array}{r} 1\ 3 \\ +\quad 2 \\ \hline \square \end{array}$$

(2)
$$\begin{array}{r} 2\ 2 \\ +\quad 5 \\ \hline \square \end{array}$$

(3)
$$\begin{array}{r} 6 \\ +\ 3\ 1 \\ \hline \square \end{array}$$

(4)
$$\begin{array}{r} 5\ 0 \\ +\quad 4 \\ \hline \square \end{array}$$

3 덧셈을 해 보세요.

(1) 41＋2＝□　(2) 30＋8＝□

(3) 4＋23＝□　(4) 27＋2＝□

개념 따라쓰기

덧셈식을 세로로 쓰기

$$\begin{array}{r} 2\ 4 \\ +\quad 1 \\ \hline \end{array}$$

덧셈식을 세로로 나타낼 때에는 같은 자리끼리 줄을 맞추어 써야 합니다.

받아올림이 없는 (몇십몇)＋(몇)

$$\begin{array}{r} 2\ 4 \\ +\quad 1 \\ \hline 2\ 5 \end{array}$$

① 낱개끼리 더하고
② 10개씩 묶음은 그대로

받아올림이 없는 (몇십몇)＋(몇)은 낱개끼리 더하고, 10개씩 묶음은 그대로 씁니다.

스스로 풀어내는 도전 10 문제

막힐 때 힌트북

1

계산

덧셈을 해 보세요.

(1)
$$\begin{array}{r} 2\ 4 \\ +\quad\ 3 \\ \hline \square \end{array}$$

(2)
$$\begin{array}{r} 5 \\ +\ 4\ 3 \\ \hline \square \end{array}$$

2

52쪽

계산

덧셈을 해 보세요.

(1) $63+2=\square$

(2) $7+51=\square$

3

52쪽

적용

□ 안에 알맞은 수를 써넣으세요.

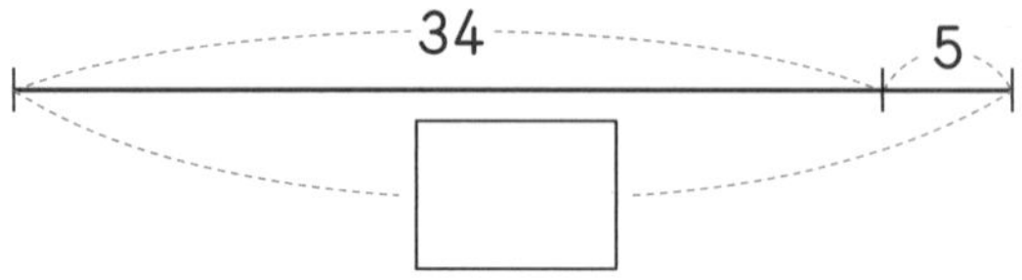

4

52쪽

적용

다음이 나타내는 수를 구하세요.

53보다 6 큰 수

(　　　　　　　)

5

52쪽

적용

계산 결과를 비교하여 ◯ 안에 >, =, <를 알맞게 써넣으세요.

$30+7$ ◯ $2+34$

6

적용

합이 같은 것끼리 선으로 이어 보세요.

$20+4$ •	• $40+8$
$71+8$ •	• $2+22$
$3+45$ •	• $73+6$

7 53쪽

이해

계산이 잘못된 곳을 찾아 바르게 고쳐 보세요.

$$\begin{array}{r} 3\ 2 \\ +\ 6\ \ \ \\ \hline 9\ 2 \end{array} \rightarrow \square$$

8 53쪽

추론

□ 안에 들어갈 수 있는 수를 모두 찾아 ○표 하세요.

$22+5<2\square$

6 7 8 9

+9 53쪽

수학적 독해력

슬기의 일기를 읽고, 노래를 부른 사람이 모두 몇 명인지 구하세요.

날짜: ○월 ○일 ○요일 날씨: 맑음

가족들과 함께 음악회에 갔다. 남자 11명과 여자 8명이 함께 노래를 불렀다. 목소리가 아주 아름다웠다. 즐거운 시간이었다.

( )

독해 포인트 남자와 여자가 '함께' 노래를 불렀으므로 노래를 부른 남자의 수와 여자의 수를 더합니다.

+10 53쪽

수학적 표현력

아빠는 감을 23개 땄고, 주하는 6개 땄습니다. 아빠와 주하가 딴 감은 모두 몇 개인지 말해 보세요.

아빠가 딴 감의 수와 주하가 딴 감의 수를 더하면 됩니다. 따라서 아빠와 주하가 딴 감의 수는 모두 $23+\square=\square$(개)입니다.

6 단원

오늘 공부 어땠나요?

10개 중 맞힌 문제 □ 개

틀린 문제는 힌트를 보고 다시 도전해 보세요.

맞힌 문제는 힌트를 보고 자신의 생각과 비교해 보세요.

27일 받아올림이 없는 (몇십몇)+(몇십몇)

① 23+31의 계산

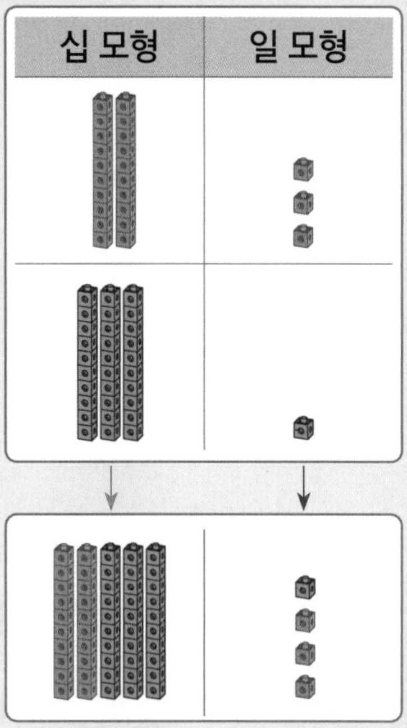

$$\begin{array}{rrr} & 2 & 3 \\ + & 3 & 1 \\ \hline & & \end{array} \rightarrow \begin{array}{rrr} & 2 & 3 \\ + & 3 & 1 \\ \hline & & 4 \end{array} \rightarrow \begin{array}{rrr} & 2 & 3 \\ + & 3 & 1 \\ \hline & 5 & 4 \end{array}$$

» 10개씩 묶음끼리, 낱개끼리 줄을 맞추어 세로로 씁니다.

» 낱개끼리 더하여 낱개의 자리에 씁니다.

» 10개씩 묶음끼리 더하여 10개씩 묶음의 자리에 씁니다.

개념+ (몇십)+(몇십)

(몇십)+(몇십)은 낱개가 모두 0이므로 계산 결과의 낱개도 항상 0입니다.

예 $\begin{array}{rrr} & 2 & 0 \\ + & 3 & 0 \\ \hline & 5 & 0 \end{array}$ $\quad \begin{array}{rrr} & 4 & 0 \\ + & 5 & 0 \\ \hline & 9 & 0 \end{array}$

확인 1 그림을 보고 덧셈을 해 보세요.

32+25=□

확인 2 □ 안에 알맞은 수를 써넣으세요.

(1) $\begin{array}{rrr} & 2 & 1 \\ + & 1 & 3 \\ \hline & & \square \end{array} \rightarrow \begin{array}{rrr} & 2 & 1 \\ + & 1 & 3 \\ \hline & \square & \square \end{array}$

(2) $\begin{array}{rrr} & 5 & 0 \\ + & 2 & 0 \\ \hline & & \square \end{array} \rightarrow \begin{array}{rrr} & 5 & 0 \\ + & 2 & 0 \\ \hline & \square & \square \end{array}$

기본기 다지는 교과서 문제

» 정답 · 풀이 34쪽

1 그림을 보고 덧셈을 해 보세요.

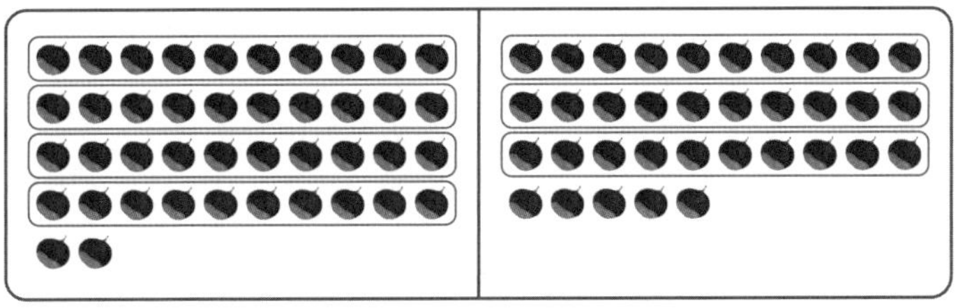

42 + ☐ = ☐

2 덧셈을 해 보세요.

(1)
$$\begin{array}{r} 11 \\ +\ 32 \\ \hline \square \end{array}$$

(2)
$$\begin{array}{r} 61 \\ +\ 25 \\ \hline \square \end{array}$$

(3) 12 + 72 = ☐

(4) 32 + 33 = ☐

3 덧셈을 해 보세요.

(1)
$$\begin{array}{r} 20 \\ +\ 60 \\ \hline \square \end{array}$$

(2)
$$\begin{array}{r} 70 \\ +\ 20 \\ \hline \square \end{array}$$

(3) 40 + 30 = ☐

(4) 50 + 10 = ☐

개념 따라쓰기

받아올림이 없는 (몇십몇)+(몇십몇)

$$\begin{array}{rcc} & 2 & 1 \\ + & 3 & 2 \\ \hline & 5 & 3 \end{array}$$

① 낱개끼리 더하고

② 10개씩 묶음끼리 더해.

받아올림이 없는 (몇십몇) + (몇십몇)은 낱개는 낱개끼리, 10개씩 묶음은 10개씩 묶음끼리 더합니다.

(몇십)+(몇십)

$$\begin{array}{rcc} & ■ & 0 \\ + & ▲ & 0 \\ \hline & ★ & 0 \end{array}$$

(몇십) + (몇십)은 낱개가 모두 0이므로 계산 결과의 낱개도 항상 0입니다.

6 단원

스스로 풀어내는 도전 10 문제

막힐 때 힌트북

1
계산

덧셈을 해 보세요.

(1)
$$\begin{array}{r} 5\ 3 \\ +\ 1\ 4 \\ \hline \square \end{array}$$

(2)
$$\begin{array}{r} 2\ 0 \\ +\ 4\ 5 \\ \hline \square \end{array}$$

4
54쪽

적용

빈칸에 알맞은 수를 써넣으세요.

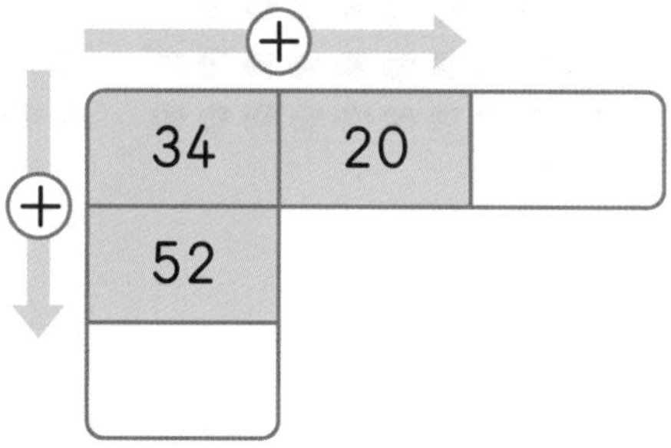

2
54쪽

계산

덧셈을 해 보세요.

(1) $68+10=\square$

(2) $50+40=\square$

5
54쪽

계산

계산 결과가 가장 큰 것을 찾아 기호를 쓰세요.

㉠ $17+42$ ㉡ $28+50$ ㉢ $40+20$

(　　　　　　)

3
적용

□ 안에 알맞은 수를 써넣으세요.

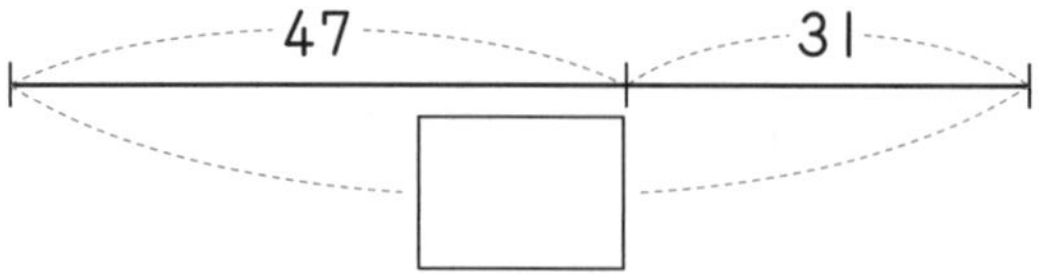

6
54쪽

의사 소통

민호가 말하는 수는 얼마일까요?

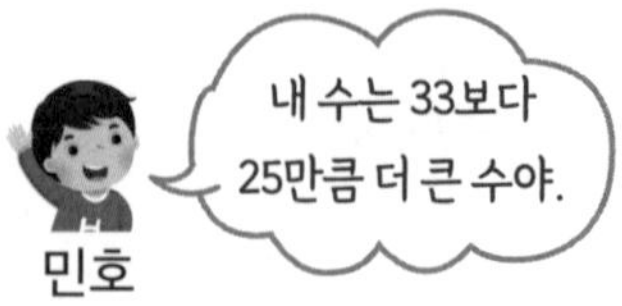

(　　　　　　)

7 55쪽

추론

서로 다른 두 수를 골라 80이 되도록 덧셈식을 쓰세요.

10 20 30 40 50

□ + □ = 80

8 55쪽

창의 융합

같은 모양에 적힌 수의 합을 구하세요.

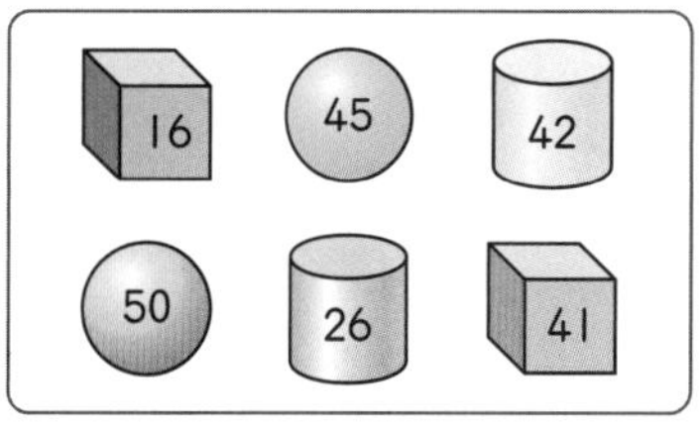

( )
( )
( )

+9 55쪽

수학적 독해력

다음 두 수의 합이 67일 때 □ 안에 알맞은 수를 각각 구하세요.

2□ □5

( ) ( )

독해 포인트 두 수의 합인 67은 낱개끼리, 10개씩 묶음끼리 더한 결과입니다.

+10 55쪽

수학적 표현력

●, ★, ♣가 나타내는 수를 각각 구하세요. (단, 같은 모양은 각각 같은 수를 나타냅니다.)

10 + 10 = ●
● + ● = ★
★ + ★ = ♣

10 + 10 = □ 이므로 ● = □ 입니다.

● + ● = □ + □ = □ 이므로

★ = □ 입니다.

★ + ★ = □ + □ = □ 이므로

♣ = □ 입니다.

6 단원

오늘 공부 어땠나요? 10개 중 맞힌 문제 □ 개 > **틀린 문제**는 힌트를 보고 다시 도전해 보세요. > **맞힌 문제**는 힌트를 보고 자신의 생각과 비교해 보세요.

28일 받아내림이 없는 (몇십몇)−(몇)

① 25−4의 계산

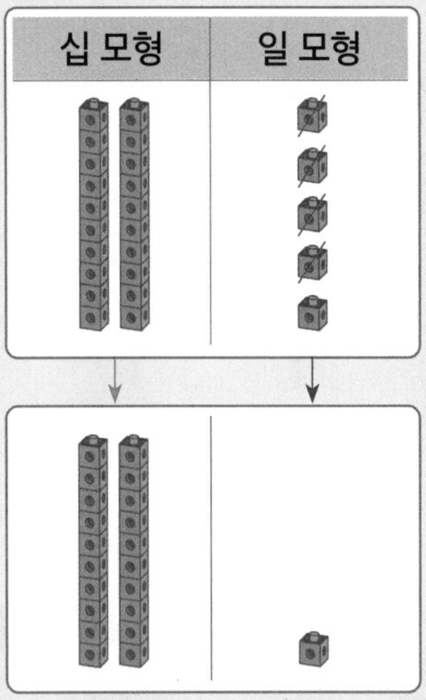

$$\begin{array}{r} 25 \\ -\ \ 4 \\ \hline \end{array} \rightarrow \begin{array}{r} 25 \\ -\ \ 4 \\ \hline 1 \end{array} \rightarrow \begin{array}{r} 25 \\ -\ \ 4 \\ \hline 21 \end{array}$$

» 낱개끼리 줄을 맞추어 세로로 씁니다.

» 낱개끼리 빼서 낱개의 자리에 씁니다.

» 10개씩 묶음은 그대로 내려 씁니다.

개념+ 25−4를 거꾸로 세어 구하기

21 ← ④ 22 ← ③ 23 ← ② 24 ← ① 25 → 25−4=21

25에서 4를 거꾸로 센 수

확인 1 그림을 보고 뺄셈을 해 보세요.

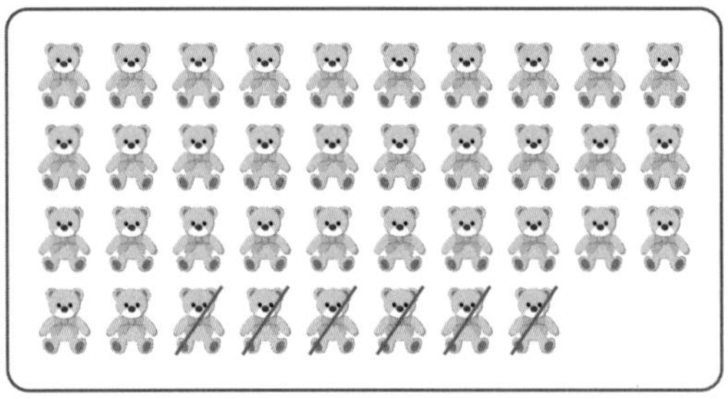

38−6=□

확인 2 □ 안에 알맞은 수를 써넣으세요.

(1) $\begin{array}{r} 15 \\ -\ \ 3 \\ \hline \square \end{array} \rightarrow \begin{array}{r} 15 \\ -\ \ 3 \\ \hline \square\square \end{array}$

(2) $\begin{array}{r} 27 \\ -\ \ 4 \\ \hline \square \end{array} \rightarrow \begin{array}{r} 27 \\ -\ \ 4 \\ \hline \square\square \end{array}$

기본기 다지는 교과서 문제

1 그림을 보고 뺄셈을 해 보세요.

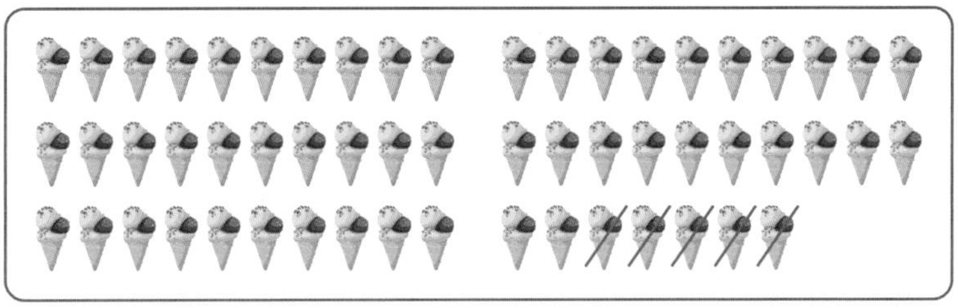

57 − ☐ = ☐

2 뺄셈을 해 보세요.

(1)
$$\begin{array}{r} 18 \\ -\ \ 2 \\ \hline \square \end{array}$$

(2)
$$\begin{array}{r} 25 \\ -\ \ 1 \\ \hline \square \end{array}$$

(3)
$$\begin{array}{r} 56 \\ -\ \ 3 \\ \hline \square \end{array}$$

(4)
$$\begin{array}{r} 87 \\ -\ \ 4 \\ \hline \square \end{array}$$

3 뺄셈을 해 보세요.

(1) 46 − 4 = ☐

(2) 39 − 3 = ☐

(3) 58 − 5 = ☐

(4) 27 − 2 = ☐

개념 따라쓰기

뺄셈식을 세로로 쓰기

$$\begin{array}{r} 25 \\ -\ \ 4 \\ \hline \end{array}$$

뺄셈을 세로로 나타낼 때에는 같은 자리끼리 줄을 맞추어 써야 합니다.

받아내림이 없는 (몇십몇)−(몇)

$$\begin{array}{r} 23 \\ -\ \ 2 \\ \hline 21 \end{array}$$

① 낱개끼리 빼고

② 10개씩 묶음은 그대로

받아내림이 없는 (몇십몇)−(몇)은 낱개끼리 빼고, 10개씩 묶음은 그대로 씁니다.

1

계산

뺄셈을 해 보세요.

(1)
$$\begin{array}{r} 3\ 7 \\ -\ \ \ 3 \\ \hline \square \end{array}$$

(2)
$$\begin{array}{r} 8\ 9 \\ -\ \ \ 6 \\ \hline \square \end{array}$$

2 56쪽

계산

뺄셈을 해 보세요.

(1) 63－2＝□

(2) 58－6＝□

3 56쪽

적용

□ 안에 알맞은 수를 써넣으세요.

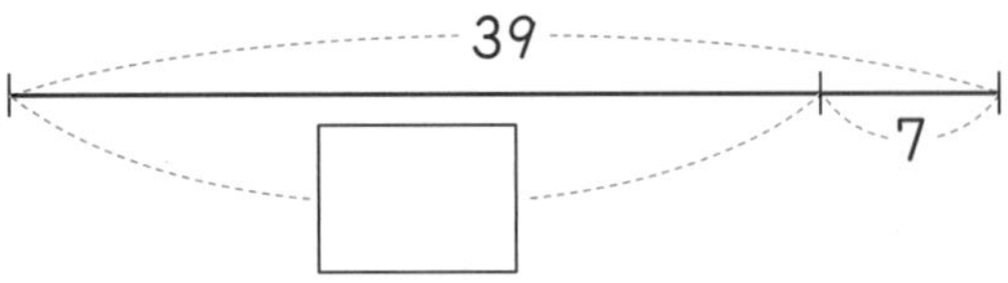

4 56쪽

적용

빈 곳에 알맞은 수를 써넣으세요.

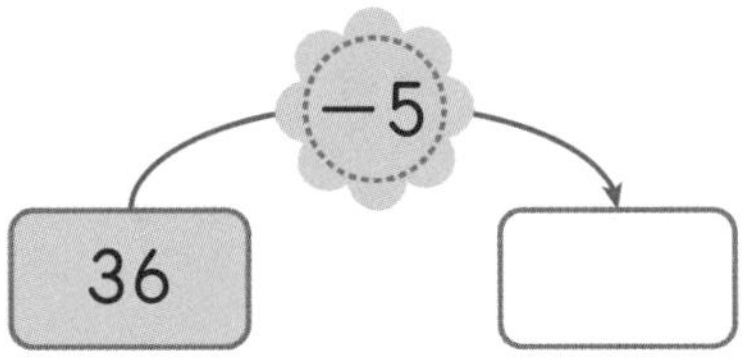

5

적용

○ 안에 >, =, <를 알맞게 써넣으세요.

56－3 ○ 55

6 56쪽

이해

계산이 잘못된 곳을 찾아 바르게 고쳐 보세요.

$$\begin{array}{r} 4\ 5 \\ -\ 3\ \ \ \\ \hline 1\ 5 \end{array}$$ ➔ □

» 정답 · 풀이 35쪽

7 57쪽

창의 융합

3장의 수 카드 중에서 2장을 뽑아 한 번씩만 사용하여 가장 큰 수를 만들었습니다. 이 수와 남은 한 수의 차는 얼마일까요?

5 7 2

(   )

8 57쪽

추론

□ 안에 들어갈 수 있는 수를 모두 찾아 ○표 하세요.

39 − □ < 35

2 3 4 5 6

+9 57쪽

수학적 독해력

그림을 보고 □ 안에 알맞은 수를 써넣으세요.

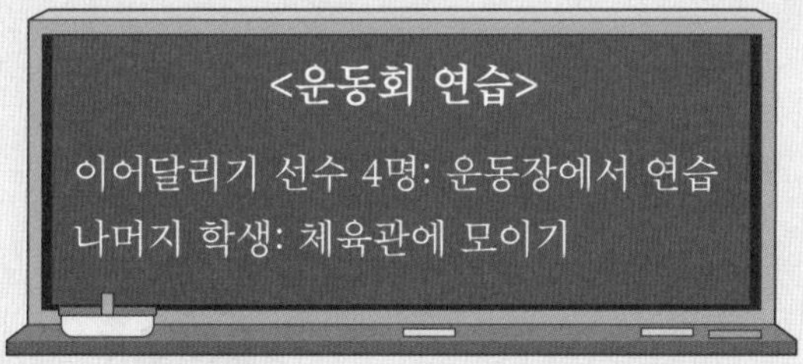

우리 반 학생 27명은 운동회 연습을 했다.
이어달리기 선수 4명은 운동장에서 연습하고 나머지 □명은 체육관에서 연습했다.

독해 포인트 '나머지 학생'은 전체 학생에서 이어달리기 선수를 뺀 학생입니다.

+10 57쪽

수학적 표현력

민호는 풍선을 29개 불었는데 그중에서 4개가 터졌습니다. 터지지 않은 풍선은 몇 개인지 말해 보세요.

전체 풍선의 수에서 터진 풍선의 수를 빼면 됩니다.
따라서 터지지 않은 풍선은 29 − □ = □(개) 입니다.

6 단원

오늘 공부 어땠나요?

10개 중 맞힌 문제 □개 › **틀린 문제**는 힌트를 보고 다시 도전해 보세요. › **맞힌 문제**는 힌트를 보고 자신의 생각과 비교해 보세요.

29일 받아내림이 없는 (몇십몇)−(몇십몇)

① 54−31의 계산

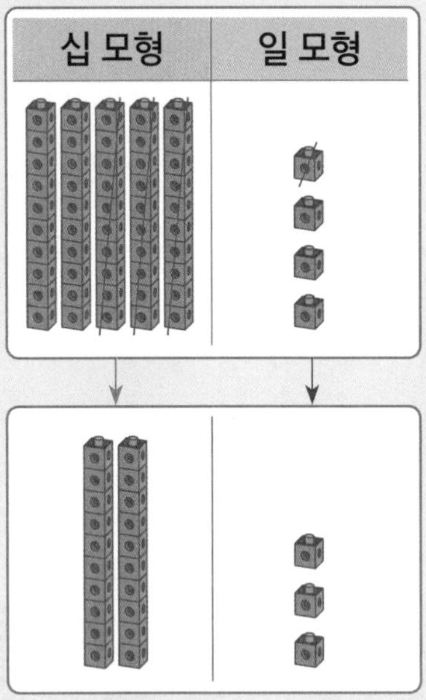

$$\begin{array}{r} 54 \\ -\ 31 \\ \hline \end{array} \rightarrow \begin{array}{r} 54 \\ -\ 31 \\ \hline 3 \end{array} \rightarrow \begin{array}{r} 54 \\ -\ 31 \\ \hline 23 \end{array}$$

» 10개씩 묶음끼리, 낱개끼리 줄을 맞추어 세로로 씁니다.

» 낱개끼리 빼서 낱개의 자리에 씁니다.

» 10개씩 묶음끼리 빼서 10개씩 묶음의 자리에 씁니다.

개념+ (몇십)−(몇십)

(몇십)−(몇십)은 낱개가 모두 0이므로 차는 항상 몇십입니다.

예 $\begin{array}{r} 50 \\ -\ 30 \\ \hline 20 \end{array}$ $\begin{array}{r} 80 \\ -\ 20 \\ \hline 60 \end{array}$

확인 1 그림을 보고 뺄셈을 해 보세요.

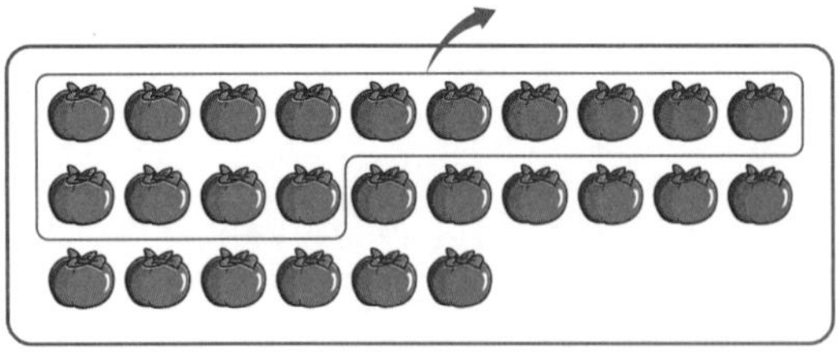

26−14=□

확인 2 □ 안에 알맞은 수를 써넣으세요.

(1) $\begin{array}{r} 25 \\ -\ 11 \\ \hline \square \end{array} \rightarrow \begin{array}{r} 25 \\ -\ 11 \\ \hline \square\square \end{array}$

(2) $\begin{array}{r} 70 \\ -\ 30 \\ \hline \square \end{array} \rightarrow \begin{array}{r} 70 \\ -\ 30 \\ \hline \square\square \end{array}$

기본기 다지는 교과서 문제

» 정답 · 풀이 36쪽

1 빨간색 구슬이 초록색 구슬보다 몇 개 더 많은지 알아보려고 합니다. □ 안에 알맞은 수를 써넣으세요.

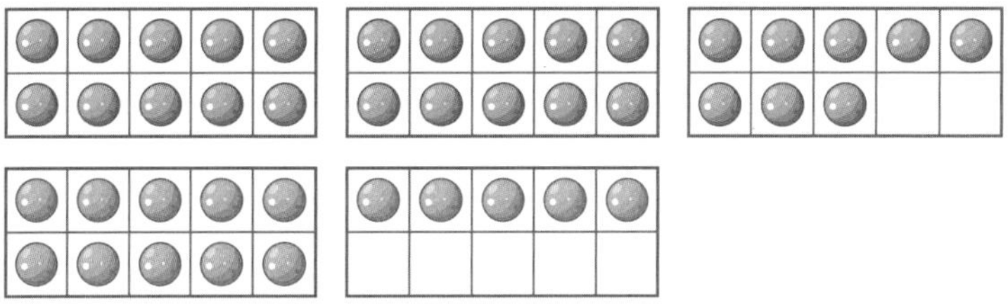

28 − □ = □

2 뺄셈을 해 보세요.

(1)
$$\begin{array}{r} 4\;5 \\ -\;2\;4 \\ \hline \square \end{array}$$

(2)
$$\begin{array}{r} 3\;7 \\ -\;1\;5 \\ \hline \square \end{array}$$

(3) 45 − 15 = □

(4) 77 − 33 = □

3 뺄셈을 해 보세요.

(1)
$$\begin{array}{r} 6\;0 \\ -\;3\;0 \\ \hline \square \end{array}$$

(2)
$$\begin{array}{r} 8\;0 \\ -\;2\;0 \\ \hline \square \end{array}$$

(3) 50 − 40 = □

(4) 40 − 10 = □

개념 따라쓰기

받아내림이 없는 (몇십몇)-(몇십몇)

$$\begin{array}{r} 5\;3 \\ -\;3\;2 \\ \hline 2\;1 \end{array}$$

① 낱개의 수끼리 빼고

② 10개씩 묶음의 수끼리 빼.

받아내림이 없는 (몇십몇) − (몇십몇)은 낱개는 낱개끼리, 10개씩 묶음은 10개씩 묶음끼리 뺍니다.

(몇십)-(몇십)

$$\begin{array}{r} \bigstar\;0 \\ -\;\blacktriangle\;0 \\ \hline \blacksquare\;0 \end{array}$$

(몇십) − (몇십)은 낱개가 모두 0이므로 차는 항상 몇십입니다.

1

계산

빼셈을 해 보세요.

(1)

$$\begin{array}{r} 7\ 3 \\ -\ 2\ 1 \\ \hline \square \end{array}$$

(2)

$$\begin{array}{r} 9\ 0 \\ -\ 3\ 0 \\ \hline \square \end{array}$$

2

58쪽

계산

빼셈을 해 보세요.

(1) 68 − 28 = □

(2) 50 − 20 = □

3

적용

차가 같은 것끼리 선으로 이어 보세요.

67 − 22 •	• 88 − 43
54 − 24 •	• 47 − 34
33 − 20 •	• 60 − 30

4

58쪽

추론

계산 결과의 크기를 비교하여 ◯ 안에 >, =, < 를 알맞게 써넣으세요.

65 − 33 ◯ 70 − 30

5

58쪽

적용

두 수로 가르기를 한 것입니다. □ 안에 알맞은 수를 써넣으세요.

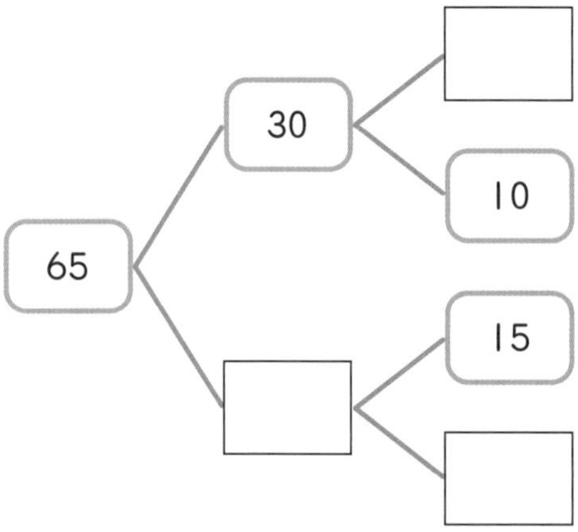

6

58쪽

문제 해결

밤이 78개, 도토리가 45개 있습니다. 밤은 도토리보다 몇 개 더 많을까요?

(　　　　　　)

7 59쪽

창의 융합

지혜의 생일은 12월 12일입니다. 지혜의 생일과 성탄절은 며칠 차이가 날까요?

12월

일	월	화	수	목	금	토
7	8	9	10	11	12	13
14	15	16	17	18	19	20
21	22	23	24	25 성탄절	26	27
28	29	30	31			

(　　　　　　)

8 59쪽

추론

양쪽이 같게 되도록 □ 안에 알맞은 수를 써넣으세요.

$24+21=87-\square$

+9 59쪽

수학적 독해력

규칙에 따라 빈칸을 채우고 ㉡－㉠을 구해 보세요.

11	12	13	14	□
21	㉠	□	24	25
31	32	33	□	㉡

㉡－㉠＝□

독해 포인트 → 방향으로 몇씩, ↓ 방향으로 몇씩 커지는 규칙인지 살펴봅니다.

+10 59쪽

수학적 표현력

차가 다른 식을 들고 있는 친구는 누구인지 말해 보세요.

슬기

50－30

로운

80－30

지혜

70－50

슬기: 50－30＝□

로운: 80－30＝□

지혜: 70－50＝□

따라서 차가 다른 식을 들고 있는 친구는

□입니다.

6단원

오늘 공부 어땠나요?

10개 중 맞힌 문제 □개 〉 **틀린 문제**는 힌트를 보고 다시 도전해 보세요. 〉 **맞힌 문제**는 힌트를 보고 자신의 생각과 비교해 보세요.

30일 덧셈과 뺄셈하기

1 덧셈식과 뺄셈식으로 나타내기

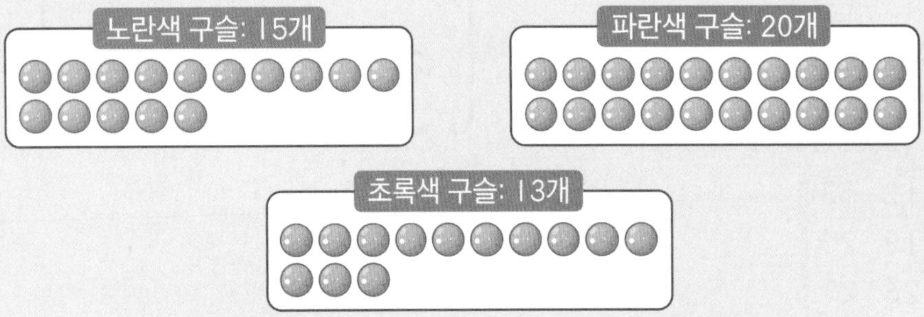

◐ 모두 몇 개인지 구하려면 덧셈식으로 나타냅니다.

◐ 차이 또는 남는 것을 구하려면 뺄셈식으로 나타냅니다.

• 노란색 구슬과 파란색 구슬은 모두 몇 개인지 구하는 덧셈식

→ 15+20=35

• 파란색 구슬은 초록색 구슬보다 몇 개 더 많은지 구하는 뺄셈식

→ 20−13=7

◐ 덧셈은 두 수의 위치가 바뀌어도 합이 같습니다.

예 15+10=25
10+15=25

개념+ 덧셈과 뺄셈하기

덧셈	뺄셈
15+10=25	55−10=45
15+20=35	55−20=35
15+30=45	55−30=25
15+40=55	55−40=15
같은 수에 10씩 커지는 수를 더하면 합도 10씩 커집니다.	같은 수에서 10씩 커지는 수를 빼면 차는 10씩 작아집니다.

확인 1 그림을 보고 덧셈식과 뺄셈식으로 나타내 보세요.

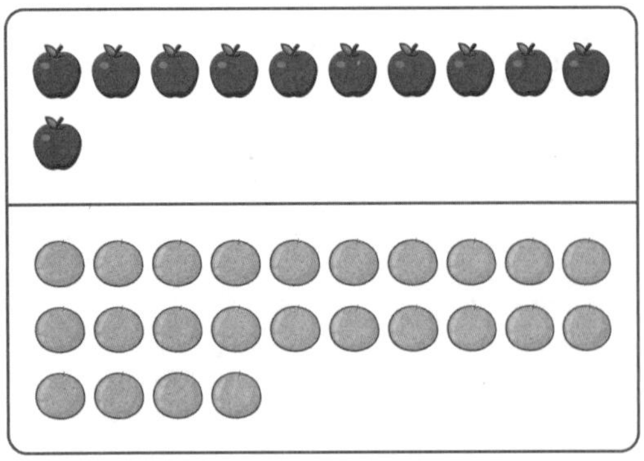

(1) 사과와 귤은 모두 몇 개인지 덧셈식으로 나타내 보세요.

11+□=□

(2) 귤은 사과보다 몇 개 더 많은지 뺄셈식으로 나타내 보세요.

24−□=□

기본기 다지는 교과서 문제

» 정답 · 풀이 37쪽

1 그림을 보고 덧셈식과 뺄셈식으로 나타내 보세요.

만화책 37권
동화책 25권
역사책 13권

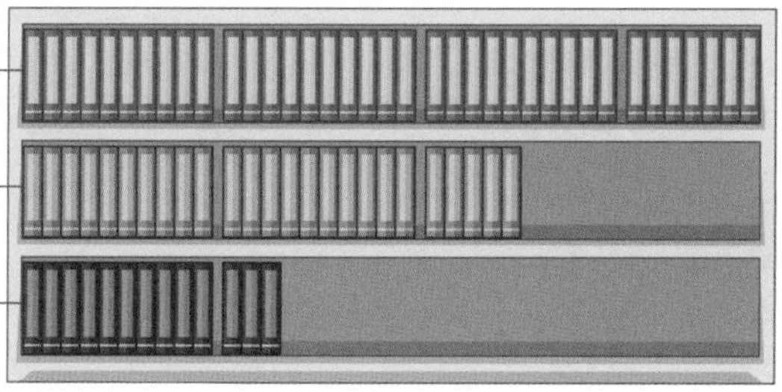

(1) 동화책과 역사책은 모두 몇 권인지 덧셈식으로 나타내 보세요.

□ + □ = □

(2) 만화책은 역사책보다 몇 권 더 많은지 뺄셈식으로 나타내 보세요.

□ − □ = □

2 덧셈과 뺄셈을 해 보세요.

(1) 17+10=□
17+20=□
17+30=□
17+40=□

(2) 24+42=□
42+24=□
31+28=□
28+31=□

(3) 53−10=□
53−20=□
53−30=□

(4) 65−11=□
65−12=□
65−13=□

개념 따라쓰기

덧셈식으로 나타내기

딸기우유 12개 초코우유 10개

딸기우유와 초코우유는 모두 몇 개일까?

→ 12+10=22

✎ 모두 몇 개인지 구하려면 덧셈식으로 나타냅니다.

뺄셈식으로 나타내기

딸기우유 12개 초코우유 10개

딸기우유는 초코우유보다 몇 개 더 많을까?

→ 12−10=2

✎ 차이 또는 남는 것을 구하려면 뺄셈식으로 나타냅니다.

6 단원

[1~2] 그림을 보고 덧셈식과 뺄셈식으로 나타내 보세요.

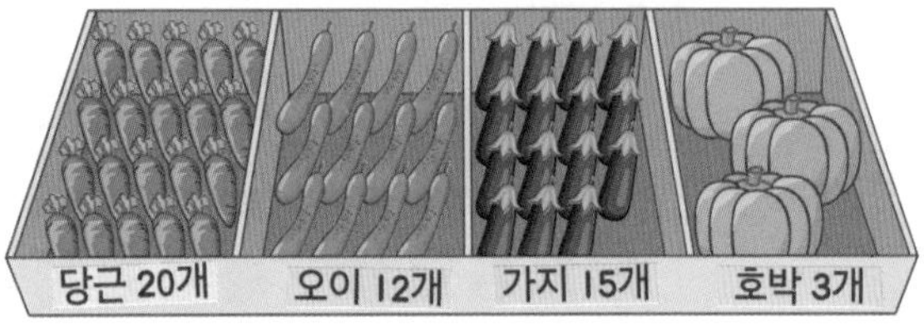

1

이해

당근과 호박은 모두 몇 개인지 덧셈식으로 나타내 보세요.

☐ + ☐ = ☐

2

이해

가지는 오이보다 몇 개 더 많은지 뺄셈식으로 나타내 보세요.

☐ − ☐ = ☐

3

60쪽 적용

그림을 보고 빈칸에 알맞은 수를 써넣으세요.

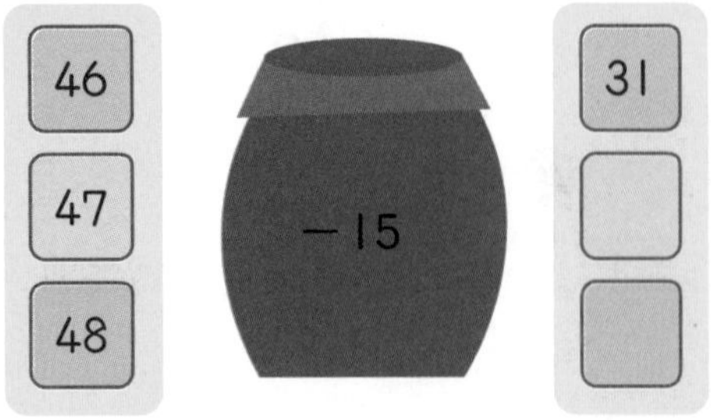

4

60쪽 적용

○ 안에 + 또는 − 를 알맞게 써넣으세요.

76 ○ 3=73

76 ○ 3=79

5

60쪽 적용

그림을 보고 만들 수 있는 덧셈식을 찾아 모두 ○표 하세요.

11+7=18	10+9=19	12+11=23
( )	( )	( )

6

60쪽 창의 융합

두 주머니에서 수를 하나씩 골라 식을 써 보세요.

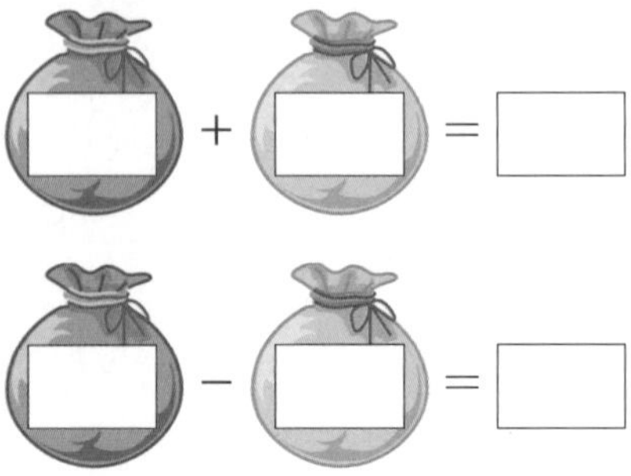

조금 더 **어려운 문제**에 도전해 볼까요?

7 61쪽

문제 해결

□ 안에 알맞은 수를 써넣으세요.

	8	□
−	□	7
	2	2

8 61쪽

의사 소통

가로줄과 세로줄의 두 수의 합이 같도록 ○ 안에 알맞은 수를 써넣으세요.

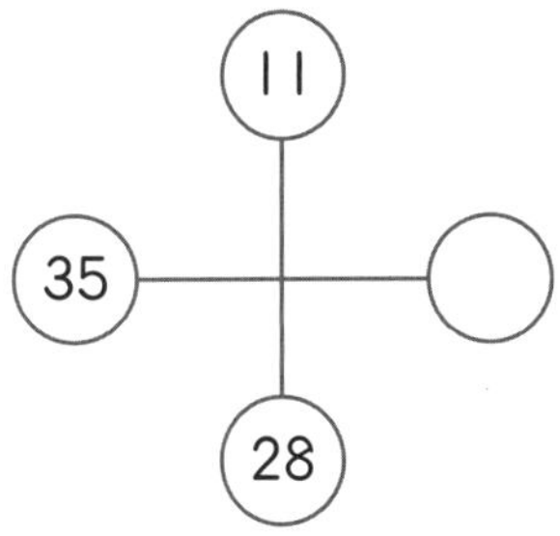

6 단원

+9 61쪽

수학적 독해력

동물원에 다람쥐는 23마리 있고 토끼는 다람쥐보다 12마리 더 적게 있습니다. 동물원에 있는 다람쥐와 토끼는 모두 몇 마리일까요?

( )

독해 포인트 먼저 토끼의 수를 구해 보세요.

+10 61쪽

수학적 표현력

민호는 10살입니다. 아빠는 민호보다 34살 많고, 엄마는 아빠보다 2살 적습니다. 엄마는 몇 살인지 말해 보세요.

아빠는 민호보다 34살 많으므로 10＋□＝□(살)입니다. 엄마는 아빠보다 2살 적으므로 □−2＝□(살)입니다.

오늘 공부 어땠나요? 10개 중 맞힌 문제 □ 개 〉 **틀린 문제**는 힌트를 보고 다시 도전해 보세요. 〉 **맞힌 문제**는 힌트를 보고 자신의 생각과 비교해 보세요.

01 그림을 보고 덧셈을 해 보세요.

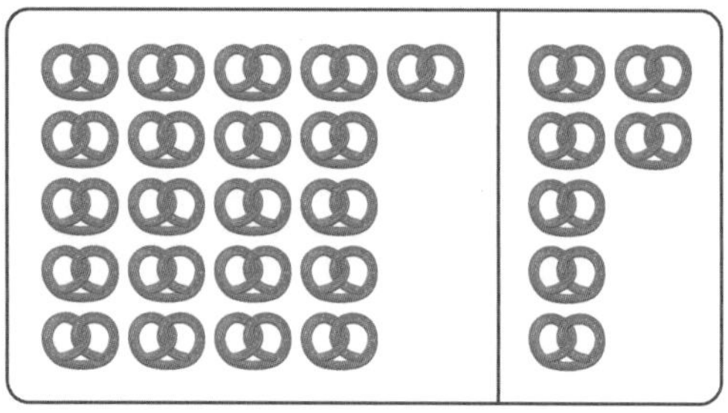

21 + □ = □

02 슬기와 로운이 중 계산을 바르게 한 사람은 누구일까요?

슬기

$$\begin{array}{r} 5 \\ +\ 2\ 3 \\ \hline 7\ 3 \end{array}$$

로운

$$\begin{array}{r} 5 \\ +\ 2\ 3 \\ \hline 2\ 8 \end{array}$$

(　　　　　)

03 그림을 보고 □ 안에 알맞은 수를 써넣으세요.

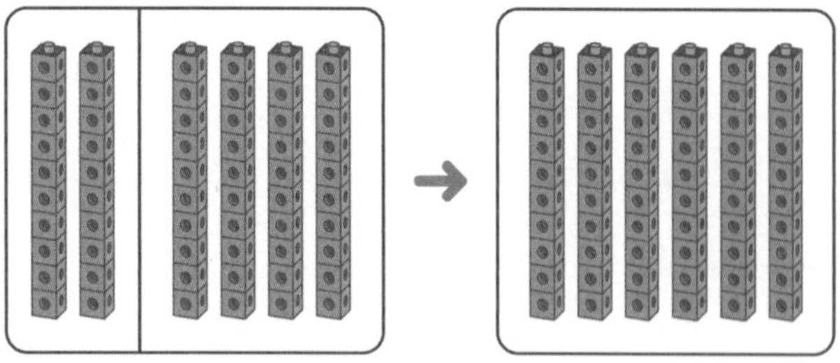

□ + □ = □

04 계산 결과가 가장 큰 것에 ○표, 가장 작은 것에 △표 하세요.

70 − 20	31 + 26	40 + 30
(　　)	(　　)	(　　)

05 식을 보고 ●를 빼는 수만큼 /으로 지우고 □ 안에 알맞은 수를 써넣으세요.

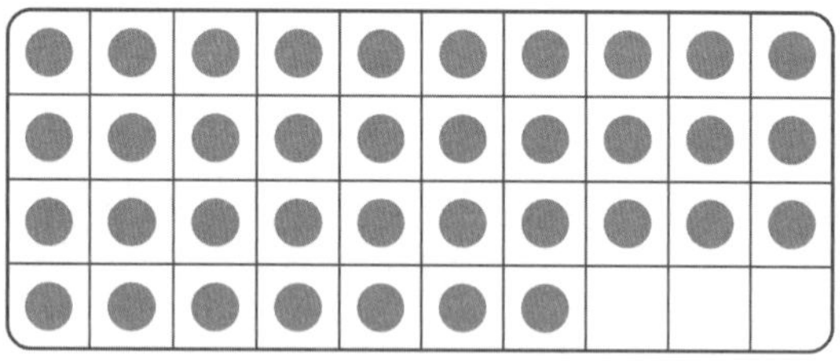

37 − 5 = □

06 계산이 잘못된 곳을 찾아 바르게 고쳐 보세요.

$$\begin{array}{r} 5\ 9 \\ -\ 3\ \\ \hline 2\ 9 \end{array} \rightarrow \square$$

07 두 수의 차를 구하세요.

51　　78

(　　　　　)

08 계산 결과를 비교하여 ○ 안에 >, =, <를 알맞게 써넣으세요.

47－13 ○ 12＋21

09 그림을 보고 덧셈식과 뺄셈식으로 나타내 보세요.

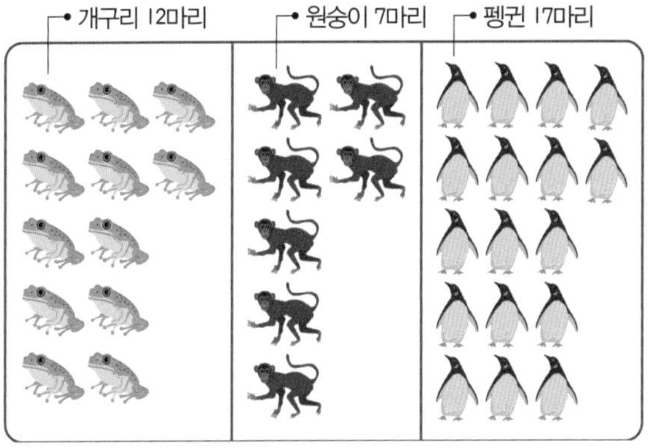

(1) 개구리와 펭귄은 모두 몇 마리일까요?

□＋□＝□

(2) 펭귄은 원숭이보다 몇 마리 더 많을까요?

□－□＝□

서술형

10 놀이터에 학생 22명이 있었는데 학생 12명이 놀이터로 더 왔습니다. 놀이터에 있는 학생은 모두 몇 명인지 풀이 과정을 쓰고, 답을 구하세요.

[풀이] ____________________

____

____

[답] ____________________

memo

memo

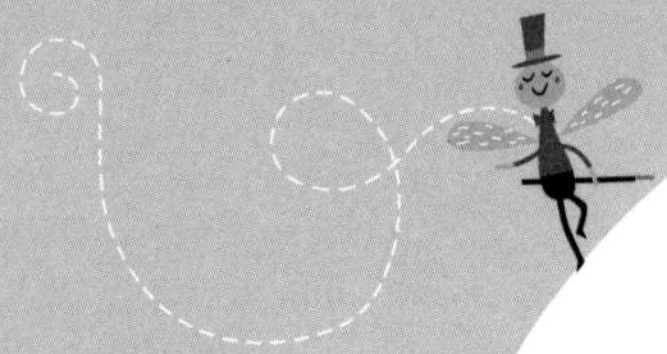

memo

모든 문제의 첫 번째 힌트는
문제를 다시 읽는 것입니다.

새 교과서 분석 반영
초등 1등 공부 비법

막힐 땐

힌트북

초등수학 1-2

막힐 때 찾아보는 **힌트북**

슬기로운공부

힌트 = 개념

막힐 땐

힌트북

초등수학 1-2

막힐 때 찾아보는 힌트북

60, 70, 80, 90 알아보기

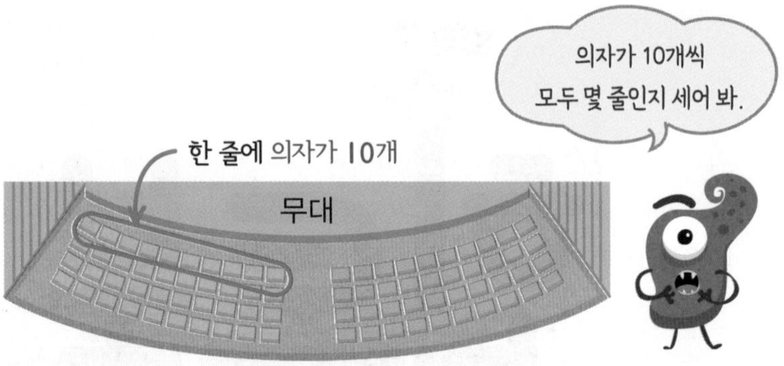

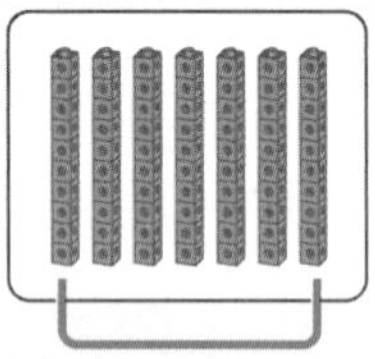

10개씩 몇 묶음인지 세어 봐.

10개씩 □ 묶음 → □0

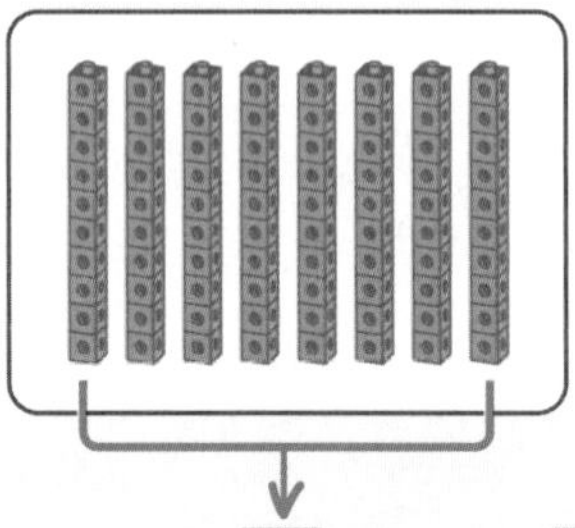

10개씩 □ 묶음 → □0

수지는 과일가게에서 귤을 10개씩 7묶음 샀습니다.
수지가 산 귤은 모두 몇 개입니까?

10개씩 □ 묶음 → □0

1 의자의 수를 10개씩 묶어 세어 보고, □ 안에 알맞은 수를 써넣으세요.

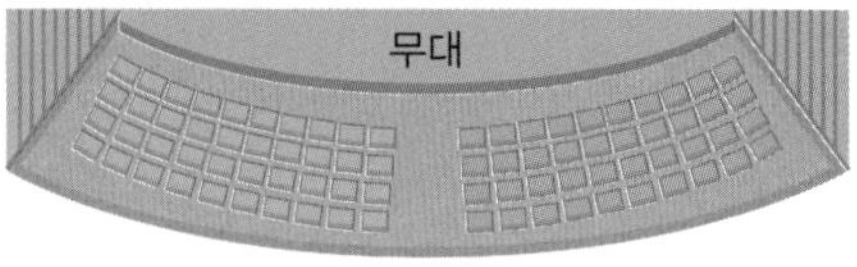

10개씩 묶음 □ 개 → □

3 10개씩 묶음과 낱개의 수를 확인하고 수를 써넣으세요.

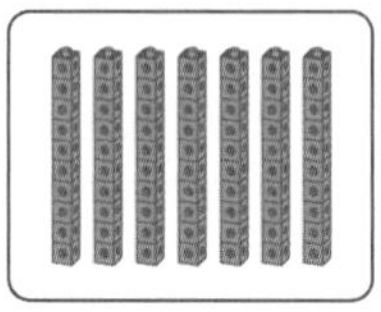

10개씩 묶음	낱개

↓

□

5 그림과 관계있는 것에 모두 ○표 하세요.

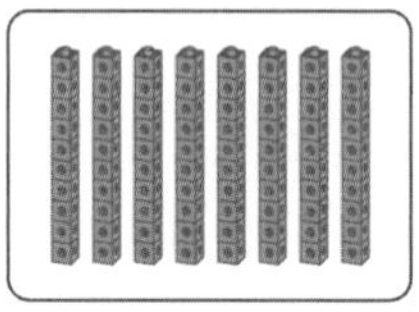

(80 90 여든 아흔)

6 수지는 과일가게에서 귤을 10개씩 7묶음 샀습니다. 수지가 산 귤은 모두 몇 개입니까?

7 나타내는 수가 다른 하나를 찾아 기호를 쓰세요.

㉠ 70	㉡ 칠십
㉢ 10개씩 7묶음	㉣ 일흔
㉤ 10개씩 묶음 8개	

㉠ 70 ㉡ 칠십 → □

㉢ 10개씩 7묶음 ↑ □ ㉣ 일흔 → □

㉤ 10개씩 묶음 8개 ↓ □

모두 수로 나타내 봐.

주의해! 수는 두 가지로 읽을 수 있어.

8 10원짜리 동전이 5개 들어 있는 저금통에 10원짜리 동전 4개를 더 넣었습니다. 저금통에 들어 있는 동전은 모두 얼마인지 쓰세요.

10원짜리 동전 5개 + 10원짜리 동전 4개

10원짜리 동전이 모두 몇 개인지 생각해 봐.

수학적 독해력

9 달걀 60개를 그림과 같은 상자에 담으려고 합니다. 달걀을 모두 담으려면 상자는 몇 개 필요할까요?

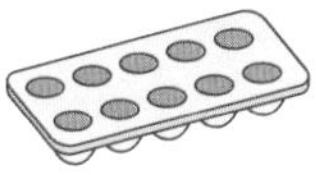

한 상자에 10개씩 담을 수 있어.

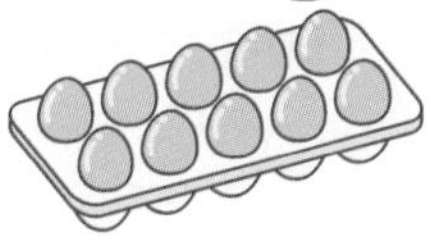

□0 → 10개씩 □ 묶음

수학적 표현력

10 연필 80자루를 한 사람에게 10자루씩 모두 나누어 주려고 합니다. 몇 명에게 나누어 줄 수 있을지 설명해 보세요.

80자루는 10자루씩 몇 묶음인지 생각해 봐.

□0 → 10개씩 □ 묶음

02일 99까지의 수 알아보기

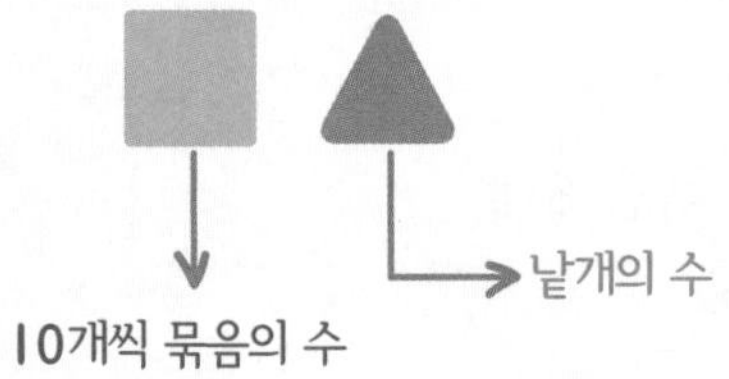

㉠ 육십칠 ㉡ 쉰일곱 ㉢ 67
㉣ 10개씩 묶음 6개와 낱개 7개

■▲ ⇄ 10개씩 묶음 ■개와 낱개 ▲개

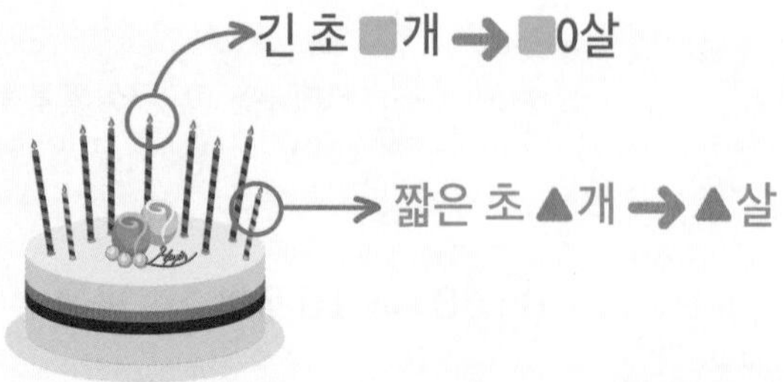

3 밑줄 친 숫자가 나타내는 수를 쓰세요.

(1) 7 1 (2) 8 4

4 나타내는 수가 다른 하나를 찾아 기호를 쓰세요.

㉠ 육십칠 ㉡ 쉰일곱 ㉢ 67
㉣ 10개씩 묶음 6개와 낱개 7개

5 빈칸에 알맞은 수를 써넣으세요.

수	10개씩 묶음	낱개
75		5
	8	9
아흔여덟		

6 오늘은 윤하의 할머니 생신입니다. 생일케이크에 서 긴 초는 10살, 짧은 초는 1살을 나타냅니다. 할머니의 연세는 얼마인지 수를 쓰세요.

7 밑줄 친 수를 상황에 맞게 읽으려고 합니다. 잘못 읽은 것의 기호를 모두 쓰세요.

㉠ 식당은 86층에 있습니다. ➔ 여든여섯
㉡ 민서의 번호는 64입니다. ➔ 육십사
㉢ 준호의 수학 점수는 95점입니다. ➔ 아흔다섯

75 — 풍선은 75개 있습니다. (일흔다섯)
75 — 사물함 번호는 75번입니다. (칠십오)

8 나타내는 수를 써보세요.

10개씩 묶음 5개와 낱개 11개

낱개 11개는 10개씩 묶음 1개와 낱개 1개와 같아.

10개씩 묶음 5개와 낱개 11개

수학적 독해력

+9 케이크 한 개를 만드는 데 달걀이 10개 필요합니다. 달걀이 10개씩 묶음 6개와 낱개 24개만큼 있다면 케이크는 몇 개까지 만들 수 있을까요?

"10개씩 묶음 6개와 낱개 24개"

10개씩 ☐ 묶음 + 낱개 ☐ 개

수학적 표현력

+10 한 상자에 10개씩 들어 있는 생수 6상자와 낱개 13개가 있습니다. 생수는 모두 몇 개인지 구해 보세요.

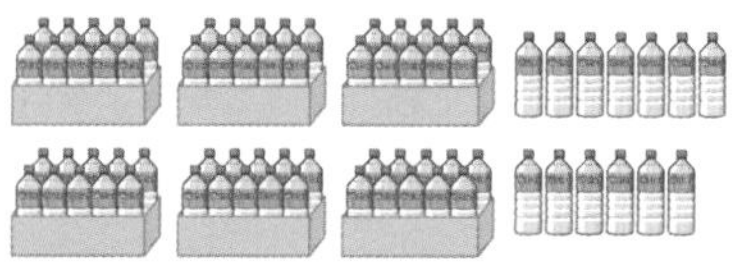

한 상자에 10개씩 들어 있는 생수 6상자와 낱개 13개가 있습니다.

10개씩 6상자 + 10개씩 ☐ 상자와 낱개 ☐ 개

03일 수의 순서 알아보기

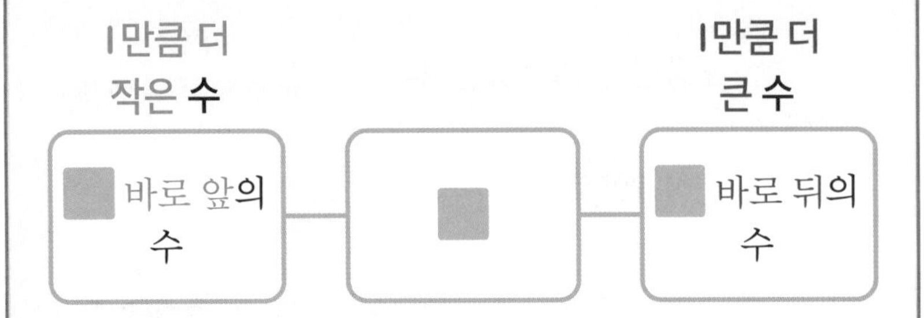

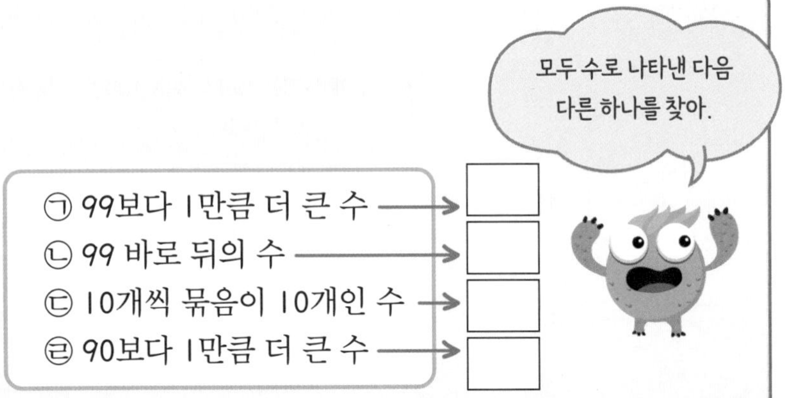

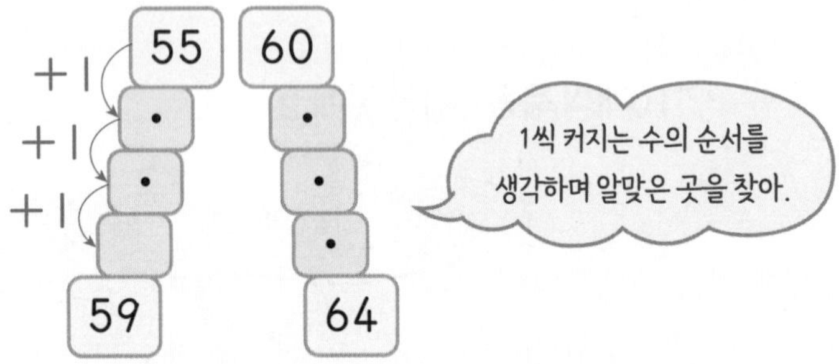

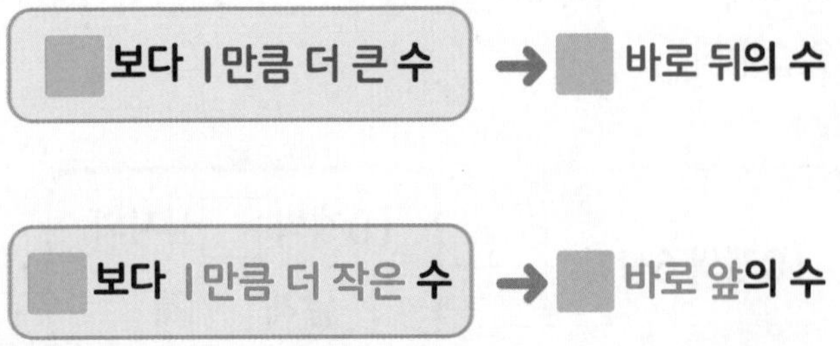

3 빈칸에 알맞은 수를 써넣으세요.

(1) 1만큼 더 작은 수 [ ] — 57 — [ ] 1만큼 더 큰 수

(2) 1만큼 더 작은 수 [ ] — 86 — [ ] 1만큼 더 큰 수

4 나타내는 수가 다른 하나를 찾아 기호를 쓰세요.

㉠ 99보다 1만큼 더 큰 수
㉡ 99 바로 뒤의 수
㉢ 10개씩 묶음이 10개인 수
㉣ 90보다 1만큼 더 큰 수

5 알맞은 곳을 찾아 선으로 이어 보세요.

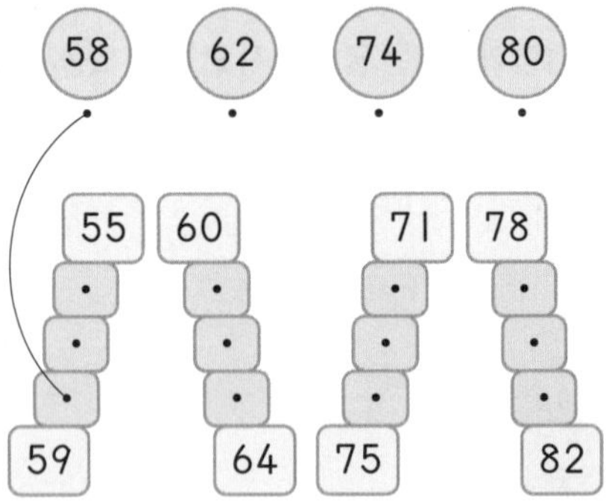

6 알맞은 것끼리 선으로 이어 보세요.

90보다 1만큼 더 큰 수	87
80보다 1만큼 더 작은 수	63
64보다 1만큼 더 작은 수	91
86보다 1만큼 더 큰 수	79

7 수의 순서를 거꾸로 하여 쓸 때 ★에 알맞은 수를 쓰세요.

83 — 82 — ☐ — ☐ — ★

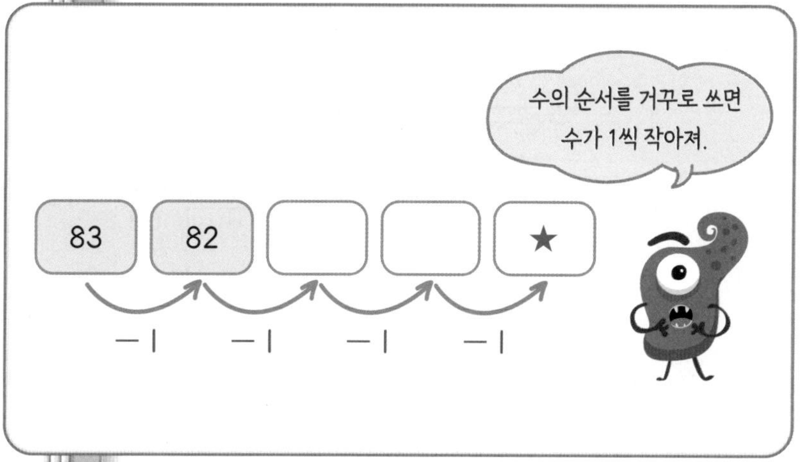

8 70과 가장 가까운 수를 찾아 쓰세요.

67 65 69 73 72 75

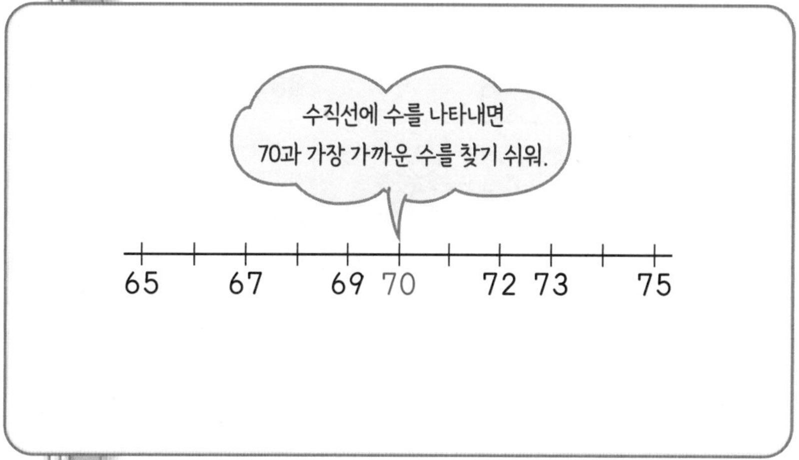

수학적 독해력

+9 놀이공원에 입장하기 위해 사람들이 줄을 서 있습니다. 68번째와 73번째 사이에 있는 사람들은 모두 몇 명일까요?

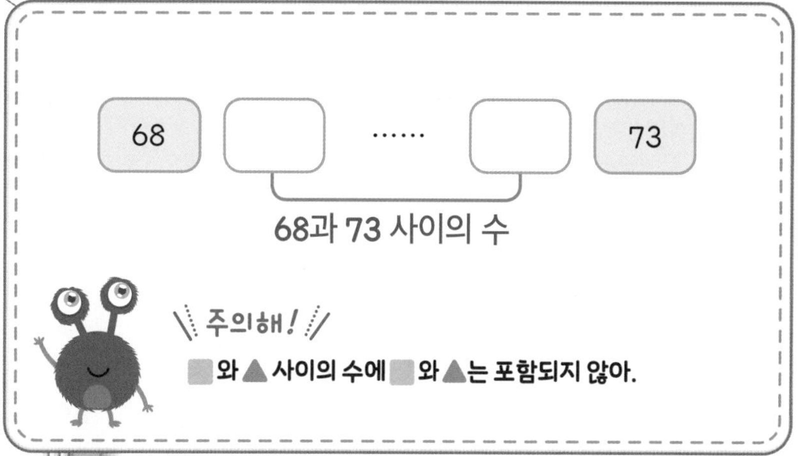

수학적 표현력

+10 어떤 수보다 1만큼 더 큰 수는 83입니다. 어떤 수보다 1만큼 더 작은 수는 얼마인지 설명해 보세요.

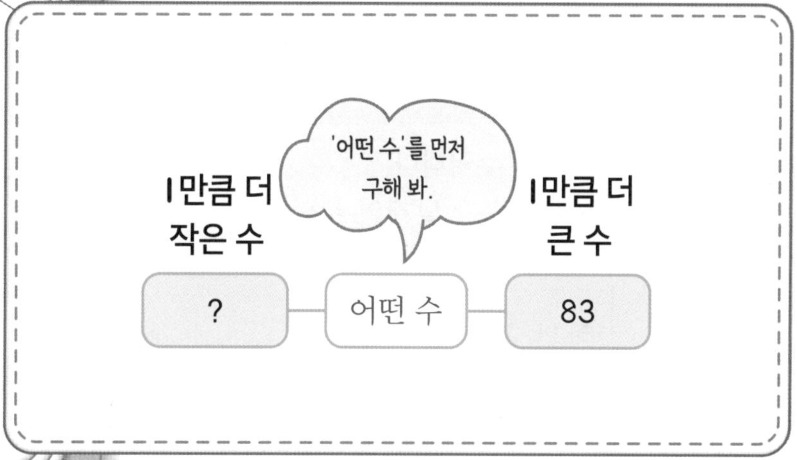

04일 수의 크기 비교하기

오른쪽으로 갈수록 1씩 커져. →

57 □ 59 60 61 □ 63

← 왼쪽으로 갈수록 1씩 작아져.

86 | 68 94 83 87

10개씩 묶음의 수를 먼저 비교해.

10개씩 묶음의 수가 작을수록 더 작은 수이고, 10개씩 묶음의 수가 같으면 낱개의 수가 작을수록 더 작은 수야.

먼저, 70보다 큰 수와 작은 수로 나눈 다음 생각해.

65 91 68 83

70보다 작은 수 ○ < ○

70보다 큰 수 ○ < ○

→ 69, 70, ……, 78

- 68과 79 사이의 수입니다.
- 10개씩 묶음의 수가 낱개의 수와 같습니다.

→ 11, 22, ……, 99

두 조건을 모두 만족하는 수를 찾아.

3 수직선의 □ 안에 알맞은 수를 써넣고 ○ 안에 >, <를 알맞게 써넣으세요.

57 □ 59 60 61 □ 63

58 ○ 62

4 왼쪽 수보다 작은 수를 모두 찾아 쓰세요.

86 | 68 94 83 87

5 70보다 큰 수와 70보다 작은 수를 구분하여 ○ 안에 알맞은 수를 써넣으세요.

65 91 68 83

70보다 작은 수 ○ < ○

70보다 큰 수 ○ < ○

6 다음에서 설명하는 수를 구하세요.

- 68과 79 사이의 수입니다.
- 10개씩 묶음의 수가 낱개의 수와 같습니다.

7 1부터 9까지의 수 중에서 □ 안에 들어갈 수 있는 수에 모두 ○표 하세요.

5□ > 56

1 2 3 4 5 6 7 8 9

10개씩 묶음의 수가 같으면 낱개의 수가 클수록 더 큰 수야.

5□ > 56

10개씩 묶음의 수가 같아.

8 3장의 수 카드 중에서 2장을 뽑아 한 번씩만 사용하여 몇십몇을 만들려고 합니다. 만들 수 있는 가장 큰 수를 쓰세요.

8 6 7

"가장 큰 몇십몇"

가장 큰 수 두 번째로 큰 수

수학적 독해력

+9 우표를 진우는 67개, 서우는 69개 가지고 있고, 윤희는 진우보다 1개 더 많이 가지고 있습니다. 우표를 많이 가지고 있는 순서대로 이름을 쓰세요.

우표를 진우는 67개, 서우는 69개 가지고 있고, 윤희는 진우보다 1개 더 많이 가지고 있습니다.

윤희가 가진 우표의 수 → **67보다 1만큼 더 큰 수**

수학적 표현력

+10 다음 수 카드 중에서 58보다 크고 63보다 작은 수 카드는 모두 몇 장인지 말해 보세요.

57 60 62 63

58보다 크고 63보다 작은 수에 58과 63은 포함되지 않아.

58 □ …… □ 63

58보다 크고 63보다 작은 수

05일 짝수와 홀수 알아보기

10보다 큰 수에서 낱개의 수가
- 2, 4, 6, 8, 0 → 짝수
- 1, 3, 5, 7, 9 → 홀수

낱개의 수가 1, 3, 5, 7, 9인 수가 홀수야.

79	80	81	82	83	84	85	86	87
홀	짝	홀	짝					

알아둬!

수를 순서대로 쓰면
홀수와 짝수가 번갈아 가며 나와.

낱개의 수가 1, 3, 5, 7, 9인 수가 홀수야.

7　　8 …… 15　　16

7과 16 사이의 수

계산 결과에서 낱개의 수가 2, 4, 6, 8, 0이면 짝수, 1, 3, 5, 7, 9이면 홀수야.

■+▲=●

2 수 배열표에서 짝수에 모두 ○표 하세요.

27	28	29	30	31	32	33	34
35	36	37	38	39	40	41	42
43	44	45	46	47	48	49	50

3 수직선에서 홀수에 모두 ○표 하세요.

79　80　81　82　83　84　85　86　87

5 두 수 사이의 수 중에서 홀수는 모두 몇 개일까요?

7　　16

6 계산 결과가 짝수인지 홀수인지 ○표 하세요.

(1) **4+6** → (짝수 , 홀수)

(2) **5+8** → (짝수 , 홀수)

(3) **3+9** → (짝수 , 홀수)

7 짝수와 홀수를 구분하여 ◯ 안에 알맞은 수를 써넣으세요.

23 32 28 37

짝수: ◯ < ◯

홀수: ◯ < ◯

먼저, 짝수와 홀수로 나눈 다음 크기를 비교해.

23 32 28 37

짝수: ◯ < ◯

홀수: ◯ < ◯

8 다음 계산 결과는 짝수인지 홀수인지 쓰세요.

(1) (짝수)+(홀수) → (   )

(2) (홀수)+(홀수) → (   )

예를 들어서 생각하면 쉬워.

(짝수)+(홀수) → 예 2+1=3

(홀수)+(홀수) → 예 1+3=4

수학적 독해력

+9 다음에서 설명하는 수를 모두 구하세요.

- 짝수입니다.
- 10개씩 묶음이 7개입니다.
- 74보다 큰 수입니다.

낱개의 수가 2, 4, 6, 8, 0인 수

- 짝수입니다.
- 10개씩 묶음이 7개입니다. → 7■
- 74보다 큰 수입니다. → ■>4

수학적 표현력

+10 43보다 크고 51보다 작은 수 중에서 짝수는 모두 몇 개인지 말해 보세요.

낱개의 수가 2, 4, 6, 8, 0인 수가 짝수야.

43 44 …… 50 51

43보다 크고 51보다 작은 수

06일 세 수의 덧셈

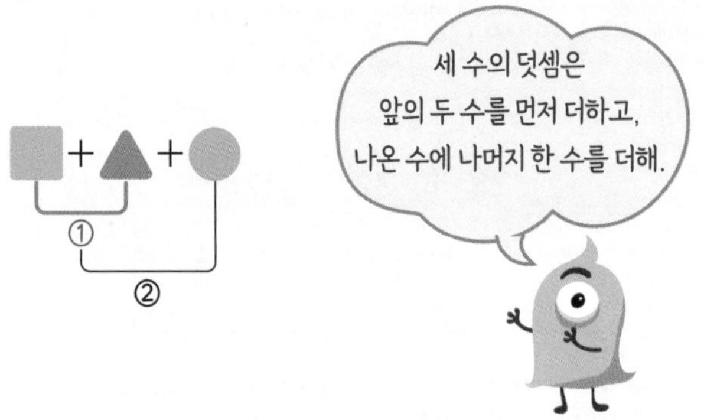

☐ + ☐ + ☐ =(1반이 넣은 골 수)

운동장에 야구공 5개, 축구공 1개, 배구공 3개가 있습니다.

야구공의 수 + 축구공의 수 + 배구공의 수 = 전체 공의 수

알아둬!

전체 공의 수를 구하는 식은 공 순서에 상관없이 각 공의 개수의 합을 나타내는 식이면 돼.

2 계산해 보세요.

(1) $3+2+1=$ ☐

(2) $4+1+3=$ ☐

3 빈 곳에 알맞은 수를 써넣으세요.

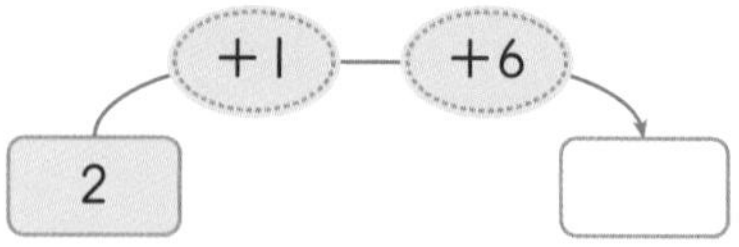

5 축구 경기에서 몇 골을 넣었는지 나타낸 것입니다. 1반이 넣은 골은 모두 몇 골일까요?

6 운동장에 야구공 5개, 축구공 1개, 배구공 3개가 있습니다. 운동장에 있는 공은 모두 몇 개인지 식을 만들고 계산하세요.

☐ + ☐ + ☐ = ☐

7 계산 결과가 더 큰 것의 기호를 쓰세요.

㉠ 4+1+1	㉡ 2+2+3

앞의 두 수를 먼저 더하고, 나온 수에 나머지 한 수를 더해.

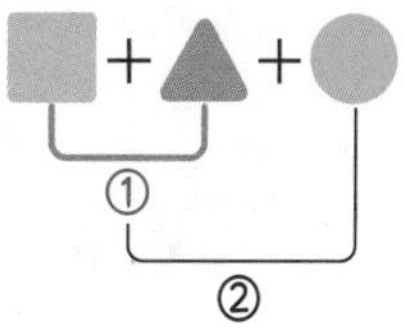

알아둬!

덧셈은 순서를 바꾸어 계산해도 결과가 같아.

8 3장의 수 카드 중에서 2장을 뽑아 한 번씩만 사용하여 덧셈식을 완성하세요.

5 3 2

1+□+□=8

5 3 2

1+□+□=8

수를 하나씩 넣어가면서 세 수의 합이 8이 되는 경우를 찾아봐.

수학적 독해력

9 슬기와 로운이는 1층에서 엘리베이터를 탔습니다. 로운이는 3층 더 올라가서 내렸고, 슬기는 로운이보다 5층 더 올라가서 내렸습니다. 슬기는 몇 층에서 내렸을까요?

슬기와 로운이는 1층에서 엘리베이터를 탔습니다. 로운이는 3층 더 올라가서 내렸고, 슬기는 로운이보다 5층 더 올라가서 내렸습니다.

슬기가 내린 층 수	=	처음 탄 층 수	+	올라간 층 수	+	더 올라간 층 수

수학적 표현력

10 1부터 9까지의 수 중에서 ★에 들어갈 수 있는 수를 모두 말해 보세요.

3+1+★<7

3+1+★<7

4

4+★은 7보다 작아야 해.

앞의 두 수를 먼저 계산하여 식을 간단하게 만든 다음 생각해.

07일 세 수의 뺄셈

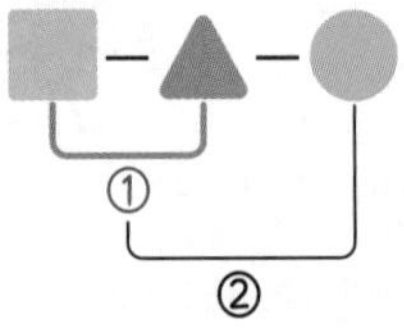

세 수의 뺄셈은
앞의 두 수를 빼고, 나온 수에서
나머지 한 수를 빼.

오른쪽으로 9칸을 간 다음,
왼쪽으로 2칸, 4칸을
되돌아왔어.

중요해!

수직선에서 오른쪽으로 가면 '+', 왼쪽으로 가면 '−'야.

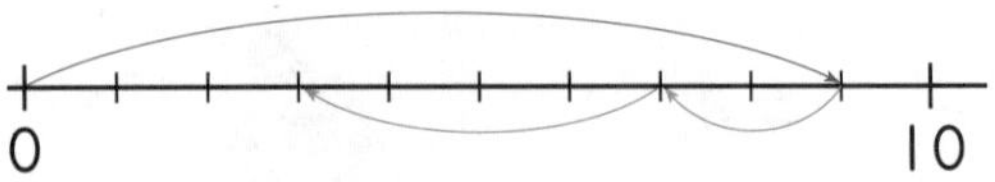

9 − □ − □ = □

세 수의 뺄셈은
앞의 두 수를 빼고, 나온 수에서
나머지 한 수를 빼.

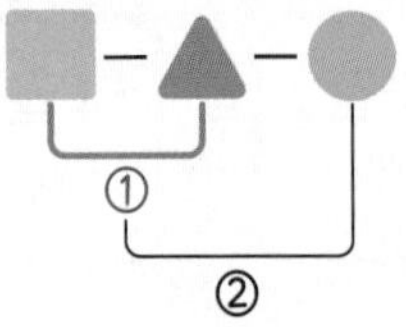

주의해!

뺄셈은 순서를 바꾸어 계산하면 결과가 달라져.

초콜릿 7개 중에서 지혜가 3개를 먹고, 영민이가 2개를 먹었습니다.

전체 초콜릿의 수 − 지혜가 먹은 초콜릿의 수 − 영민이가 먹은 초콜릿의 수 = **남은 초콜릿의 수**

2 계산해 보세요.

(1) 6 − 2 − 2 = □

(2) 7 − 1 − 3 = □

3 수직선을 보고 뺄셈식을 만들어 보세요.

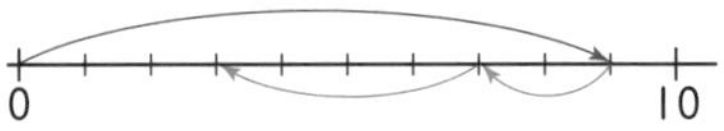

9 − □ − □ = □

4 계산에서 잘못된 점을 찾아 바르게 고쳐 보세요.

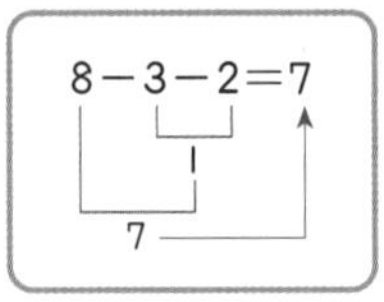

→ □

6 초콜릿 7개 중에서 지혜가 3개를 먹고, 영민이가 2개를 먹었습니다. 남은 초콜릿은 몇 개인지 식을 만들고 계산하세요.

7 − □ − □ = □

7 4장의 수 카드 중에서 3장을 뽑아 한 번씩만 사용하여 계산 결과가 가장 큰 뺄셈식을 만들고 계산하세요.

4 2 1 9

□－□－□＝□

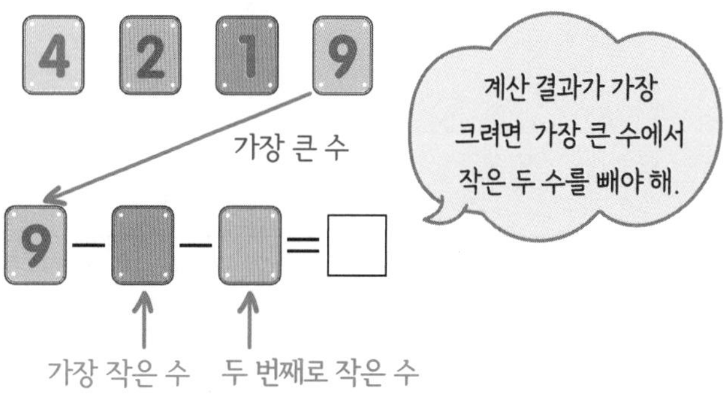

8 1부터 9까지의 수 중에서 □ 안에 들어갈 수 있는 가장 큰 수를 구하세요.

$7-1-\square>2$

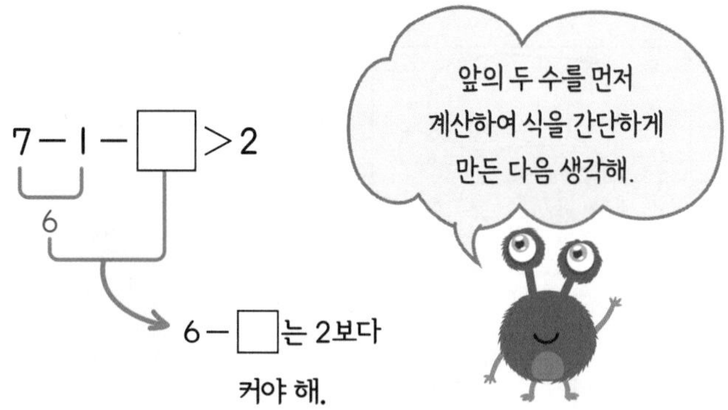

수학적 독해력

9 음악 소리의 크기를 8칸에서 1칸을 줄이고 다시 4칸을 줄였습니다. 지금 듣고 있는 음악 소리의 크기만큼 칸을 색칠해 보세요.

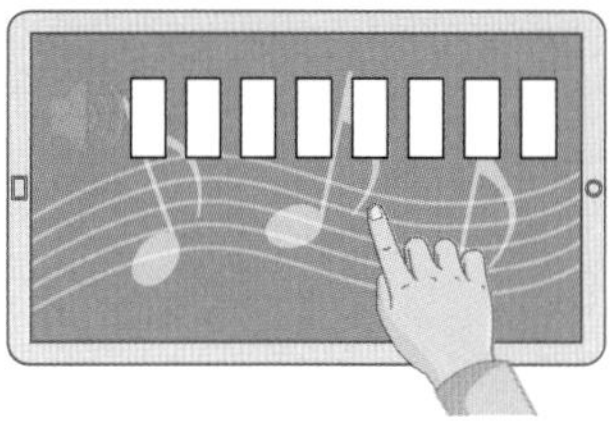

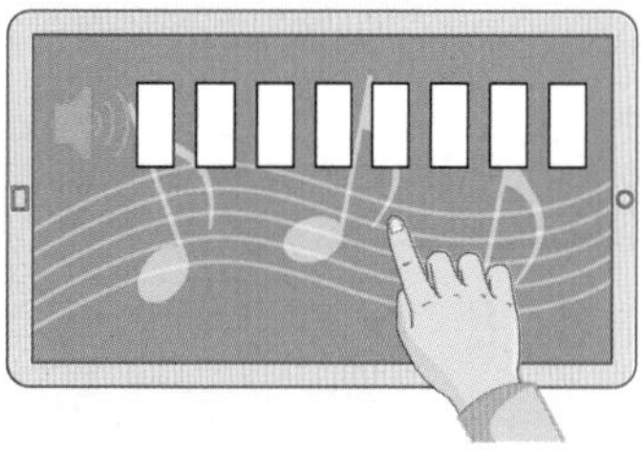

'소리의 크기를 줄이는' 것은 뺄셈으로 나타낼 수 있어.

수학적 표현력

10 서준이와 윤하는 9층에서 엘리베이터를 탔습니다. 서준이는 2층 더 내려가서 내렸고, 윤하는 서준이보다 5층 더 내려가서 내렸습니다. 윤하는 몇 층에서 내렸는지 설명해 보세요.

서준이와 윤하는 9층에서 엘리베이터를 탔습니다. 서준이는 2층 더 내려가서 내렸고, 윤하는 서준이보다 5층 더 내려가서 내렸습니다.

윤하가 내린 층 수 ＝ 처음 탄 층 수 － 내려간 층 수 － 더 내려간 층 수

08일 10이 되는 더하기

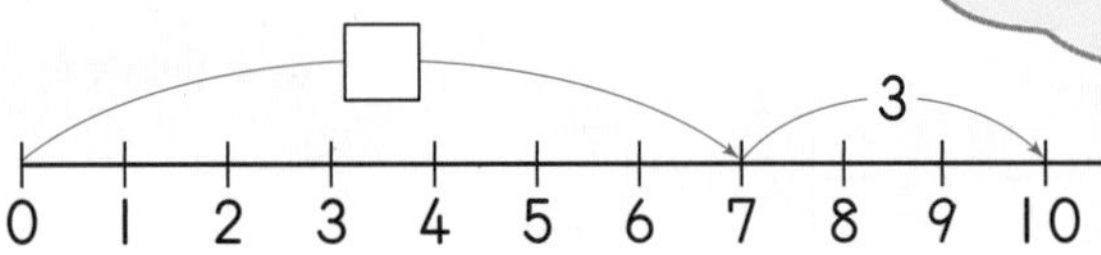

□+3=10

3을 더해서 10이 되는 수를 찾아.

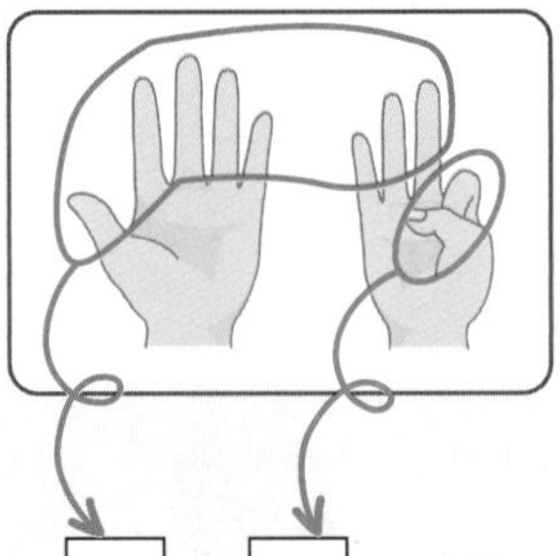

□+□=10

알아둬!

펼친 손가락 수와 접은 손가락 수의 합은 항상 10개야.

5+?=10

4 5 3 8 6

4+?=10

어떤 두 수를 더해야 10이 되는지 생각해 봐.

두 수를 바꾸어 더해도 합은 같아.

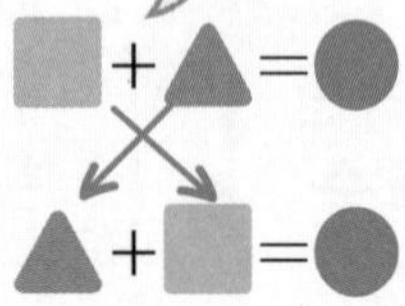

3 그림을 보고 덧셈식을 완성하세요.

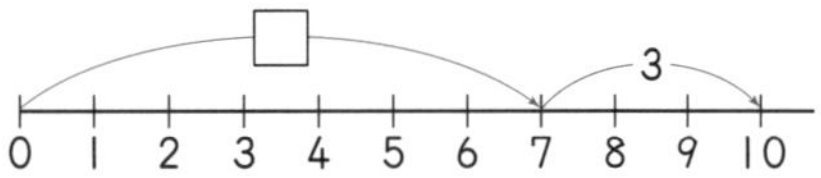

□+3=10

4 손가락의 수를 세어 덧셈식을 만들어 보세요.

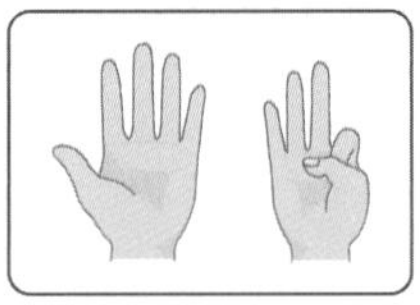

펼친 손가락 □ + 접은 손가락 □ =10

5 합이 10이 되는 두 수를 찾아 ○표 하세요.

4 5 3 8 6

6 □ 안에 알맞은 수를 써넣으세요.

(1) 2+8=8+□

(2) 9+1=□+9

2 단원

7 □ 안에 알맞은 수가 가장 작은 것을 찾아 기호를 쓰세요.

㉠ 3+□=10	㉡ □+2=10
㉢ 5+□=10	㉣ □+4=10

■+▲=10

알아둬!

■가 작을수록 ▲는 커지고,
▲가 작을수록 ■는 커져.

8 두 수를 더해서 10이 되도록 빈칸에 알맞은 수를 써넣으세요.

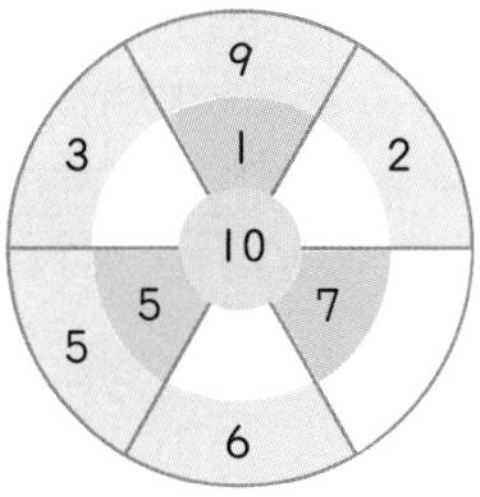

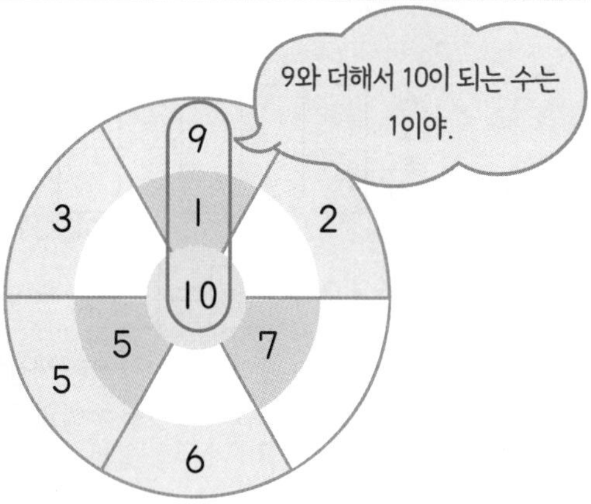

수학적 독해력

9 종욱이는 붙임딱지 3장을 가지고 있습니다. 붙임딱지가 10장이 되려면 몇 장을 더 모아야 하는지 구하세요.

3과 더해서 10이 되는 수를 찾아.

3+□=10

3 → 모은 붙임딱지의 수

□ → 더 모아야 할 붙임딱지의 수

수학적 표현력

10 더해서 10이 되는 두 수를 찾아 ◯표 하고, 10이 되는 덧셈식을 써 보세요.

(7)	2	5	3	4	6
(3)	1	4	5	2	7
1	8	2	9	1	2

10=7+3

같은 덧셈식이야.

7+3=10　　10=7+3

09일 10에서 빼기

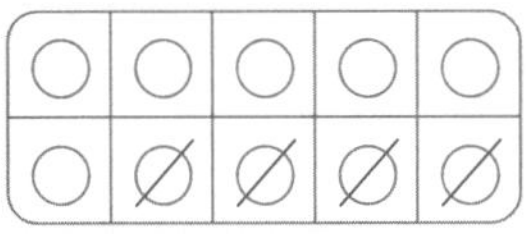

$10-4=6$

↓ /으로 지운 ○의 수

→ 남은 ○의 수

10에서 빼는 수만큼 /으로 지워서 남은 ○가 4개인 것을 찾아.

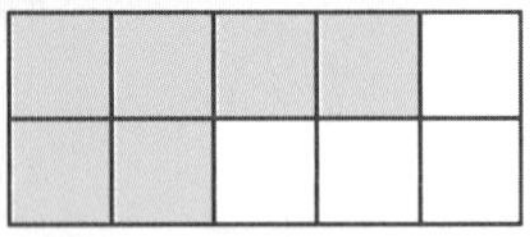

10−□=□

↓ 색칠한 칸의 수

→ 색칠하지 않은 칸의 수

10−■=▲ (■와 ▲의 합)

\ 알아둬! /

10−■=▲일 때,

■는 ▲와 더해서 10이 되는 수야.

전체 사탕의 수

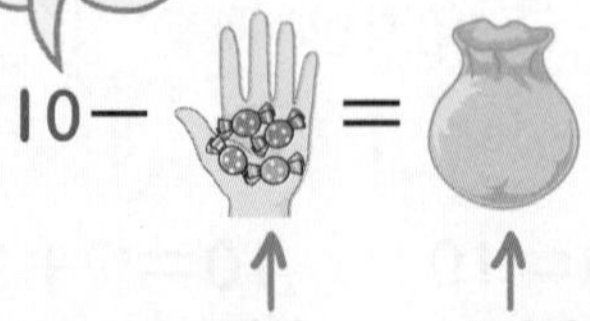

↑ 꺼낸 사탕의 수

↑ 봉지에 남은 사탕의 수

3 두 수의 차가 4인 것에 ○표 하세요.

10	4	10	5	10	6

(　　)　(　　)　(　　)

4 색칠하고 남아 있는 칸의 수를 구하는 뺄셈식을 쓰세요.

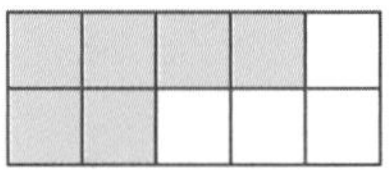

10−□=□

5 □ 안에 알맞은 수를 써넣으세요.

(1) 10−□=3

(2) 10−□=7

6 사탕이 10개 들어 있는 봉지에서 손바닥 위의 수만큼 꺼낸 것입니다. 그림을 보고 봉지에 남은 사탕은 몇 개인지 뺄셈식을 만들어 보세요.

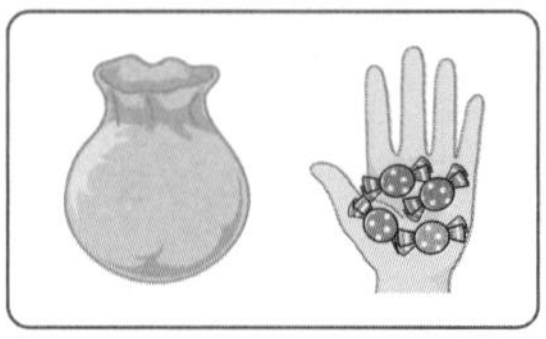

□−□=□

7 차가 큰 것부터 차례로 기호를 쓰세요.

㉠ 10－4	㉡ 10－3
㉢ 10－6	㉣ 10－7

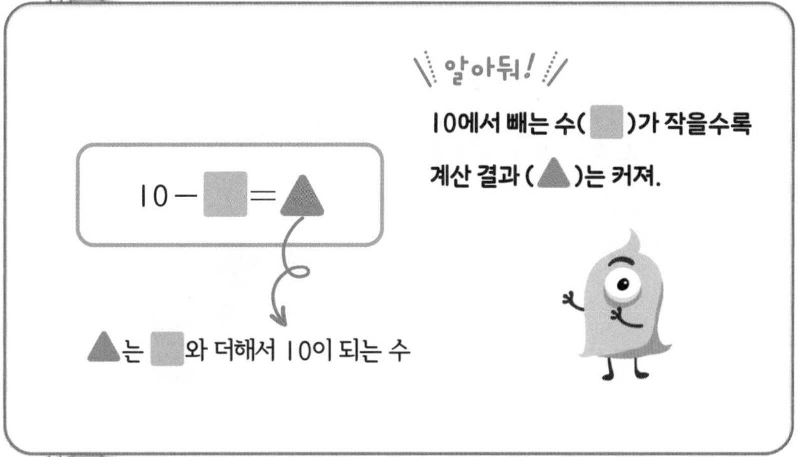

8 같은 모양은 같은 수를 나타냅니다. ★이 나타내는 수를 구해 보세요.

10－2=♥　　♥－1－3=★

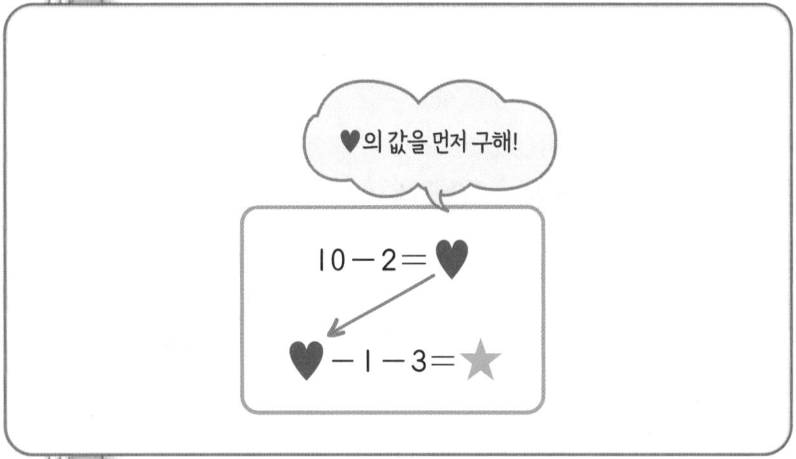

수학적 독해력

9 슬기는 구슬 10개를 가지고 있습니다. 슬기가 보여 주는 구슬을 보고 다른 손에 감춘 구슬은 몇 개인지 구하세요.

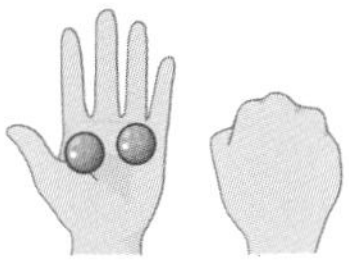

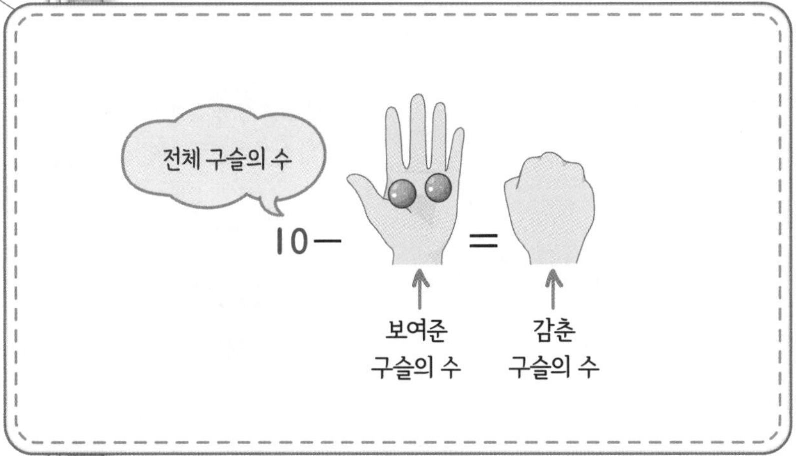

수학적 표현력

10 피자 10조각 중에서 로운이가 몇 개를 먹고 나니 7조각이 남았습니다. 로운이가 먹은 피자는 몇 조각인지 설명해 보세요.

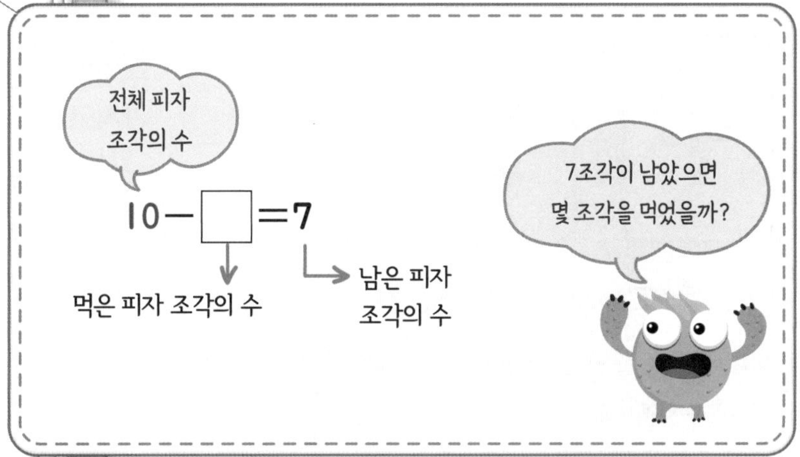

10 일

10을 만들어 더하기

$1+5+9=10+5$

(1+9: 10이 되는 두 수)

10이 되는 두 수를 먼저 더하면 '10+(몇)'이 되므로 더 쉽게 계산할 수 있어.

$\bigcirc+8+4=10+4$

(두 수의 합이 10)

두 수의 합이 10이 되도록 ○ 안에 알맞은 수를 찾아.

10이 되는 두 수를 먼저 더하면 더 쉽게 계산할 수 있어.

$9+1+5=\square$

(9+1 → 10)

파란색 구슬의 수	+	빨간색 구슬의 수	+	노란색 구슬의 수	=	수지가 가지고 있는 구슬의 수

10이 되는 두 수를 먼저 더하면 더 쉽게 계산할 수 있어.

3 합이 같은 것끼리 선으로 이어 보세요.

1+5+9 •	• 4+10
4+2+8 •	• 10+6
7+3+6 •	• 10+5

4 밑줄 친 두 수의 합이 10이 되도록 ○ 안에 알맞은 수를 써넣고, 식을 완성해 보세요.

(1) $\bigcirc+8+4=\square$

(2) $2+3+\bigcirc=\square$

5 계산해 보세요.

(1) $9+1+5=\square$

(2) $6+2+8=\square$

6 수지는 파란색 구슬 3개, 빨간색 구슬 6개, 노란색 구슬 4개를 가지고 있습니다. 수지가 가지고 있는 구슬은 모두 몇 개인지 식을 만들고 계산하세요.

$\square+\square+\square=\square$

7 계산 결과를 비교하여 ○ 안에 >, <를 알맞게 써넣으세요.

$9+1+3$ ○ $5+4+6$

$9+1+3$ ○ $5+4+6$

10이 되는 두 수를 먼저 더하면 더 쉽게 계산할 수 있어.

8 다음 중 두 수를 골라 식을 완성하려고 합니다. ★과 ♥에 들어갈 수를 구하세요.

1	3	4	7	8

6+★+♥=16

★ (　　　　　)

♥ (　　　　　)

6+★+♥=16
↓
10

세 수의 합이 16이므로 ★+♥=10이야.

수학적 독해력

+9 길을 따라갔을 때의 도토리의 수를 구하려고 합니다. □ 안에 알맞은 수를 써넣어 덧셈식을 완성해 보세요.

수학적 표현력

+10 영민이는 지난달에 위인전 1권, 동화책 3권, 만화책 9권을 읽었습니다. 영민이가 지난달에 읽은 책은 모두 몇 권인지 설명해 보세요.

영민이는 지난달에 위인전을 1권, 동화책을 3권, 만화책을 9권 읽었습니다. 영민이가 지난달에 읽은 책은 모두 몇 권인지 설명해 보세요.

영민이가 읽은 책의 수 = 위인전의 수 + 동화책의 수 + 만화책의 수

11 일 여러 가지 모양 찾아보기

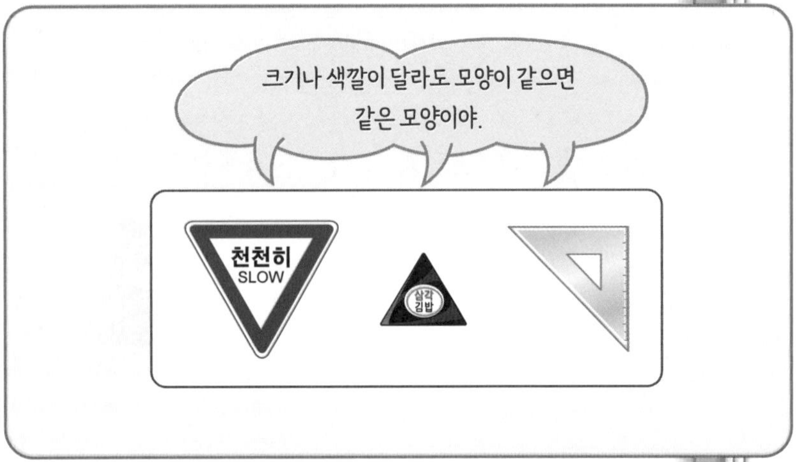

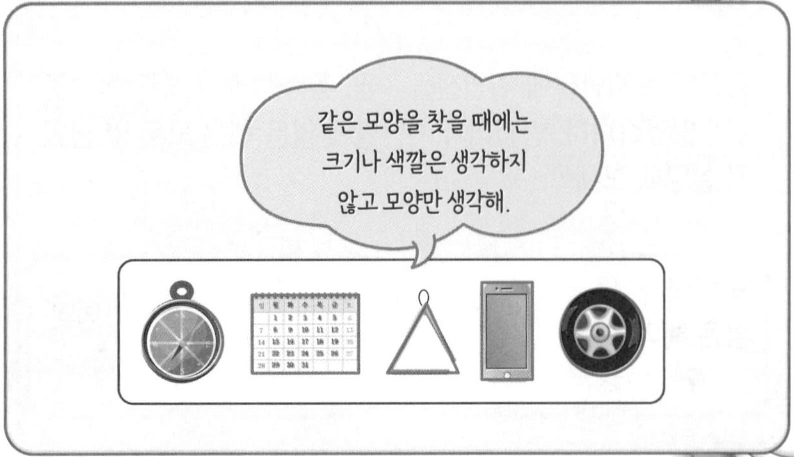

3 모양이 다른 하나를 찾아 ○표 하세요.

(　　) (　　) (　　) (　　)

4 어떤 모양을 모아 놓은 것인지 찾아 ○표 하세요.

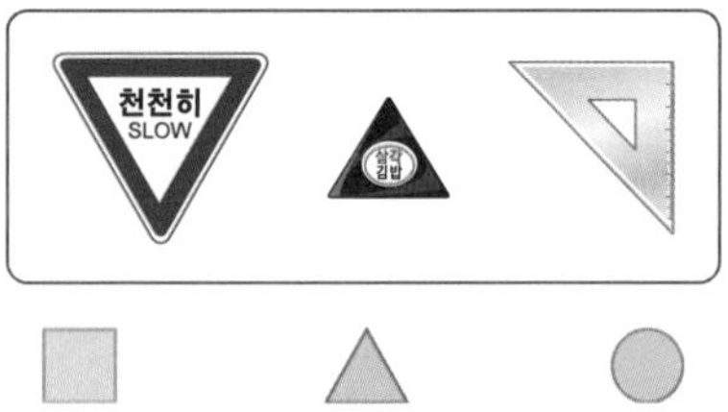

(　　) (　　) (　　)

5 □ 안에 들어갈 알맞은 모양을 찾아 ○표 하세요.

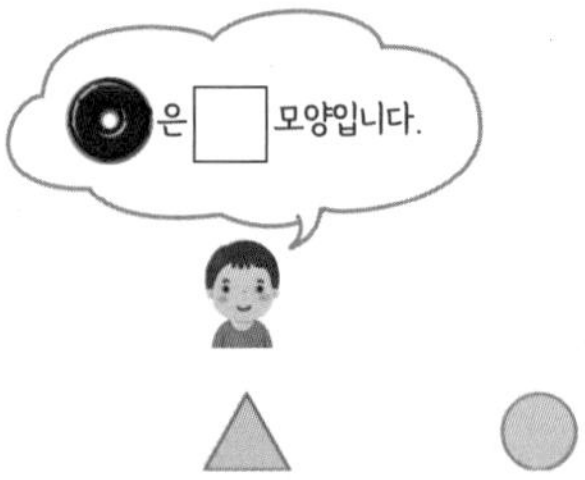

(　　) (　　) (　　)

6 ■ 모양의 물건은 모두 몇 개일까요?

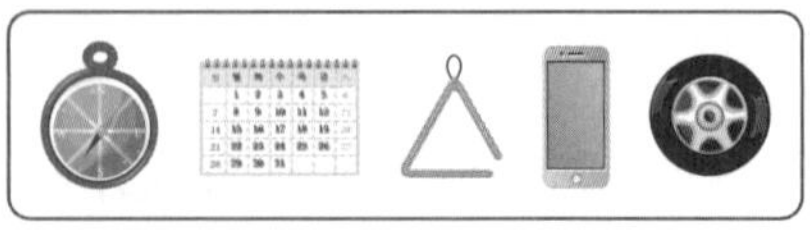

7 모양 자의 안쪽에 있는 모양을 이용하여 □, △, ○ 모양을 그리려고 합니다. 가장 많이 그릴 수 있는 모양은 어떤 모양일까요?

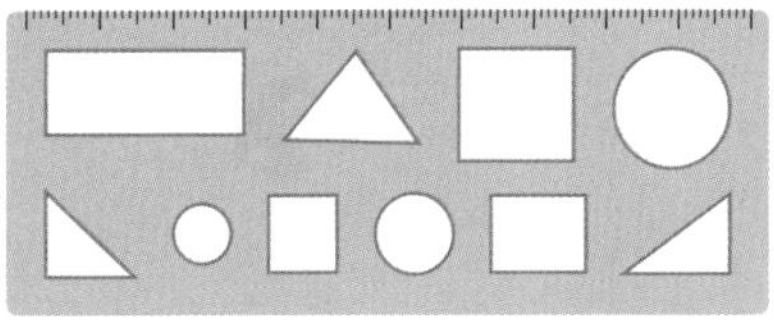

헷갈리지 않도록 같은 모양에는 같은 표시를 하며 세어 봐.

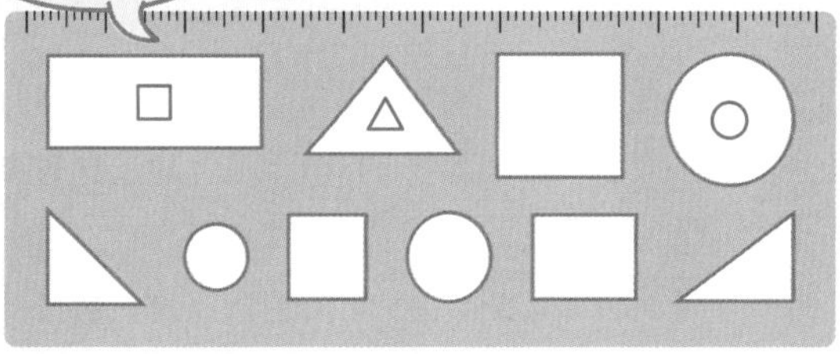

8 같은 모양끼리 모은 것입니다. 잘못 모은 것을 찾아 기호를 쓰세요.

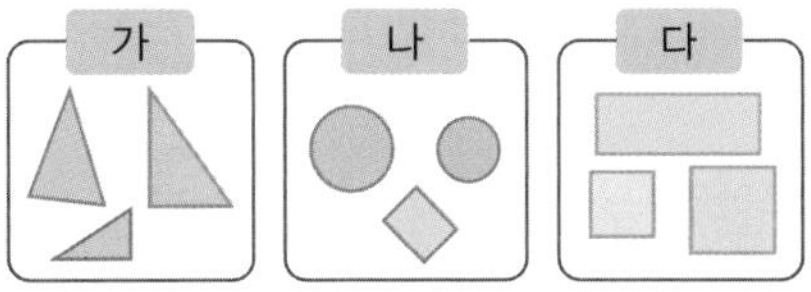

크기나 색깔이 달라도 모양이 같으면 같은 모양이야.

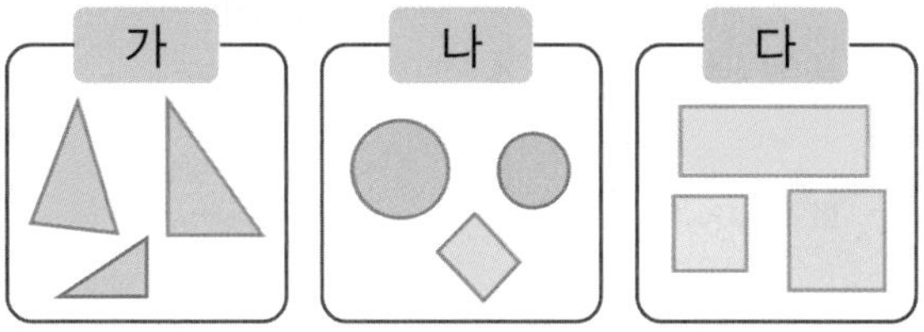

수학적 독해력

+9 그림을 보고 알맞게 이야기한 친구는 누구일까요?

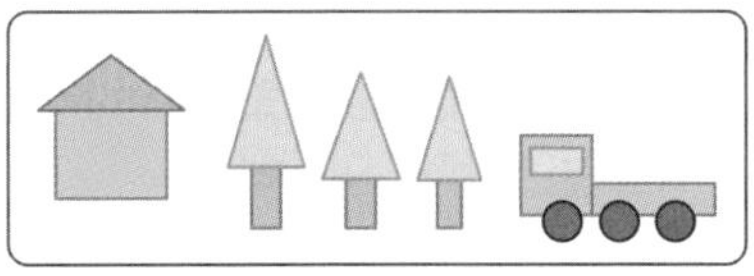

수현: 집은 □와 △ 모양으로 되어 있어.
종욱: 나무는 △ 모양으로만 되어 있어.
지혜: 트럭은 □, △, ○ 모양이 모두 있어.

헷갈리지 않도록 같은 모양에는 같은 표시를 하며 세어 봐.

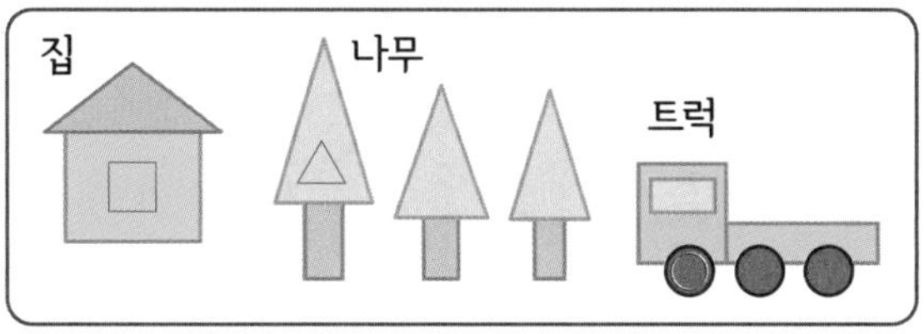

수학적 표현력

+10 그림에서 □, △, ○ 모양을 찾아 〈보기〉와 같이 써 보세요.

〈보기〉
액자는 □ 모양입니다.

12일 여러 가지 모양 알아보기

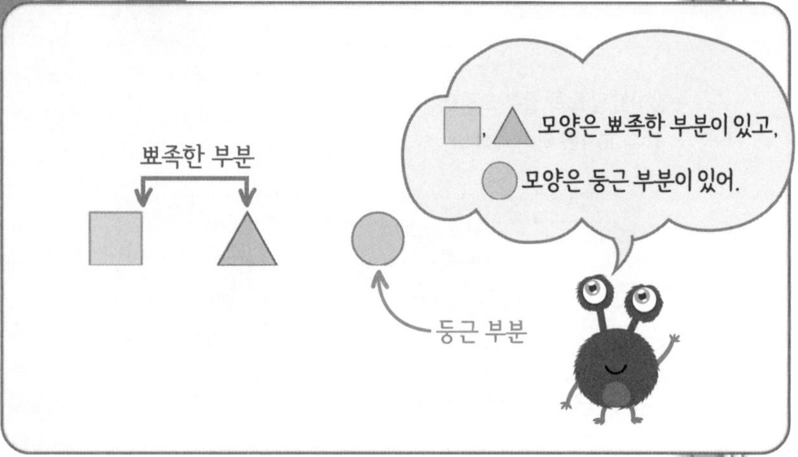

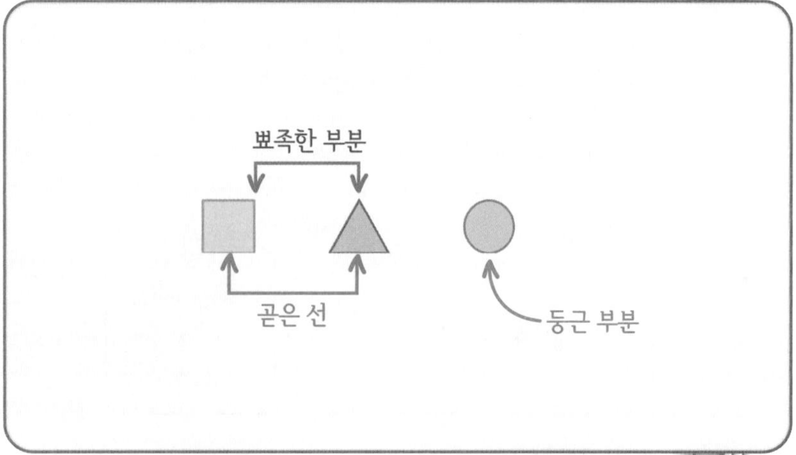

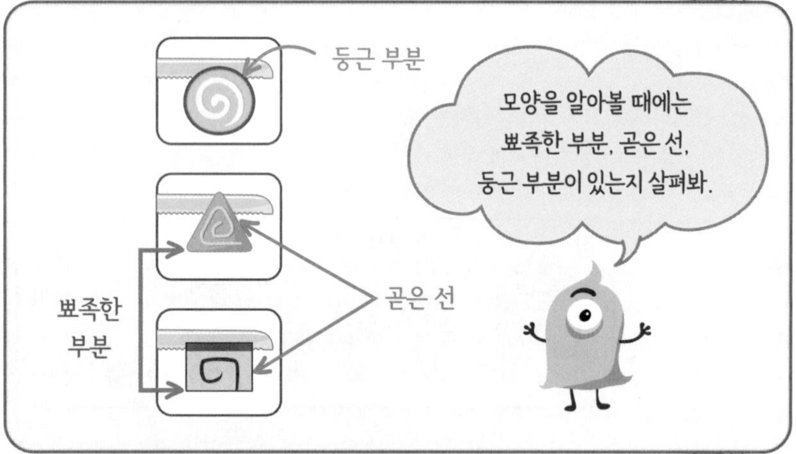

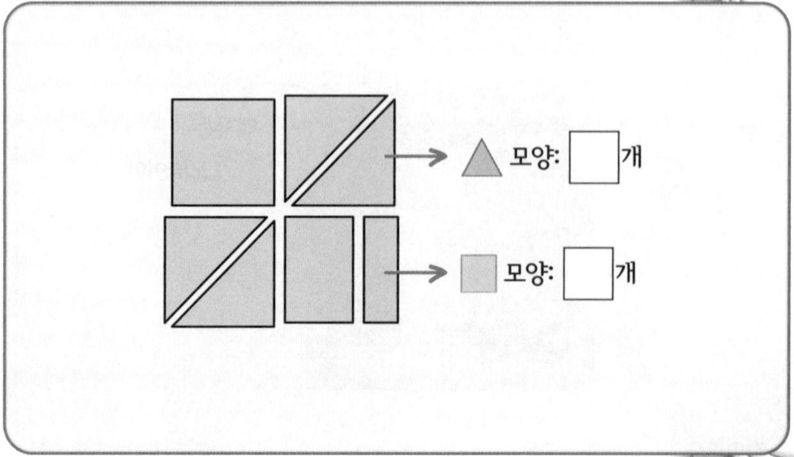

3 윤하가 가지고 있는 과자의 모양에 ○표 하세요.

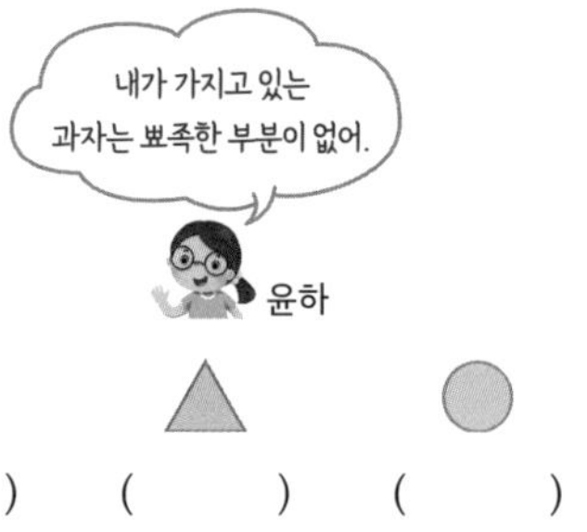

( ) ( ) ( )

4 다음에서 설명하는 모양에 ○표 하세요.

- 곧은 선이 있습니다.
- 뾰족한 부분이 3군데입니다.

(□ , △ , ○)

5 롤케이크를 그림처럼 잘랐을 때 나타나는 단면의 모양을 찾아 선으로 이어 보세요.

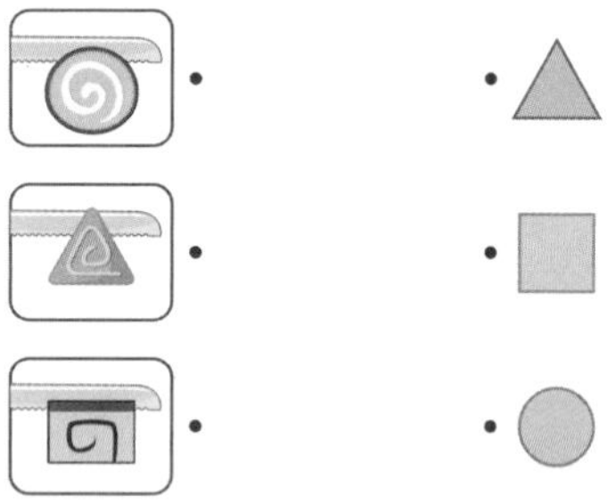

6 색종이를 점선을 따라 자르면 △ 모양은 □ 모양보다 몇 개 더 많이 만들어질까요?

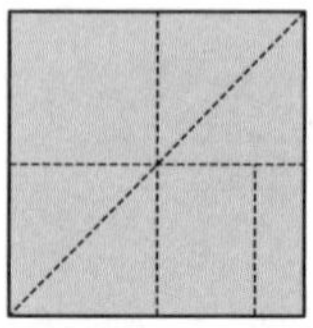

7 다음은 어떤 물건을 본뜬 모양의 일부입니다. 본뜬 물건이 될 수 있는 것을 찾아 기호를 쓰세요.

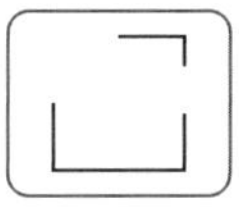

8 다음과 같이 색종이를 **3**번 접은 다음 펼쳐서 접힌 선을 따라 자르면 △ 모양이 몇 개 만들어질까요?

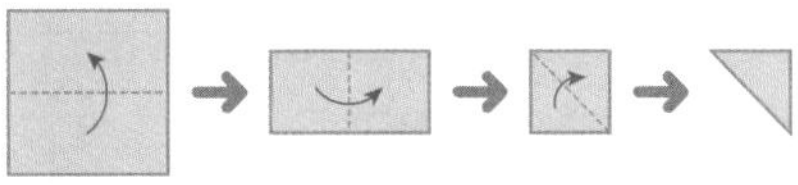

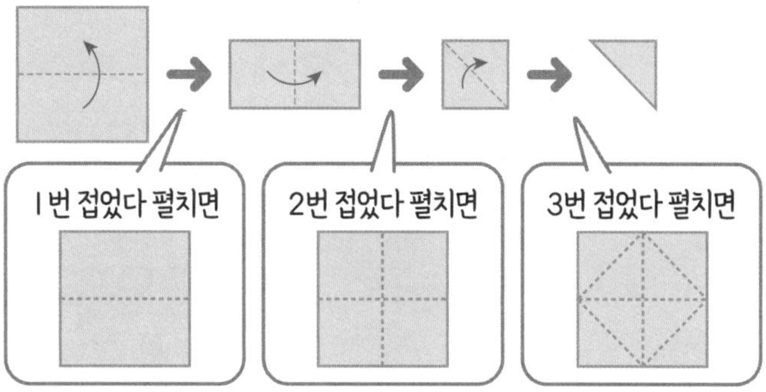

수학적 독해력

+9 블록에 물감을 묻혀 찍고 나눈 대화입니다. 바르게 말한 사람은 누구일까요?

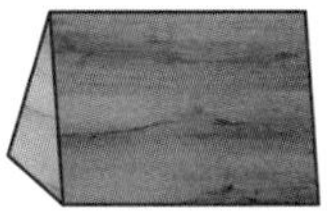

슬기: □ 모양만 나와.

로운: △ 모양은 나올 수 없어.

영민: ○ 모양은 나올 수 없어.

수학적 표현력

+10 □ 모양과 △ 모양의 같은 점과 다른 점을 설명해 보세요.

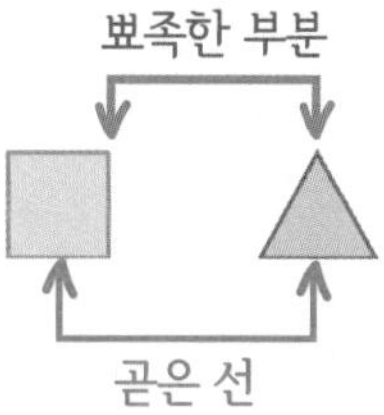

13일 여러 가지 모양 꾸미기

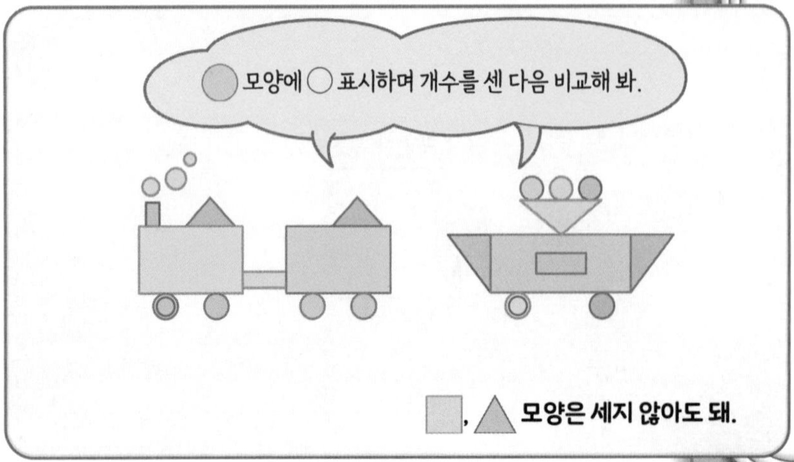

3 □, △, ○ 모양을 각각 몇 개씩 이용했는지 세어 쓰세요.

□ 모양: (   )

△ 모양: (   )

○ 모양: (   )

4 □, △, ○ 모양을 모두 이용하여 꾸민 모양의 기호를 쓰세요.

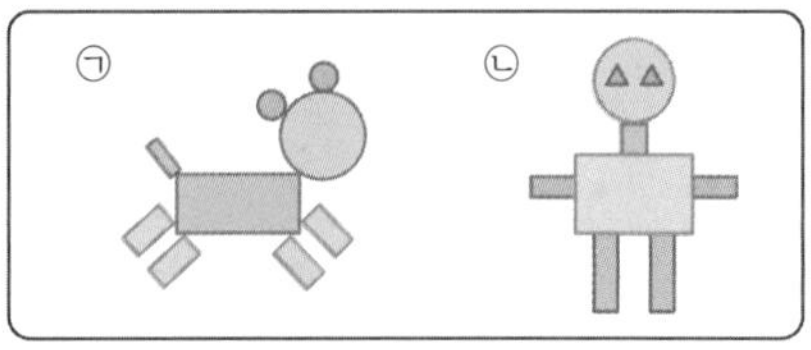

5 다음 모양을 꾸미는 데 가장 많이 이용한 모양에 ○표 하세요.

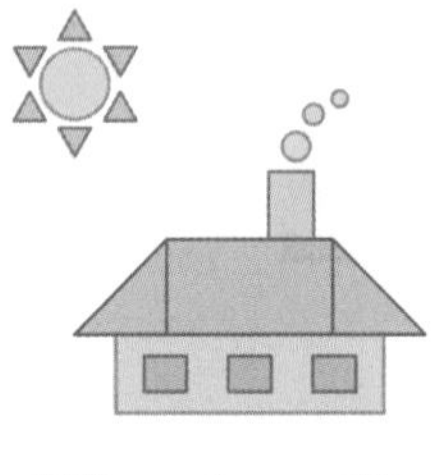

(□ , △ , ○)

6 모양을 꾸미는 데 ○ 모양을 더 많이 이용한 것에 ○표 하세요.

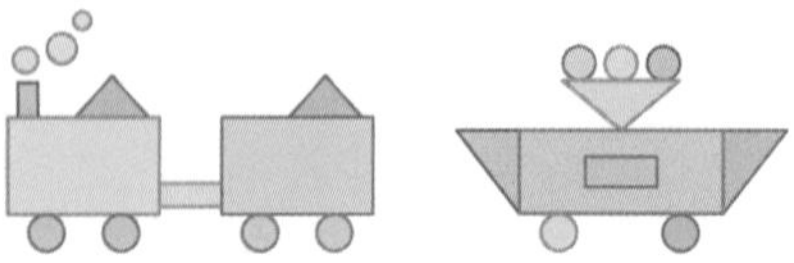

(   )   (   )

7 〈보기〉의 모양을 모두 이용하여 꾸민 모양에 ○표 하세요.

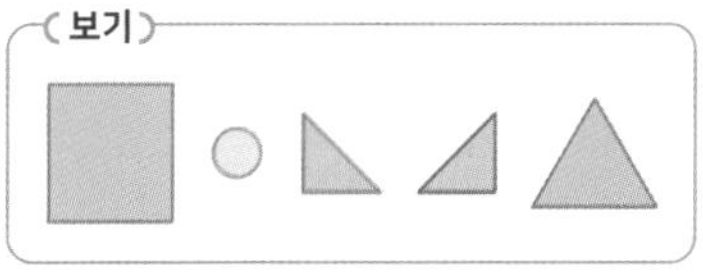

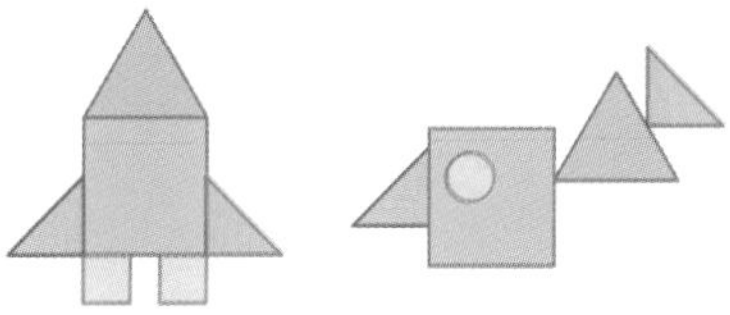

(　　　)　　　(　　　)

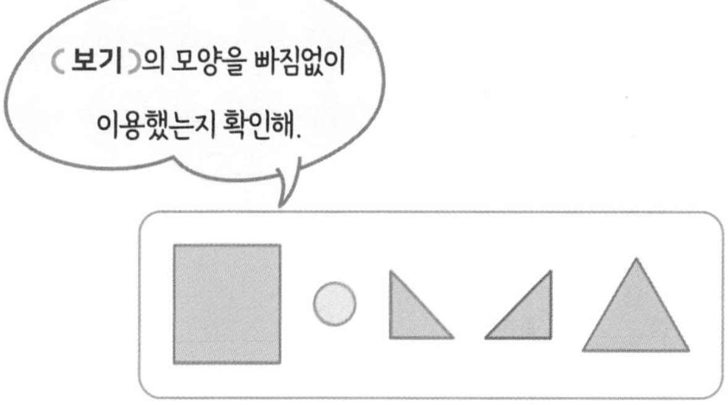

8 〈보기〉의 모양을 모두 이용하여 꾸민 모양입니다. 어떻게 꾸민 모양인지 선을 그어 보세요.

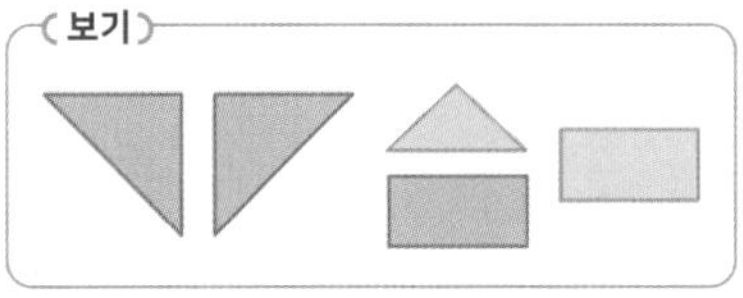

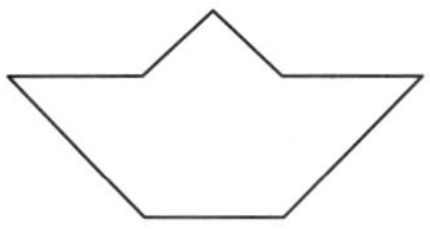

수학적 독해력

9 종욱이와 수현이가 여러 가지 모양을 이용하여 다음과 같이 모양을 꾸몄습니다. □ 모양과 ○ 모양만을 이용해서 모양을 꾸민 사람은 누구일까요?

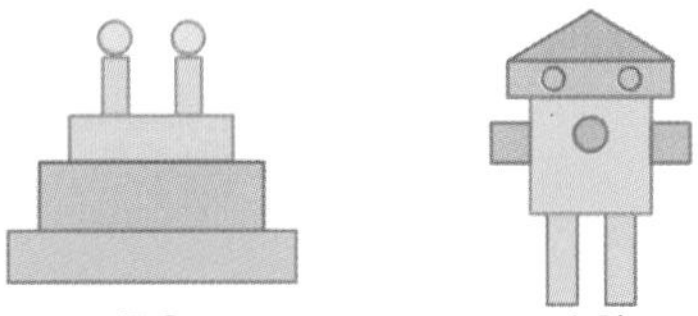

종욱　　　수현

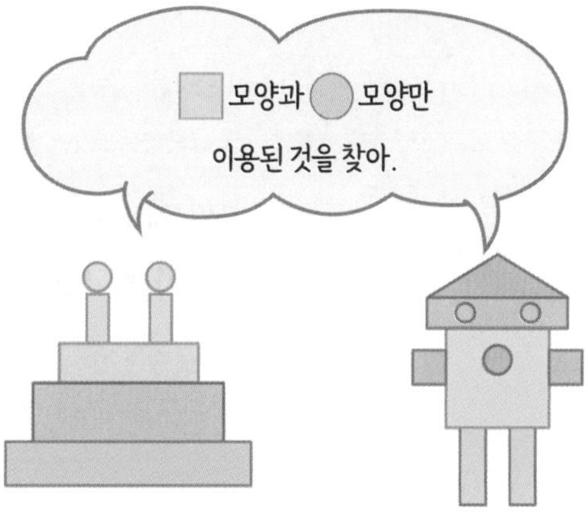

수학적 표현력

10 □, △, ○ 모양 중 다음 모양을 꾸미는 데 가장 많이 이용한 모양은 어떤 모양인지 설명해 보세요.

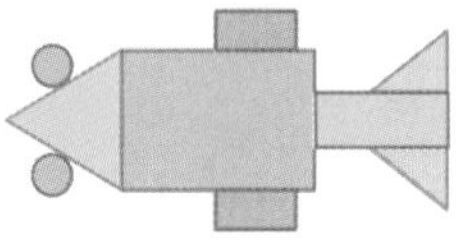

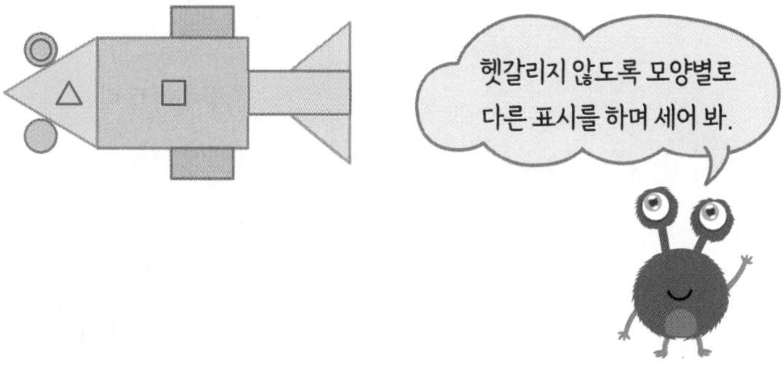

14일 몇 시 알아보기

짧은바늘이 ■,
긴바늘이 12를 가리키면
■시야.

':' 앞은 '시',
':' 뒤는 '분'을 나타내.

긴바늘	→ 12
짧은바늘	→ ■

→ ■시

긴바늘이 12를 가리키고
짧은바늘이 ■를 가리키면
■시야.

■시 → 짧은바늘: ■
긴바늘: 12

긴바늘이 모두 12를 가리키므로
짧은바늘이 가리키는 숫자가
작을수록 더 빠른 시각이야.

서영

주하

2 시계를 보고 선으로 이어 보세요.

• 8:00

• 6:00

• 12:00

3 시계에 긴바늘과 짧은바늘을 그려 넣고, 몇 시인지 써 보세요.

(1)

긴바늘	→ 12
짧은바늘	→ 3

□시

(2)

긴바늘	→ 12
짧은바늘	→ 7

□시

4 시계에 다음 시각을 나타낼 때 짧은바늘과 긴바늘이 가리키는 숫자를 각각 쓰세요.

6시

짧은바늘 (　　　　　)
긴바늘 (　　　　　)

5 서영이와 주하가 도서관에 간 시각입니다. 도서관에 먼저 간 사람은 누구일까요?

서영

주하

7 서준이는 4시에 공부를 시작해서 6시에 마쳤습니다. 시각을 나타내어 보세요.

시작한 시각　　마친 시각

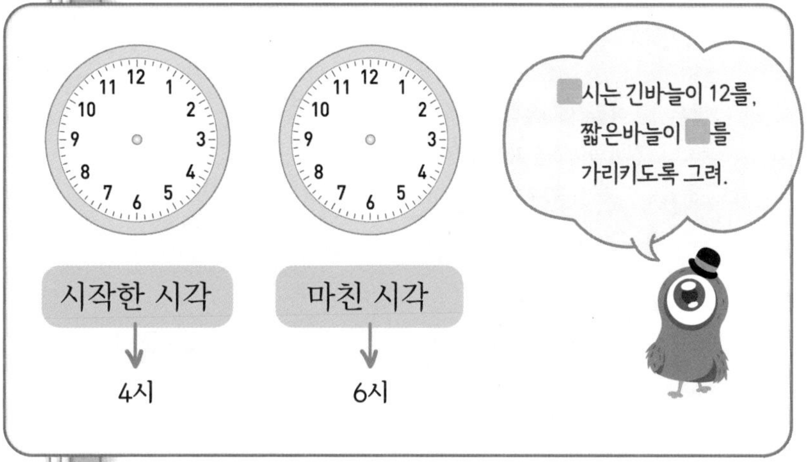

8 민호는 다음 시각에서 긴바늘이 한 바퀴 움직인 후에 축구를 끝냈습니다. 민호가 축구를 끝낸 시각은 몇 시일까요?

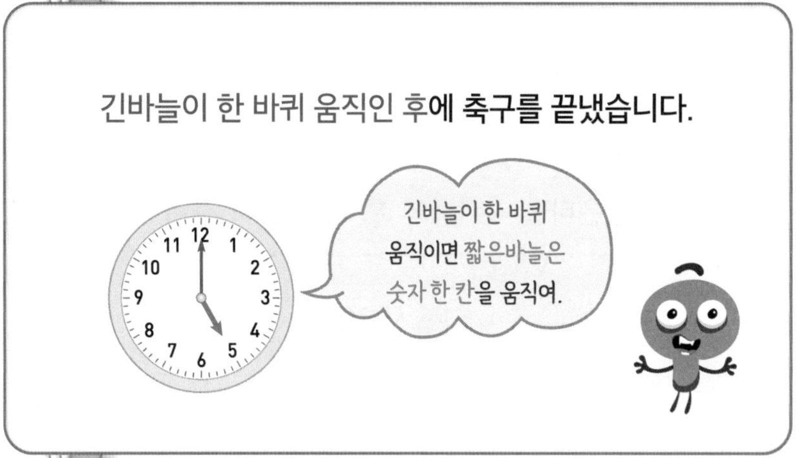

수학적 독해력

9 설명하는 시각은 몇 시일까요?

- 긴바늘이 12를 가리킵니다.
- 짧은바늘과 긴바늘이 완전히 겹쳐져 있습니다.

수학적 표현력

10 민서와 윤하가 아침에 일어난 시각입니다. 더 일찍 일어난 사람은 누구인지 말해 보세요.

민서　　윤하

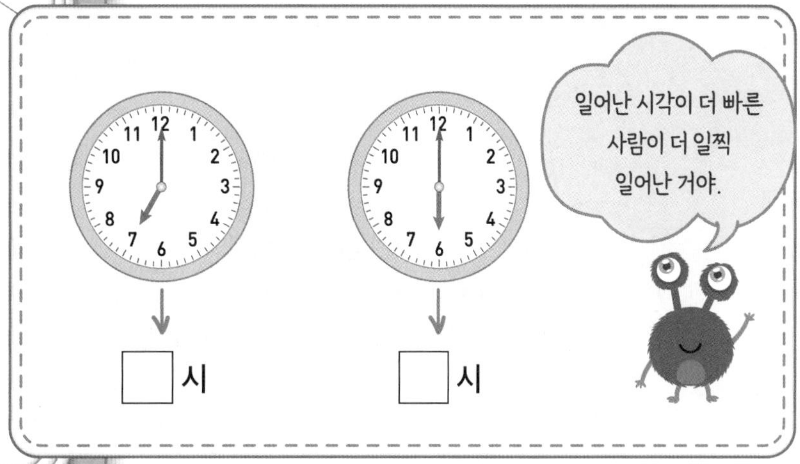

15일 몇 시 30분 알아보기

짧은바늘이 ▢와 ▢ 다음 숫자 사이,
긴바늘이 6을 가리키면
▢시 30분이야.

':' 앞은 '시',
':' 뒤는 '분'을 나타내.

긴바늘 → 6
짧은바늘 → ▢와 ▢ 다음 숫자 사이

→ ▢시 30분

▢시 30분 → 짧은바늘: ▢와 ▢ 다음 숫자 사이
긴바늘: 6

'시'를 나타내는 숫자가 작을수록 시각이 빨라.

청소하기 독서하기 운동하기

2 시계를 보고 선으로 이어 보세요.

3 시계에 긴바늘과 짧은바늘을 그려 넣고, 시각을 써 보세요.

긴바늘 → 6
짧은바늘 → 3과 4 사이

▢시 ▢분

5 시계에 시각을 잘못 나타낸 것을 찾아 ○표 하세요.

8시 30분 ( ) 12시 30분 ( ) 5시 30분 ( )

6 다음은 진우가 오늘 오후에 한 일입니다. 시각이 빠른 것부터 순서대로 기호를 쓰세요.

㉠ ㉡ ㉢

청소하기 독서하기 운동하기

7 2시 30분을 시계에 나타내는 방법을 설명한 것입니다. ㉠과 ㉡에 알맞은 수의 합은 얼마일까요?

> 짧은바늘이 2와 ㉠ 사이, 긴바늘이 ㉡을 가리키도록 그립니다.

▢시 30분

→ 짧은바늘: ▢와 ▢ 다음 숫자 사이
긴바늘: 6

30분일 때 긴바늘은 항상 6을 가리켜.

8 다음이 설명하는 시각을 쓰세요.

> • 3시와 5시 사이의 시각입니다.
> • 긴바늘이 6을 가리킵니다.
> • 4시보다 빠른 시각입니다.

• 3시와 5시 사이의 시각입니다.
• 긴바늘이 6을 가리킵니다.
• 4시보다 빠른 시각입니다.

긴바늘이 6을 가리키면 ▢시 30분이야.

주의해!

'4시보다 빠른 시각'이니까 시를 나타내는 숫자가 4보다 작아야 해.

수학적 독해력

9 주하는 집에서 영화를 봤습니다. 영화가 4시 30분에 시작하여 6시 30분에 끝났다면 주하가 영화를 보는 동안 시계의 긴바늘은 몇 바퀴 움직였을까요?

1시간이 지날 때마다 긴바늘은 한 바퀴 움직이고, 짧은 바늘은 숫자 한 칸을 움직여.

수학적 표현력

10 수현이가 시각을 읽은 것입니다. 잘못 읽은 이유를 말하고, 바르게 읽어 보세요.

긴바늘 → 6
짧은바늘 → ▢와 ▢ 다음 숫자 사이

→ ▢시 30분

16일

(몇)+(몇)의 여러 가지 계산 방법

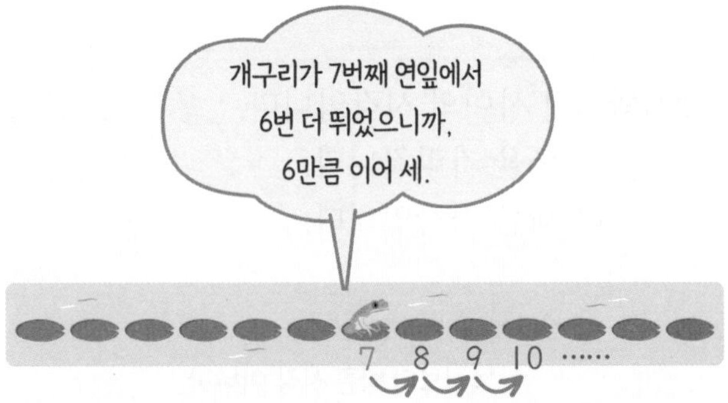

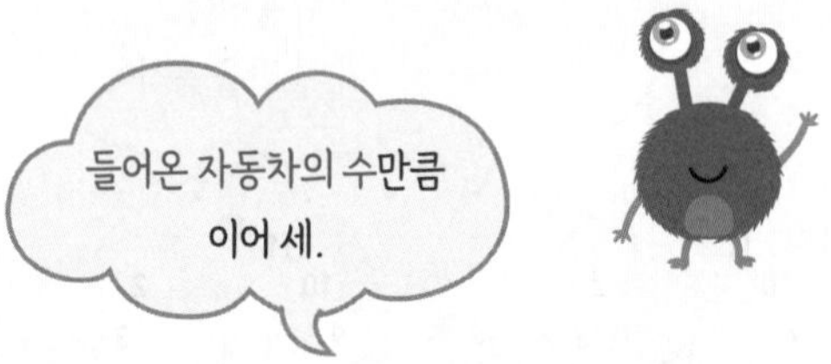

주차장에 자동차가 9대 있는데 3대가 더 들어왔습니다.

7+7 = 9+□

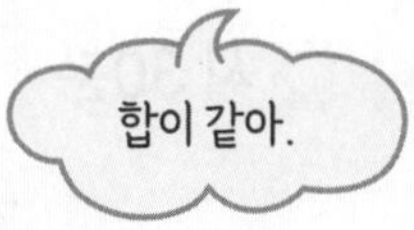

3 바나나와 딸기는 모두 몇 개인지 □ 안에 알맞은 수를 써넣으세요.

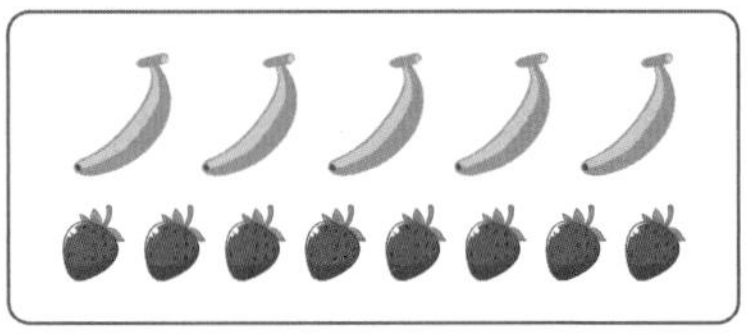

5+□=□

4 개구리가 **7**번째 연잎에 앉아 있습니다. 개구리가 **6**번 더 뛰었다면 몇 번째 연잎에 앉게 될까요?

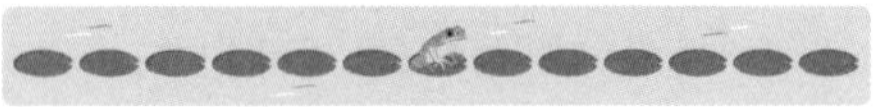

5 주차장에 자동차가 **9**대 있는데 **3**대가 더 들어왔습니다. 주차장에 있는 자동차는 모두 몇 대인지 □ 안에 알맞은 수를 써넣으세요.

□+3=□

6 합이 같도록 점을 그리고, □ 안에 알맞은 수를 써넣으세요.

7+7=□ 9+□=□

7 다음을 읽고 영민이가 가지고 있는 공책은 몇 권인지 구해 보세요.

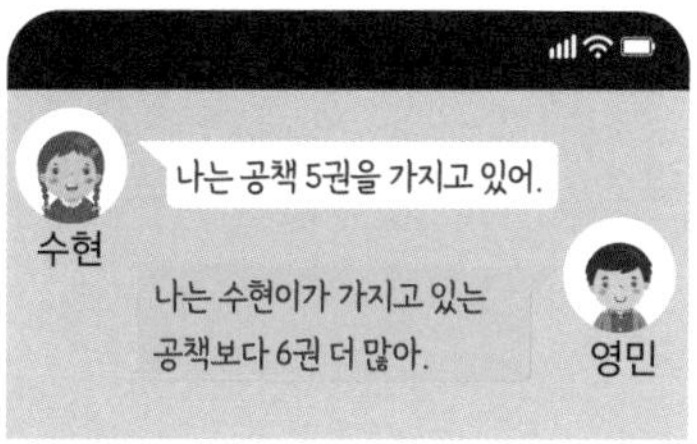

영민이가 가지고 있는 공책의 수	=	수현이가 가지고 있는 공책의 수	+6

8 5장의 수 카드 중에서 2장을 뽑아 한 번씩만 사용하여 합이 가장 큰 덧셈식을 만들고 합을 구해 보세요.

3 7 2 5 8

□ + □ = □

3 7 2 5 8

합이 가장 큰 덧셈식 → 가장 큰 수 + 두 번째로 가장 큰 수

수학적 독해력

+9 슬기와 로운이가 모은 우유팩은 모두 몇 개인지 구해 보세요.

(식) □ + □ = □

(답) ______

슬기가 모은 우유팩의 수	=	로운이가 모은 우유팩의 수

수학적 표현력

+10 주머니에 구슬이 6개 있었는데 7개를 더 넣었습니다. 주머니에 있는 구슬은 모두 몇 개인지 말해 보세요.

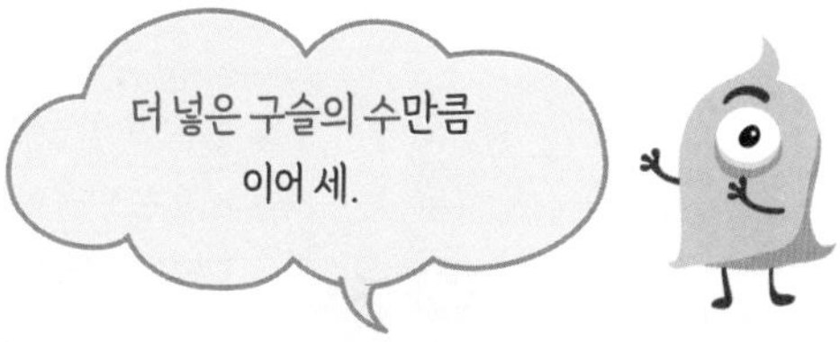

주머니에 구슬이 6개 있었는데 7개를 더 넣었습니다.

4 단원

17일 받아올림이 있는 (몇)+(몇)

7을 10으로 만들기 위해 4를 가르기했어.

7 + 4

□ 1

4를 10으로 만들기 위해 7을 가르기했어.

7 + 4

1 □

5를 10으로 만들기 위해 6을 가르기했어.

5 + 6

□ □

8을 10으로 만들기 위해 7을 가르기했어.

7 + 8

□ □

두 수 중 큰 수가 10이 되도록 작은 수를 가르기하는 것이 더 쉬워.

6+9

□ □

9+7

□ □

4+9

4를 10으로 만들어 계산할 수도 있고 9를 10으로 만들어 계산할 수도 있어.

3 7+4를 계산해 보세요.

(1) 7 + 4 = □

□ 1

(2) 7 + 4 = □

1 □

4 □ 안에 알맞은 수를 써넣으세요.

(1) 5 + 6 = □

□ □

(2) 7 + 8 = □

□ □

5 덧셈을 해 보세요.

(1) 6+9= □

(2) 9+7= □

6 관계있는 것끼리 모두 선으로 이어 보세요.

8+3 •	• 8+2+1
4+9 •	• 4+6+3
	• 3+1+9

7 계산 결과의 크기를 비교하여 ◯ 안에 >, =, <를 알맞게 써넣으세요.

9+3 ◯ 8+5

■를 10으로 만들거나

▲를 10으로 만들어 계산해.

■+▲

8 합을 구하여 선으로 이어 보세요.

8+8　　7+6

13　　15　　16

■를 10으로 만들거나

▲를 10으로 만들어 계산해.

■+▲

수학적 독해력

9 1부터 9까지의 수 카드 중에서 2장을 뽑아 카드에 적힌 두 수의 합이 크면 이기는 놀이를 하고 있습니다. 이긴 사람의 이름을 쓰세요.

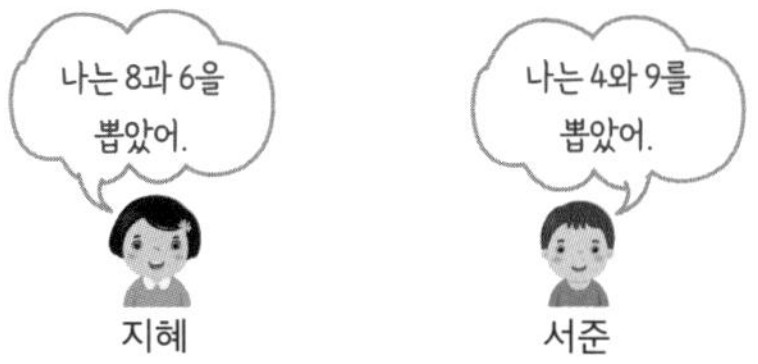

합이 더 큰 사람이 이겨.

수학적 표현력

10 5+9를 여러 가지 방법으로 계산하려고 합니다. 종욱이가 계산한 방법과 다른 방법으로 계산해 보세요.

5 + 9 = 14
5　4

5와 더해서 10이 되는 수는 5이므로 9를 5와 4로 가르기 하여 5와 5를 먼저 더했어.

5를 10으로 만들기 위해 9를 가르거나

9를 10으로 만들기 위해 5를 가르기하여 계산할 수 있어.

5+9
□　□

5+9
□　□

18일 여러 가지 덧셈하기

■ + ● = ● + ■

왼쪽 수가 1씩 커지므로 합도 1씩 커져.

		5+7		
	6+6	6+7	6+8	
7+5	7+6	7+7	7+8	7+9
	8+6	8+7	8+8	
		9+7		

오른쪽 수가 1씩 커지므로 합도 1씩 커져.

8+7=15
□+8=16
1씩 커져. 1씩 커져.

9+ 6 =15
9+□=16
같은 수 1씩 커져.

시작 3+8=11 •

5+8=□ •

• 4+8=□

• 8+6=□

3 □안에 알맞은 수를 써넣으세요.

(1) 4+9=□
9+4=□

(2) 6+8=□
8+6=□

4 합이 16인 덧셈식을 모두 찾아 색칠해 보세요.

		5+7		
	6+6	6+7	6+8	
7+5	7+6	7+7	7+8	7+9
	8+6	8+7	8+8	
		9+7		

5 □안에 알맞은 수를 써넣어 덧셈식을 완성해 보세요.

(1) 8+7=15
□+8=16

(2) 9+6=15
9+□=16

6 □안에 알맞은 수를 써넣고, 두 수의 합이 작은 식부터 순서대로 이어 보세요.

시작 3+8=11 •

5+8=□ •

• 4+8=□

• 8+6=□

7 합이 같은 식을 찾아 〈보기〉와 같이 ◯, △, □표 해 보세요.

〈보기〉 (5+6) (◯표) 6+6 (△표) 7+6 (□표)

9+2	8+5	5+7
9+3	8+3	6+7

〈보기〉 (5+6) (◯표) =11 6+6 (△표) =12 7+6 (□표) =13

9+2	8+5	5+7
9+3	8+3	6+7

합이 11이면 ◯, 합이 12이면 △, 합이 13이면 □ 표를 해

8 옆으로 덧셈식이 되는 세 수를 찾아 □+□=□표 하세요. (단, 덧셈식은 3개 더 찾을 수 있습니다.)

5	+ 3	= 8	5	11
9	6	8	10	9
7	4	6	9	15
9	3	12	5	10
16	8	7	7	14

■ + ● = ★

★보다 작은 두 수

알아둬!

덧셈식이 되려면 합이 되는 가장 오른쪽 수(★)가 가장 커야 해.

수학적 독해력

9 합이 1씩 커지는 길을 따라가는 로봇이 있습니다. 이 로봇이 화살표를 따라 길을 갈 수 있도록 □ 안에 알맞은 수를 써넣으세요.

7+4=11 →	7+□=12 →	7+□=13 ↓
7+□=16	← 7+□=15	← 7+□=14

합이 11, 12, 13 … 으로 1씩 커지고 있군. 그렇다면 같은 수 7에 어떤 수를 더해야 할까?

7+4=11 →	7+□=12 →	7+□=13 ↓
7+□=16	← 7+□=15	← 7+□=14

수학적 표현력

10 계산 결과가 다른 식을 말한 친구를 찾아보세요.

■ + ● = ● + ■

중요해!

두 수를 서로 바꾸어 더해도 합은 같아!

19일 (십몇)−(몇)의 여러 가지 계산 방법

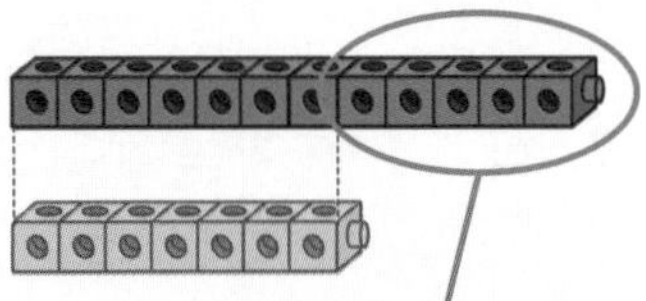

12−7=□

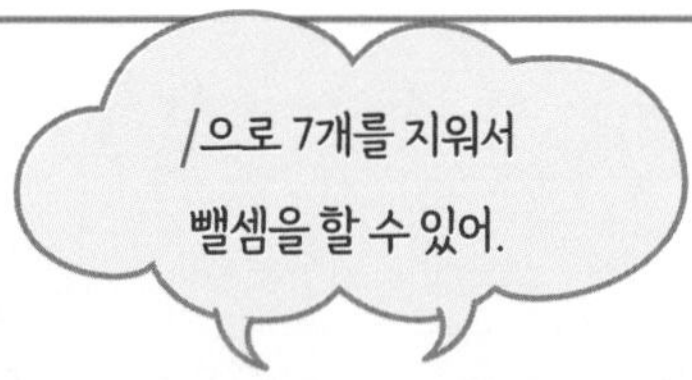

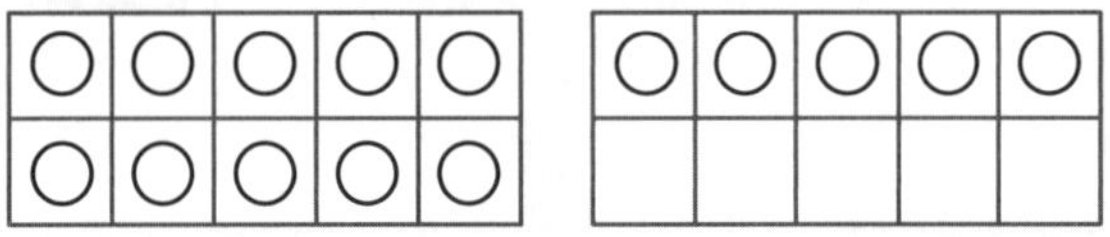

15−7=□

딸기 17개 중에서 9개를 먹었습니다.

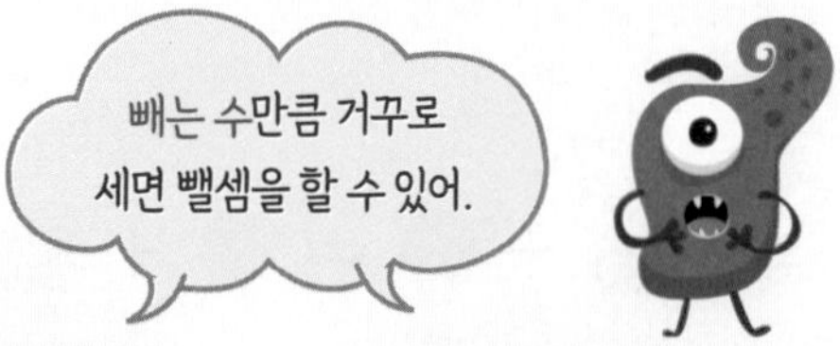

11−2 16−8

3 모형을 보고 □ 안에 알맞은 수를 써넣으세요.

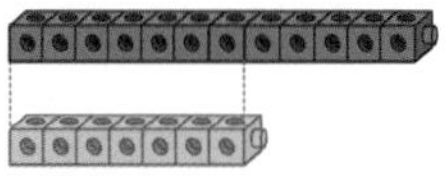

12−7=□

4 / 으로 지워 뺄셈을 해 보세요.

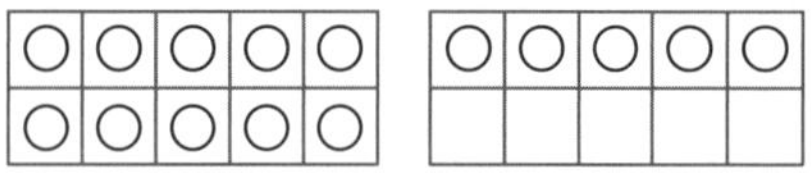

15−7=□

5 딸기 17개 중에서 9개를 먹었습니다. 남은 딸기는 몇 개일까요?

6 차가 더 작은 것에 △표 하세요.

11−2 ( )   16−8 ( )

본책 088~089 쪽

7 다음을 읽고 주하가 가지고 있는 사탕은 몇 개인지 구해 보세요.

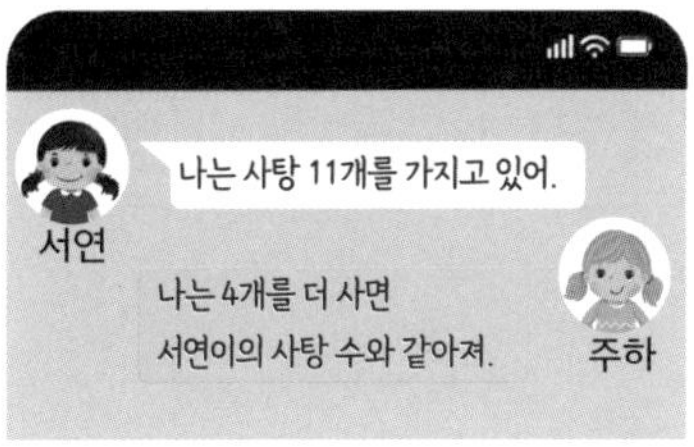

주하가 가지고 있는 사탕의 수 = 서연이가 가지고 있는 사탕의 수 − 4

8 4장의 수 카드 중에서 2장을 뽑아 한 번씩만 사용하여 차가 가장 큰 뺄셈식을 만들고 차를 구해 보세요.

13 6 11 5

□ − □ = □

13 6 11 5

차가 가장 큰 뺄셈식 → 가장 큰 수 − 가장 작은 수

수학적 독해력

+9 남은 피자는 몇 조각인지 구해 보세요.

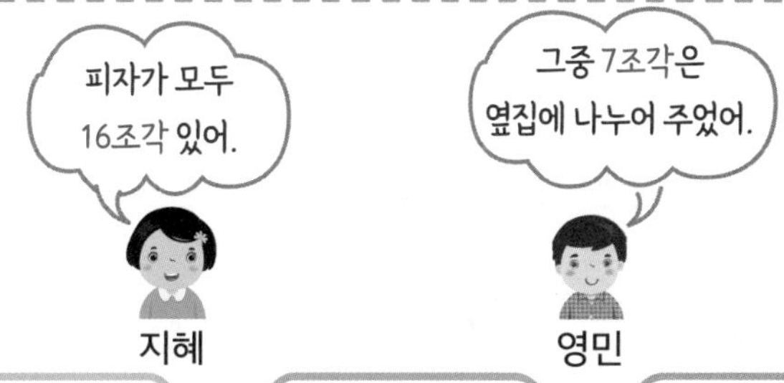

남은 피자의 수 = 전체 피자의 수 − 나누어 준 피자의 수

수학적 표현력

+10 자전거가 15대, 킥보드가 9대 있습니다. 자전거는 킥보드보다 몇 대 더 많은지 말해 보세요.

자전거가 15대,
킥보드가 9대 있습니다.

알아둬!
15에서 9만큼 거꾸로 세어서 계산해도 돼.

20일 받아내림이 있는 (십몇)−(몇)

빼서 10이 되도록 뒤의 수를 가르기했어.

15 − 7

□ 2

10에서 뺄 수 있도록 앞의 수를 가르기했어.

15 − 7

□ 5

빼서 10이 되도록 뒤의 수를 가르기하거나 10에서 뺄 수 있도록 앞의 수를 가르기하여 계산해.

14 − 6

□ □

16 − 9

□ □

빼서 10이 되도록 뒤의 수를 가르기하여 계산해.

17−8

□ □

13−6

□ □

알아둬!

10에서 뺄 수 있도록 앞의 수를 가르기하여 계산할 수도 있어.

어린이 11명에게 사탕을 한 개씩 나누어 주려고 합니다. 사탕은 9개 있습니다. 사탕이 몇 개 더 필요할까요?

더 필요한 사탕의 수 = 어린이의 수 − 가지고 있는 사탕의 수

3 15−7을 계산해 보세요.

(1) 15 − 7 = □

□ 2

(2) 15 − 7 = □

□ 5

4 □안에 알맞은 수를 써넣으세요.

(1) 14 − 6 = □

□ □

(2) 16 − 9 = □

□ □

5 뺄셈을 해 보세요.

(1) 17−8=□

(2) 13−6=□

6 어린이 11명에게 사탕을 한 개씩 나누어 주려고 합니다. 사탕은 9개 있습니다. 사탕이 몇 개 더 필요할까요?

〔식〕 □−□=□

〔답〕 ______

7 차가 6인 뺄셈식을 모두 찾아 ○표 하세요.

( ) ( ) ( ) ( )

앞의 수를 가르기하거나
뒤의 수를 가르기하여
차가 6인 뺄셈식을 모두 찾아.

13 − 6 → 10, 3 | 13 − 6 → 3, 3

8 같은 모양은 같은 수를 나타냅니다. ♥가 나타내는 수는 얼마일까요?

16−7=★
14−★=♥

16−7=★
14−★=♥

★의 값을 먼저 구해.

수학적 독해력

+9 카드에 적힌 두 수의 차가 더 작은 사람이 이기는 놀이를 하였습니다. 이긴 사람은 누구일까요?

두 수의 차를
구할 때에는 큰 수에서
작은 수를 빼야 해.

차가 더 작은 사람이 이겨.

수학적 표현력

+10 가장 큰 수와 가장 작은 수의 차를 구하세요.

9 12 6 14

9 12 6 14

가장 큰 수는 십몇인 두
수에서 찾고, 가장 작은 수는
몇인 두 수에서 찾아.

주의해!

**뺄셈식이 되려면 큰 수에서
작은 수를 빼야 해.**

21일 여러 가지 뺄셈하기

14 − 5
15 − 6
16 − 7
17 − 8

1씩 커져. 1씩 커져.

1씩 커지는 수에서
1씩 커지는 수를 빼면
차는 항상 같아.

1씩 커지는 수에서
같은 수를 빼면
차도 1씩 커져.

		12−7		
	13−6	13−7	13−8	
14−5	14−6	14−7	14−8	14−9
	15−6	15−7	15−8	
		16−7		

같은 수에서 1씩 커지는 수를 빼면
차는 1씩 작아져.

13− [5] =8
13− [ ] =7
13− [ ] =6

같은 수 / 1씩 작아져.

같은 수에서
1씩 커지는 수를 빼면
차는 1씩 작아져.

☐씩 커지는 수에서
같은 수를 빼면
차는 1씩 커져.

시작
12−6=6 •

13−6=☐ •

• 13−5=☐

• 14−5=☐

3 ☐ 안에 알맞은 수를 써넣으세요.

14−5=☐
15−6=☐
16−7=☐
17−8=☐

4 차가 7인 뺄셈식을 모두 찾아 색칠해 보세요.

		12−7		
	13−6	13−7	13−8	
14−5	14−6	14−7	14−8	14−9
	15−6	15−7	15−8	
		16−7		

5 ☐ 안에 알맞은 수를 써넣어 뺄셈식을 완성해 보세요.

13− [5] =8
13− [ ] =7
13− [ ] =6

6 ☐ 안에 알맞은 수를 써넣고, 두 수의 차가 작은 식부터 순서대로 이어 보세요.

시작
12−6=6 •

13−6=☐ •

• 13−5=☐

• 14−5=☐

7 차가 같은 식을 찾아 〈보기〉와 같이 ○, △, □표 해 보세요.

〈보기〉 (11−6)에 ○표, 13−7에 △표, 12−4에 □표

11−3	12−7	13−5
11−5	14−9	15−9

〈보기〉
(11−6) =5 13−7 =6 12−4 =8

11−3	12−7	13−5
11−5	14−9	15−9

차가 5이면 ○, 차가 6이면 △, 차가 8이면 □ 표를 해.

8 옆으로 뺄셈식이 되는 세 수를 찾아 □−□=□표 하세요. (단, 뺄셈식은 4개 더 찾을 수 있습니다.)

17	9	8	11	4
12	8	13	5	8
9	14	7	7	11
14	6	8	5	13
2	6	16	7	9

(17 − 9 = 8 is marked as the example.)

★ − ● = ■

★보다 작은 두 수

중요해!

뺄셈식이 되려면 세 수 중 빼어지는 수(★)가 가장 커야 해.

수학적 독해력

9 슬기가 먹은 젤리는 몇 개일까요?

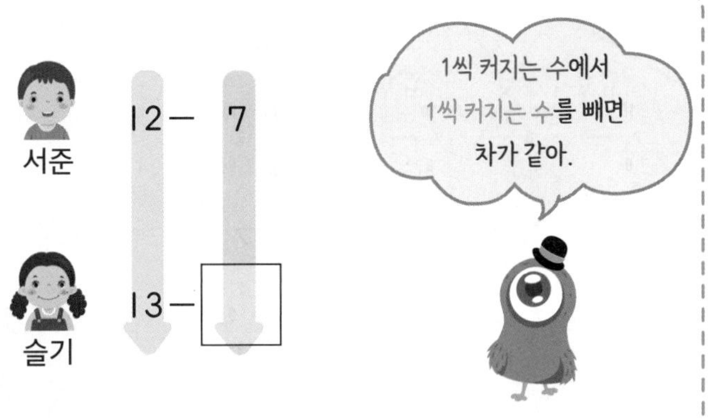

수학적 표현력

10 차가 4가 되는 칸은 모두 몇 칸인지 말해 보세요.

		11−7		
	12−6	12−7	12−8	
13−5	13−6	13−7	13−8	13−9

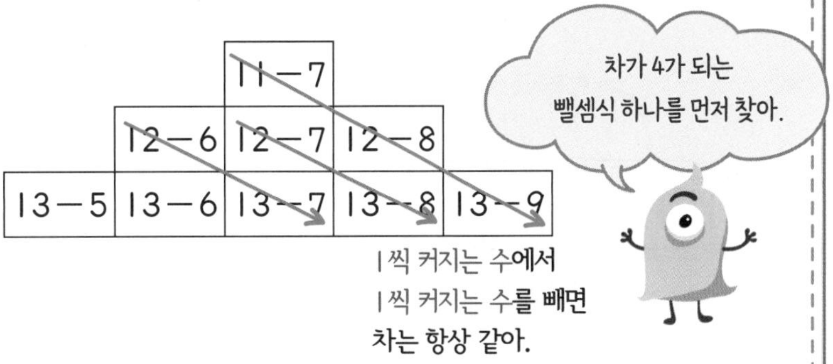

22일 규칙 찾기

반복되는 부분을 묶으면 규칙을 찾기 쉬워.

장갑, 장갑, 양말이 반복돼.

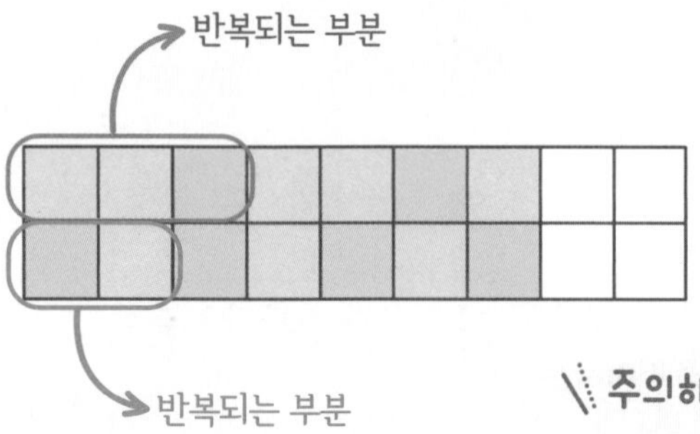

\\ 주의해! //

첫째 줄과 둘째 줄의 규칙이 서로 달라.

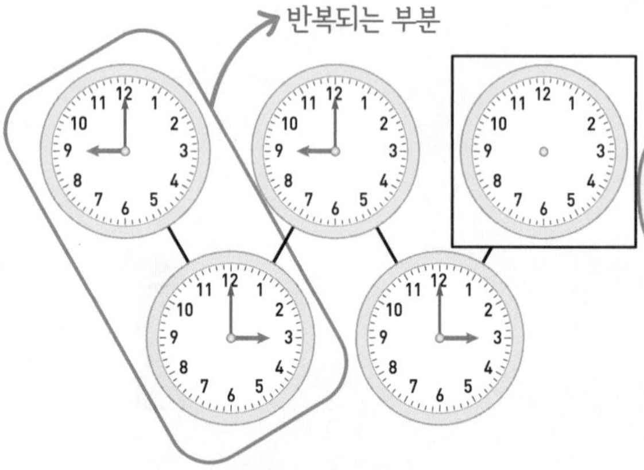

선을 따라가며 몇 시와 몇 시가 반복되는지 살펴봐.

규칙을 찾으면 다음에 올 그림을 알 수 있어.

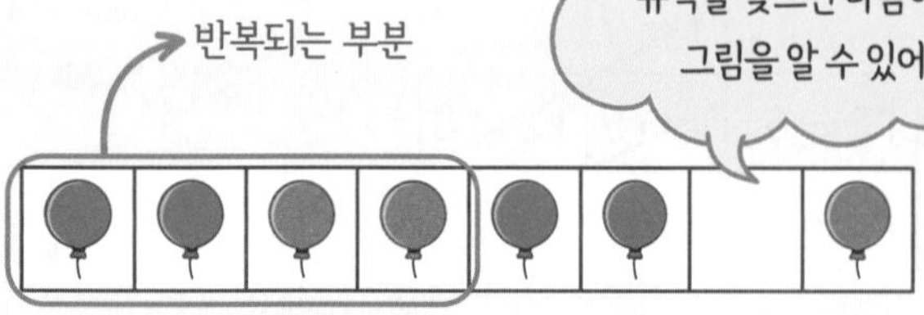

2 장갑과 양말을 규칙에 따라 늘어놓은 것입니다. 빈칸에 알맞은 것은 무엇일까요?

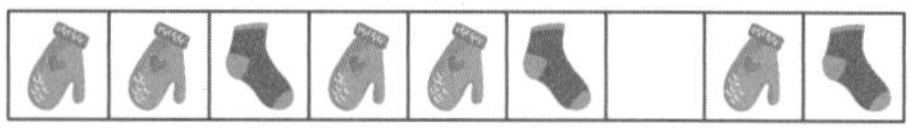

3 규칙을 찾아 빈칸에 알맞은 색을 칠해 보세요.

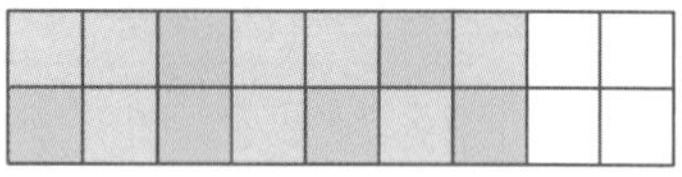

5 규칙을 찾아 시곗바늘을 알맞게 그려 보세요.

6 풍선을 보고 규칙을 바르게 말한 사람을 찾아 쓰세요.

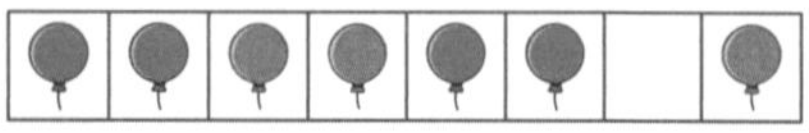

종욱: 빨간색 풍선 2개와 파란색 풍선 2개가 반복되는 규칙이야.

윤하: 빈칸에는 빨간색 풍선이 와야 해.

7 규칙을 찾아 빈칸에 알맞은 그림을 그리고, 같은 모양의 물건에 ○표 하세요.

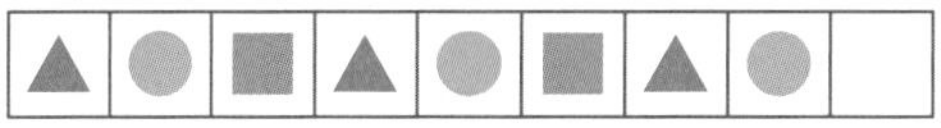

(　　　) (　　　) (　　　)

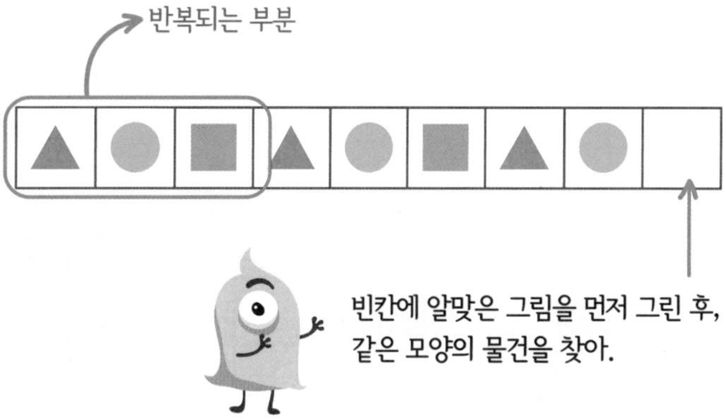

8 규칙을 찾아 빈칸에 알맞은 그림을 그려 보세요.

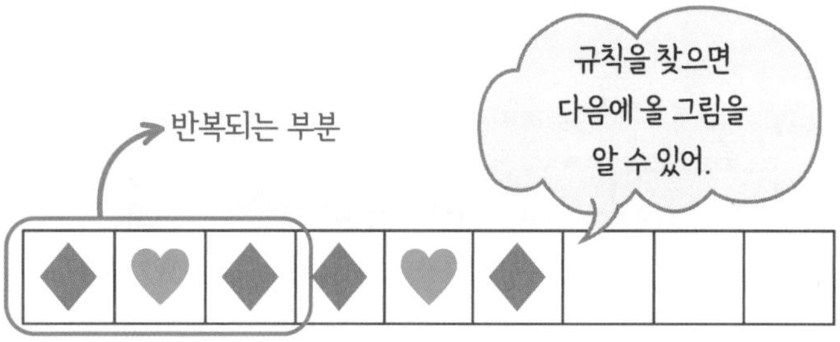

수학적 독해력

+9 규칙에 따라 깃발을 꽂으려고 합니다. 아홉째에 꽂을 깃발은 무슨 색일까요?

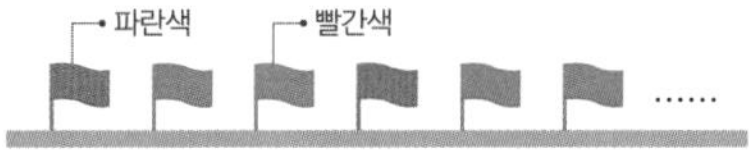

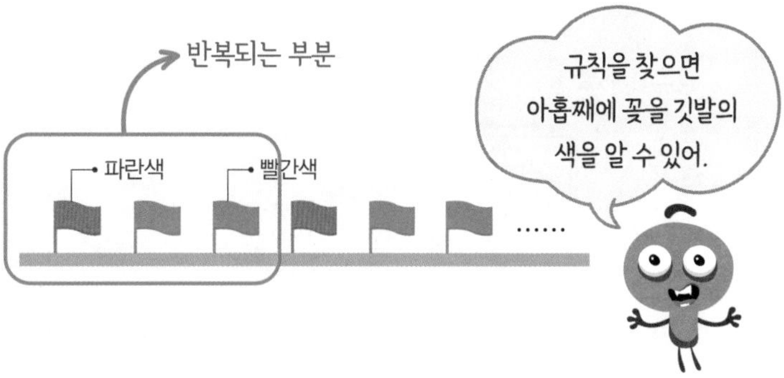

수학적 표현력

+10 규칙을 찾아 빈칸에 알맞은 그림을 그리려고 합니다. 규칙을 말하고, 답을 구하세요.

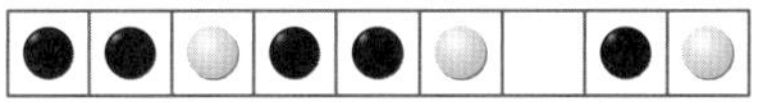

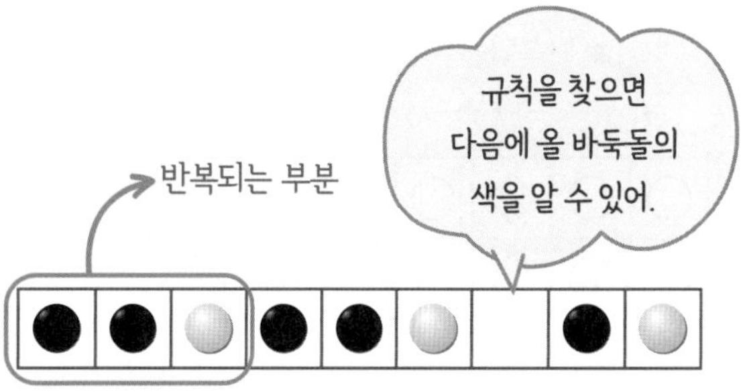

5 단원

23일 규칙 만들기

\ 주의해! /

각 줄마다 규칙이 다르므로 각 줄에서 반복되는 색의 순서를 잘 살펴봐.

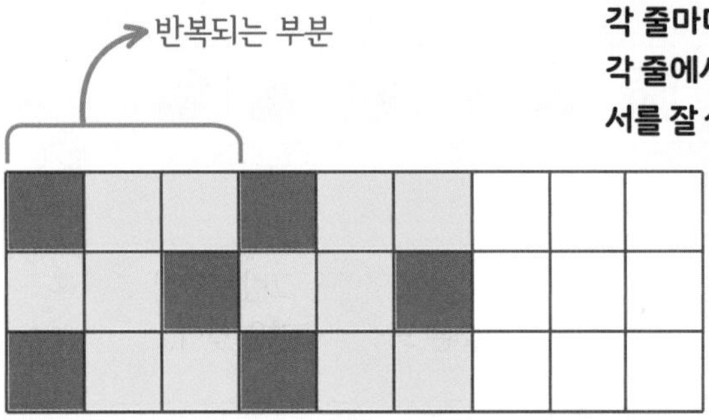

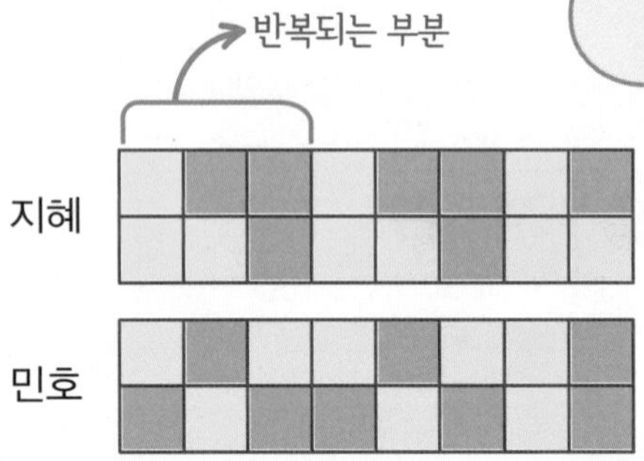

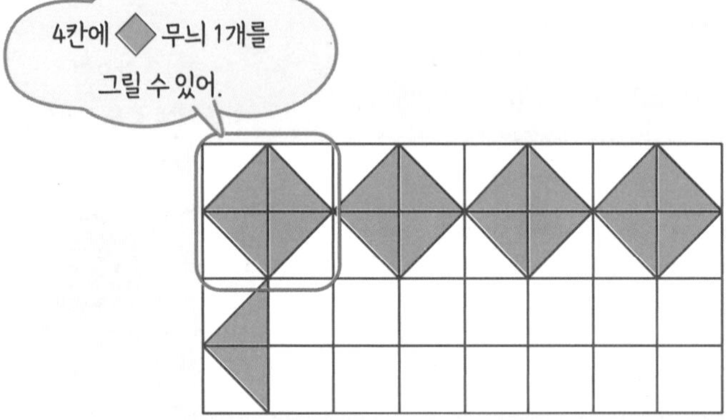

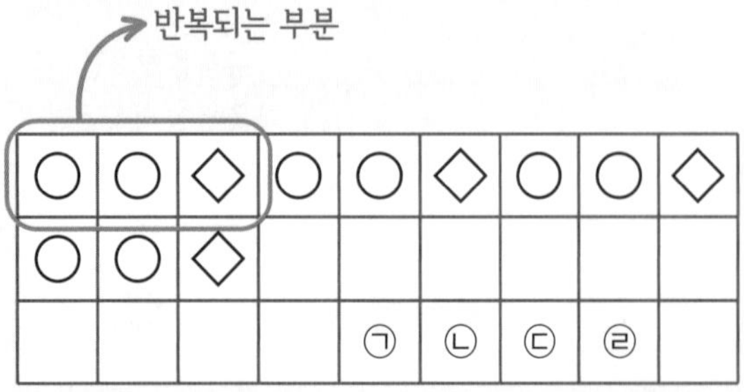

3 규칙에 따라 빈칸을 알맞게 색칠해 보세요.

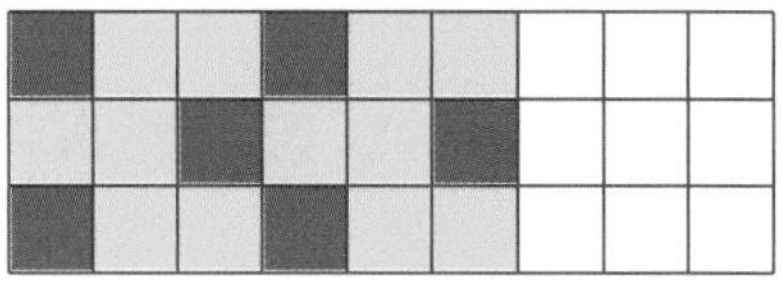

4 규칙에 따라 무늬를 바르게 꾸민 사람은 누구일까요?

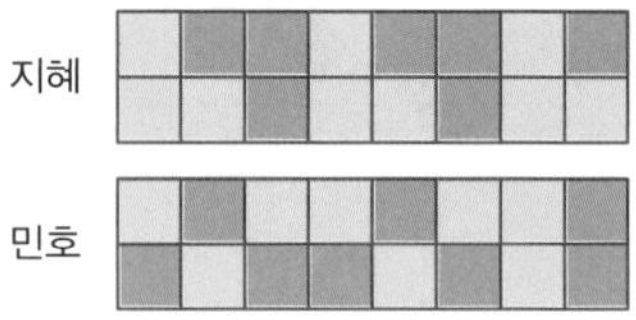

5 규칙에 따라 무늬를 꾸미려고 합니다. 무늬를 완성하면 ◆ 모양이 모두 몇 개일까요?

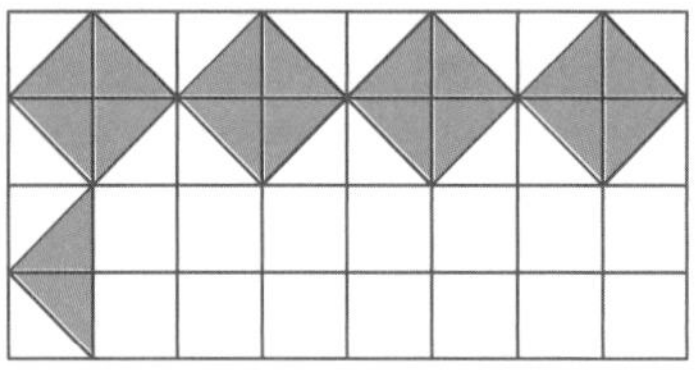

6 규칙에 따라 무늬를 완성하려고 합니다. ◇ 모양을 그려야 하는 곳을 찾아 기호를 쓰세요.

○	○	◇	○	○	◇	○	○	◇
○	○	◇						
				㉠	㉡	㉢	㉣	

7 규칙에 따라 무늬를 꾸민 포장지의 일부분이 찢어졌습니다. 찢어진 부분에서 빨간 우산은 모두 몇 개일까요?

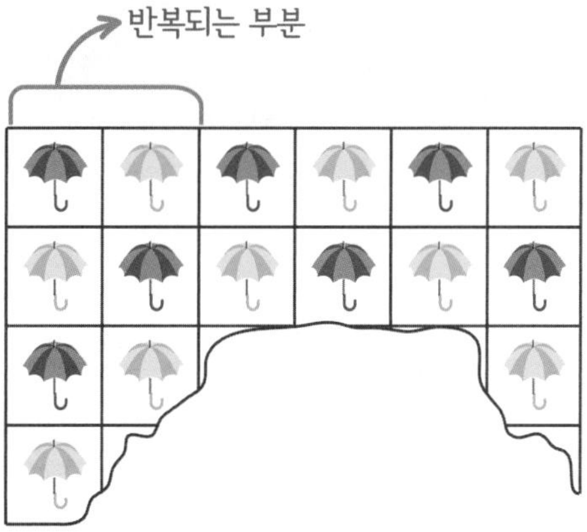

\\ 주의해! //

첫째 줄과 셋째 줄, 둘째 줄과 넷째 줄의 규칙이 각각 같아.

8 어떤 모양을 이용하여 만든 규칙적인 무늬인지 찾아 그려 보세요.

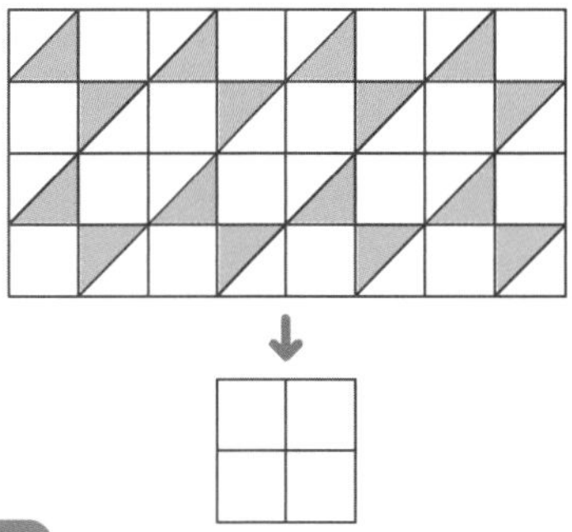

4칸을 하나의 무늬로 생각해서 규칙을 찾을 수 있어.

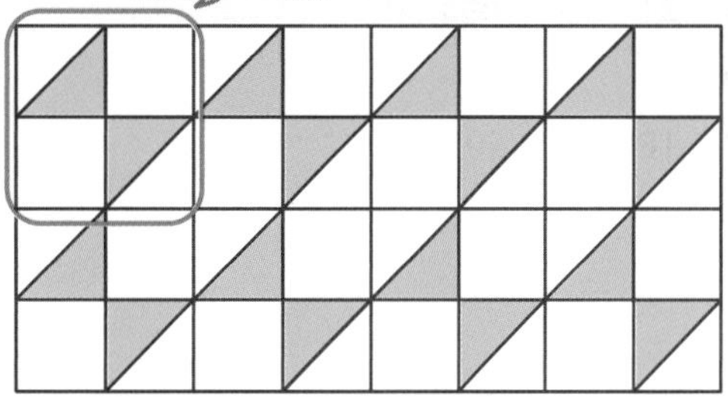

수학적 독해력

9 모양 도장으로 규칙을 만들어 무늬를 꾸몄습니다. 규칙에 따라 ㉠, ㉡에 찍어야 할 도장은 각각 □와 △ 중 어떤 것인지 쓰세요.

□	△	△	□	△	㉠	□	△	△
△	△	□	△	△	㉡	△	△	□

㉠ (　　　　　　)
㉡ (　　　　　　)

반복되는 부분을 찾으면 규칙을 찾을 수 있어.

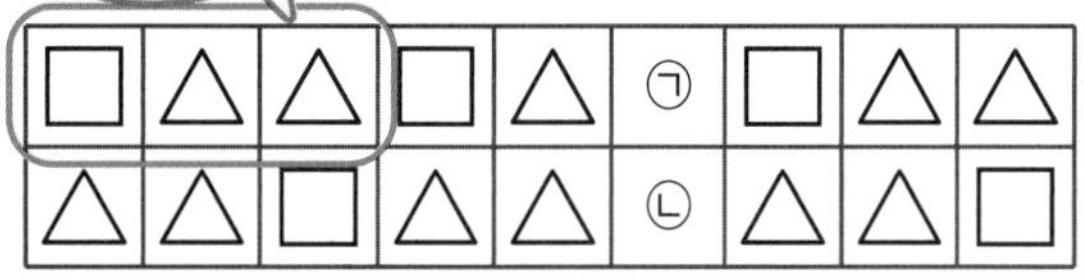

수학적 표현력

10 규칙에 따라 무늬를 완성하였습니다. 모양의 규칙과 색의 규칙을 각각 설명해 보세요.

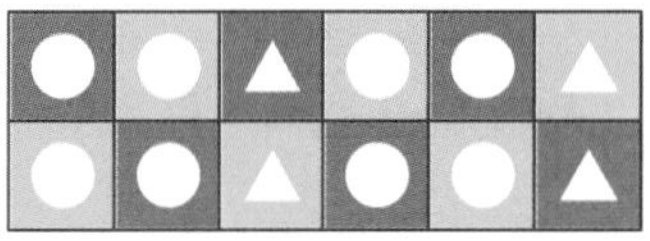

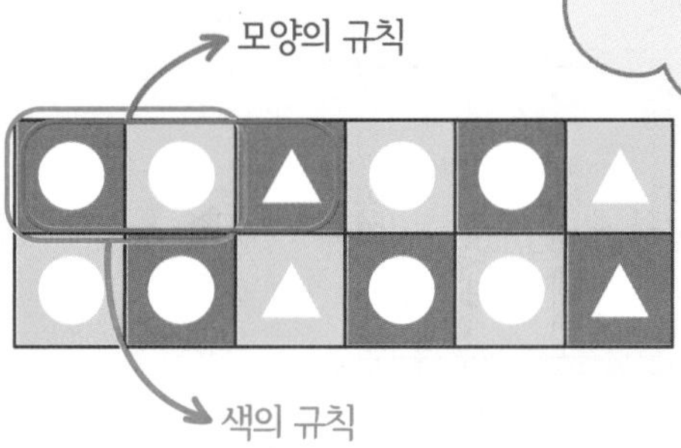

모양의 규칙과 색의 규칙을 각각 줄별로 찾아봐.

24일 수 배열과 수 배열표에서 규칙 찾기

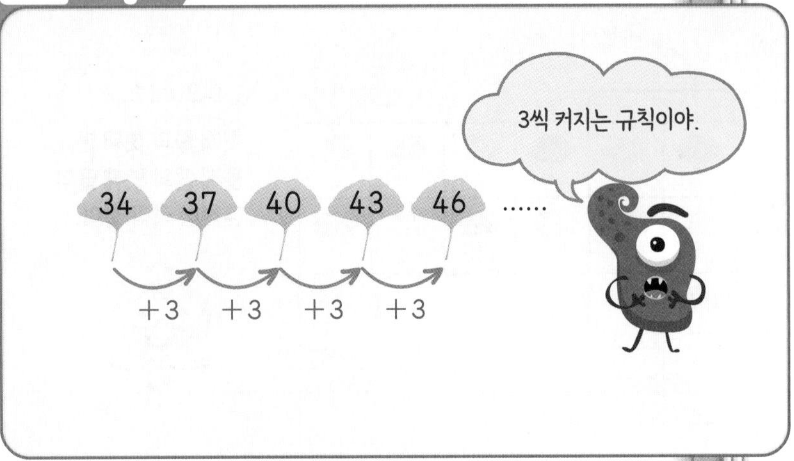

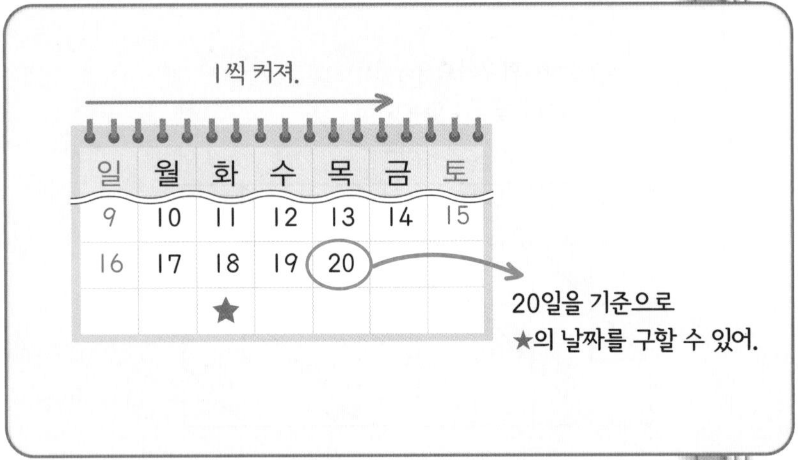

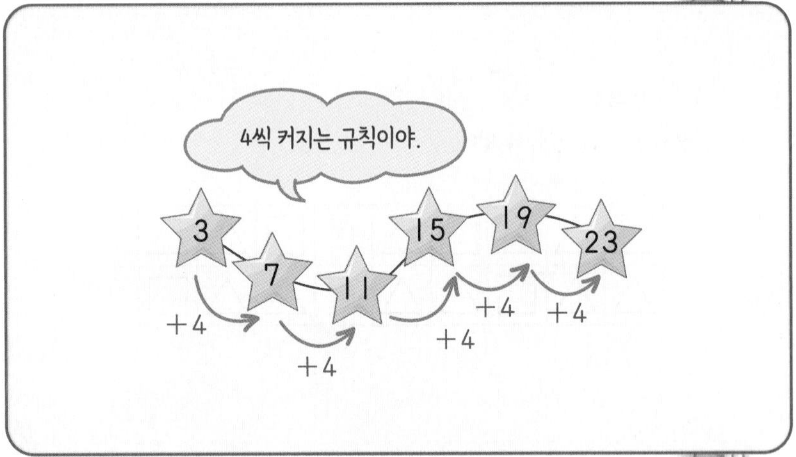

3 규칙에 따라 31부터 색칠해 보세요.

31 34 37 40 43 46 ......

31	32	33	34	35	36	37	38
39	40	41	42	43	44	45	46
47	48	49	50	51	52	53	54

4 달력에 ★ 표시한 날은 서영이의 생일입니다. 서영이의 생일은 며칠일까요?

일	월	화	수	목	금	토
9	10	11	12	13	14	15
16	17	18	19	20		
		★				

5 다음과 같은 규칙으로 수를 늘어놓은 것을 찾아 기호를 쓰세요.

㉠ 2－5－8－11－14－17
㉡ 4－9－14－19－24－29
㉢ 5－9－13－17－21－25

6 서로 다른 규칙이 나타나게 빈칸에 알맞은 수를 써넣으세요.

1		3
	5	
7		9

	6	9
2	5	
1		7

7 규칙에 따라 빈칸에 알맞은 수를 써넣으세요.

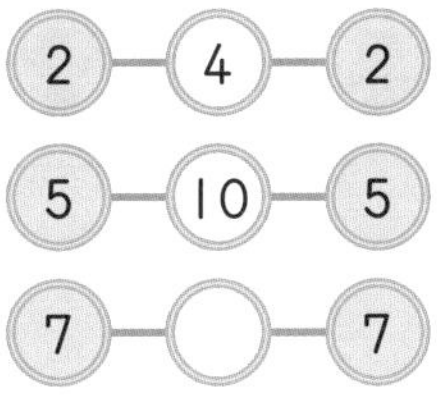

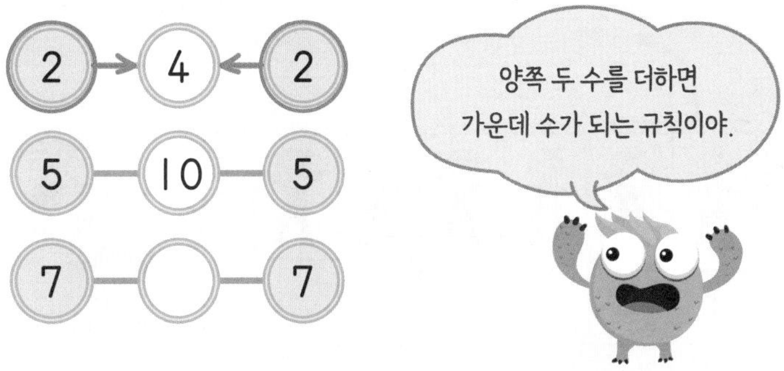

8 〈보기〉와 같은 규칙으로 수를 쓸 때, ♥에 알맞은 수는 얼마일까요?

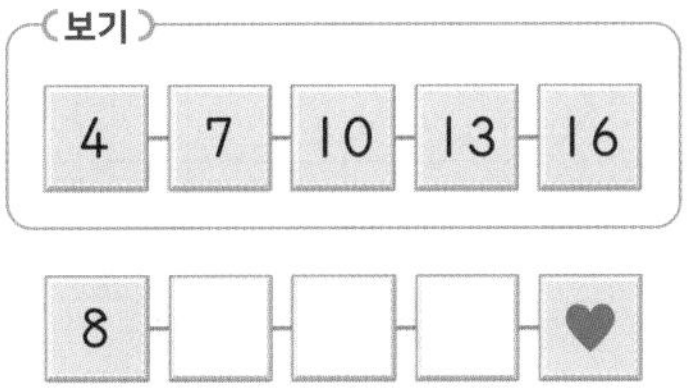

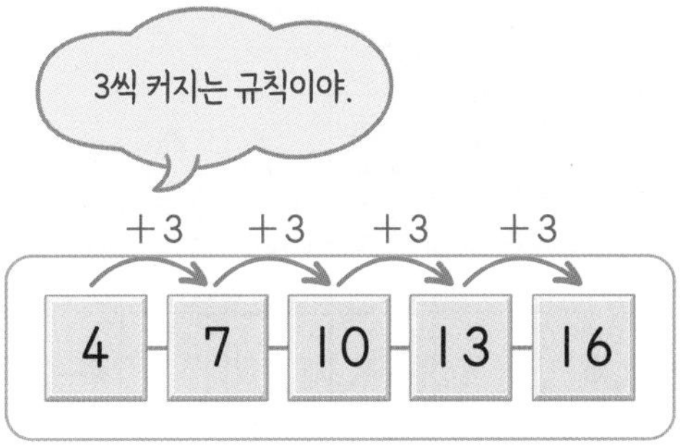

수학적 독해력

9 공연장 의자에는 규칙에 따라 번호가 붙어 있습니다. 주하의 자리는 다열 여섯째 좌석입니다. 몇 번 좌석일까요?

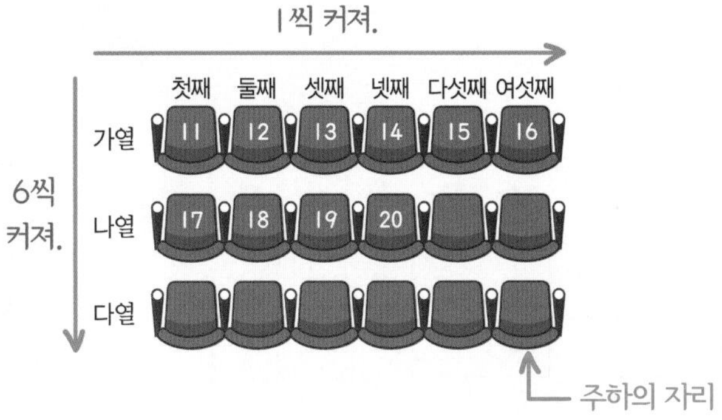

수학적 표현력

10 수 배열에서 규칙을 찾아 써 보세요.

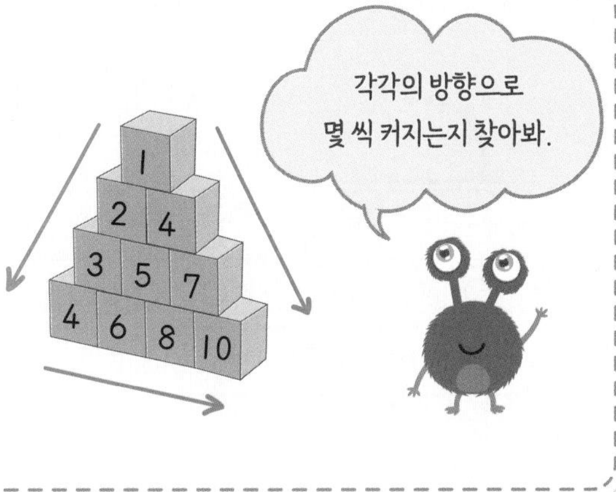

25일 규칙을 여러 가지 방법으로 나타내기

반복되는 부분

1	2				

반복되는 부분

◇	○	○					← 규칙을 모양으로
3	6	6					← 규칙을 수로

주의해!

같은 악기는 같은 모양이나 같은 수로 나타내야 해.

반복되는 부분

슬기	1	3	1	1	3	1	1	3
로운	1	3	3	1	3	3	1	3

반복되는 부분

서영	○	○	◇	○	○	◇	○	○
종욱	1	1	3	1	1	3	1	3

2 규칙에 따라 빈칸에 1, 2로 나타내 보세요.

1	2				

3 규칙에 따라 두 가지 방법으로 나타내 보세요.

◇	○	○				
3	6	6				

4 규칙에 따라 수로 나타낸 것입니다. 바르게 나타낸 사람은 누구일까요?

슬기	1	3	1	1	3	1	1	3
로운	1	3	3	1	3	3	1	3

6 규칙에 따라 서영이는 모양으로, 종욱이는 수로 나타냈습니다. 잘못 나타낸 사람은 누구일까요?

서영	○	○	◇	○	○	◇	○	○
종욱	1	1	3	1	1	3	1	3

7 규칙을 ○, ◇, ○로 나타낼 수 있는 것을 찾아 기호를 쓰세요.

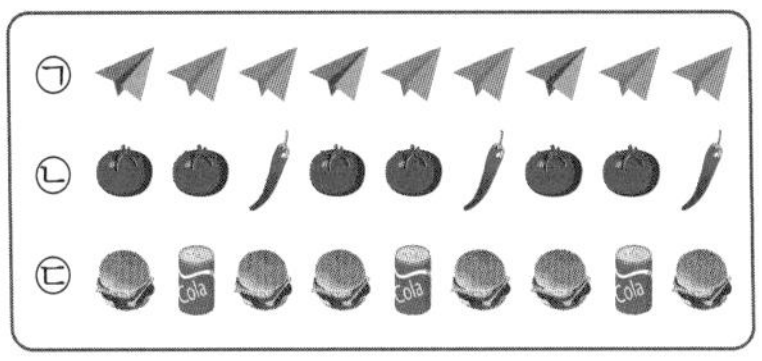

8 규칙에 따라 악보를 완성하려고 합니다. ♪를 몇 개 더 그려야 할까요?

수학적 독해력

9 규칙에 따라 ㉠과 ㉡에 들어갈 그림에서 바퀴는 모두 몇 개일까요?

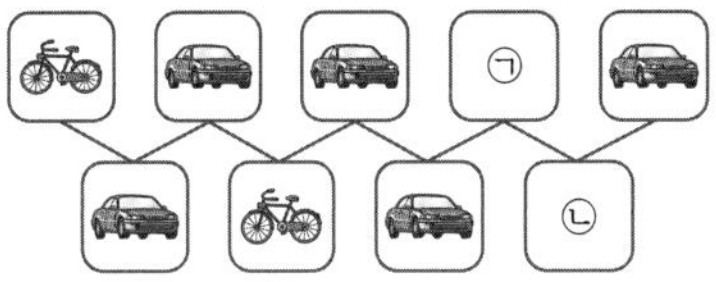

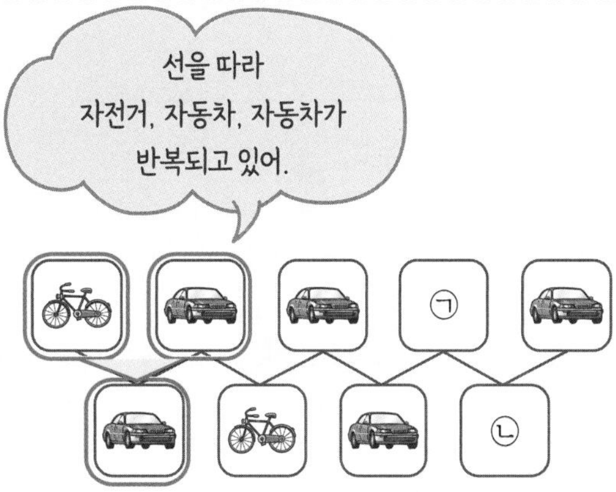

수학적 표현력

10 규칙에 따라 빈칸에 들어갈 펼친 손가락은 모두 몇 개인지 말해 보세요.

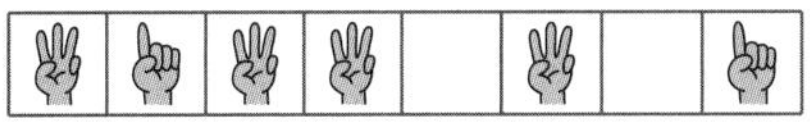

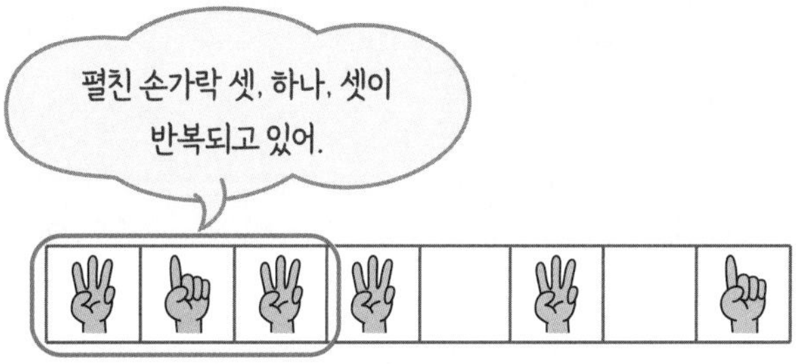

5 단원

26일 받아올림이 없는 (몇십몇)+(몇)

63+2 →

	6	3
+		2

낱개끼리 더하고,
10개씩 묶음은 그대로 써.

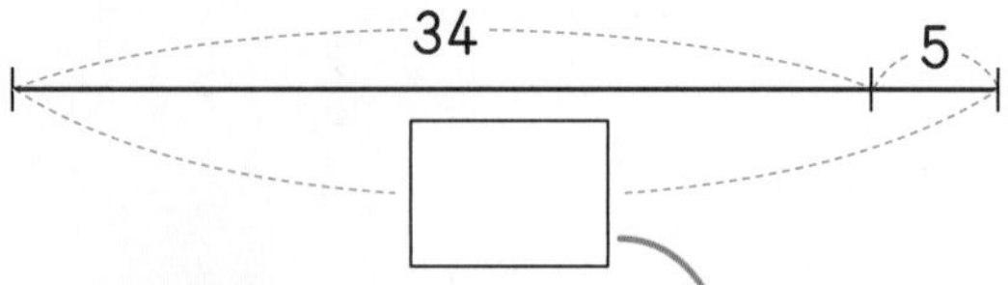

34만큼 가고 5만큼 더 갔으니까
"덧셈"으로 계산해.

■보다 ▲ 큰 수

↓

■+▲

	3	0
+		7

◯

		2
+	3	4

2 덧셈을 해 보세요.

(1) 63+2=□

(2) 7+51=□

3 □안에 알맞은 수를 써넣으세요.

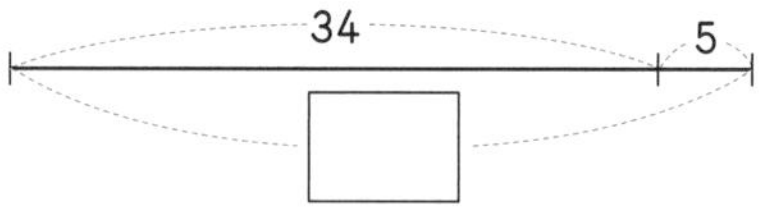

4 다음이 나타내는 수를 구하세요.

53보다 6 큰 수

5 계산 결과를 비교하여 ◯ 안에 >, =, <를 알맞게 써넣으세요.

30+7 ◯ 2+34

7 계산이 잘못된 곳을 찾아 바르게 고쳐 보세요.

```
  3 2
+ 6
-----
  9 2
```
→ ☐

낱개

```
  3 | 2
+ 6 |
------
```

주의해!

덧셈을 세로로 나타낼 때에는 같은 자리끼리 줄을 맞추어 **써야 해.**

8 □ 안에 들어갈 수 있는 수를 모두 찾아 ○표 하세요.

22＋5＜2□

6　7　8　9

22＋5＜2□

↓

★

2□는 ★ 보다 큰 수야.

수학적 독해력

9 슬기의 일기를 읽고, 노래를 부른 사람이 모두 몇 명인지 구하세요.

날짜: ○월 ○일 ○요일　　　날씨: 맑음

가족들과 함께 음악회에 갔다. 남자 11명과 여자 8명이 함께 노래를 불렀다. 목소리가 아주 아름다웠다. 즐거운 시간이었다.

남자 11명과 여자 8명이 함께 노래를 불렀다.

(노래를 부른 사람의 수) ＝ (노래를 부른 남자의 수) ＋ (노래를 부른 여자의 수)

수학적 표현력

10 아빠는 감을 23개 땄고, 주하는 6개 땄습니다. 아빠와 주하가 딴 감은 모두 몇 개인지 말해 보세요.

아빠는 감을 23개 땄고, 주하는 6개 땄습니다.

(아빠와 주하가 딴 감의 수) ＝ (아빠가 딴 감의 수) ＋ (주하가 딴 감의 수)

27일 받아올림이 없는 (몇십몇)+(몇십몇)

같은 자리끼리 줄을 맞추어 세로로 계산해.

68+10 →

	6	8
+	1	0

낱개끼리, 10개씩 묶음끼리 **더해.**

2 덧셈을 해 보세요.

(1) 68+10=☐

(2) 50+40=☐

+ →		
34	20	
52		

낱개끼리, 10개씩 묶음끼리 더해.

4 빈칸에 알맞은 수를 써넣으세요.

+ →		
34	20	
52		

몇은 몇끼리, 몇십은 몇십끼리 더해.

㉠ 17+42　㉡ 28+50　㉢ 40+20

5 계산 결과가 가장 큰 것을 찾아 기호를 쓰세요.

㉠ 17+42　㉡ 28+50　㉢ 40+20

■보다 ▲만큼 더 큰 수

↓

■+▲

6 민호가 말하는 수는 얼마일까요?

민호: 내 수는 33보다 25만큼 더 큰 수야.

7 서로 다른 두 수를 골라 80이 되도록 덧셈식을 쓰세요.

10　20　30　40　50

□ + □ = 80

(명십)+(몇십)은 낱개가 모두 0이므로 계산 결과의 낱개도 항상 0이야.

■ 0
\+ ▲ 0
8 0

몇십의 몇끼리 더해 8이 되는 경우를 생각해 봐.

8 같은 모양에 적힌 수의 합을 구하세요.

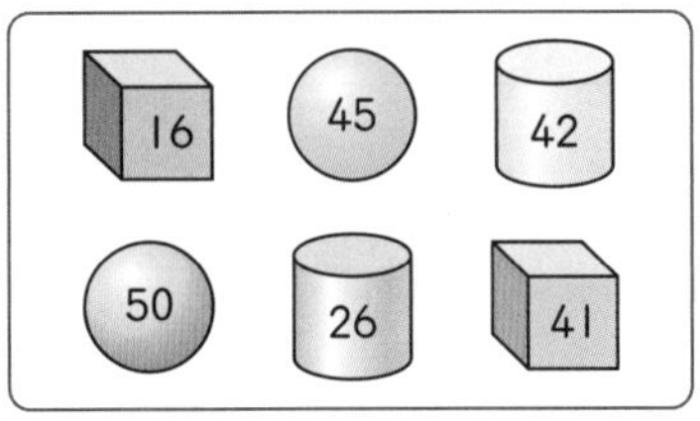

□ (　　　　　)
□ (　　　　　)
○ (　　　　　)

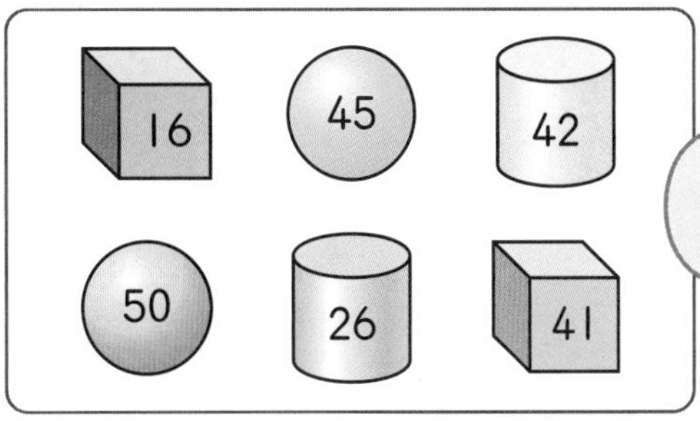

"합"이니까 같은 모양 안에 있는 두 수를 더해.

수학적 독해력

9 다음 두 수의 합이 67일 때 □ 안에 알맞은 수를 각각 구하세요.

2□　　□5

2 □
\+ □ 5
6 7

몇끼리, 몇십끼리 더한 합이 67이야.

수학적 표현력

10 ●, ★, ♣가 나타내는 수를 각각 구하세요. (단, 같은 모양은 각각 같은 수를 나타냅니다.)

10 + 10 = ●
● + ● = ★
★ + ★ = ♣

10 + 10 = ●
● + ● = ★
★ + ★ = ♣

●, ★, ♣의 순서로 구해 봐.

6 단원

28일 받아내림이 없는 (몇십몇)－(몇)

63－2 →

	6	3
－		2

낱개끼리 빼고, 10개씩 묶음은 그대로 써.

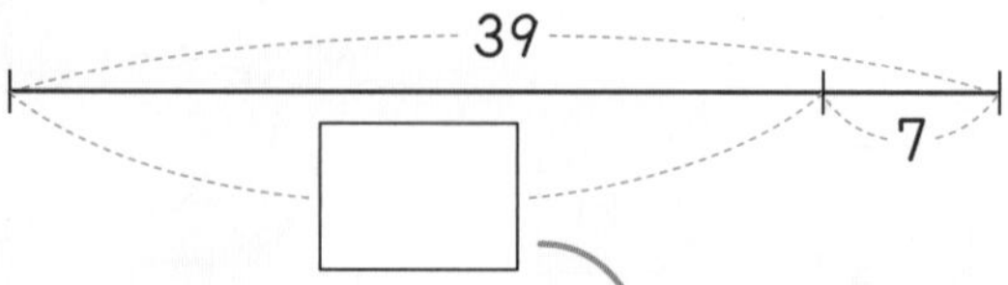

39만큼 가고 7만큼 되돌아 왔으니까 "뺄셈"으로 계산해.

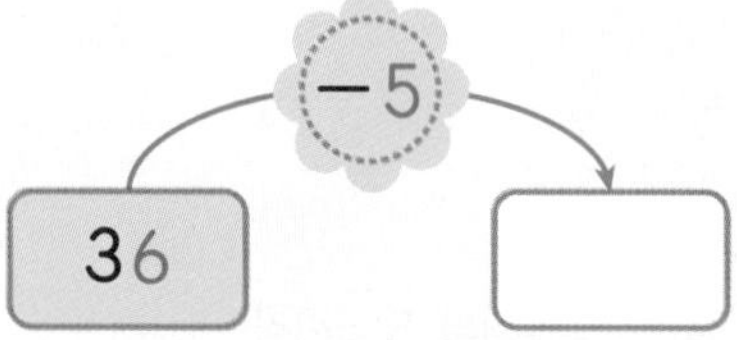

낱개

	4	5
－	3	

주의해!

뺄셈을 세로로 나타낼 때에는 같은 자리끼리 줄을 맞추어 **써야 해.**

2 뺄셈을 해 보세요.

(1) 63－2＝□

(2) 58－6＝□

3 □ 안에 알맞은 수를 써넣으세요.

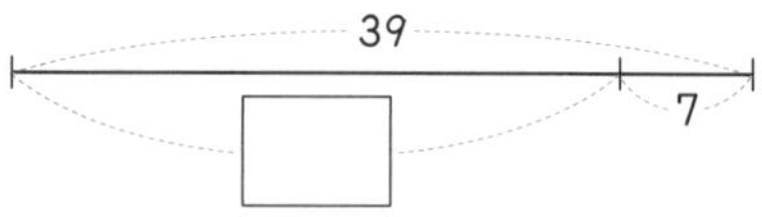

4 빈 곳에 알맞은 수를 써넣으세요.

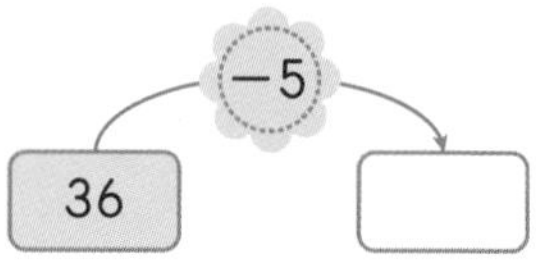

6 계산이 잘못된 곳을 찾아 바르게 고쳐 보세요.

	4	5
－	3	
	1	5

→ □

7 3장의 수 카드 중에서 2장을 뽑아 한 번씩만 사용하여 가장 큰 수를 만들었습니다. 이 수와 남은 한 수의 차는 얼마일까요?

5 7 2

[가장 큰 수] [남은 한 수]

□□ − □

큰 수부터 차례로

8 □안에 들어갈 수 있는 수를 모두 찾아 ○표 하세요.

39 − □ < 35

2 3 4 5 6

39 − □ < 35

↓

9 − □ < 5

낱개끼리 뺐을 때
5보다 작아야 해.

수학적 독해력

+9 그림을 보고 □안에 알맞은 수를 써넣으세요.

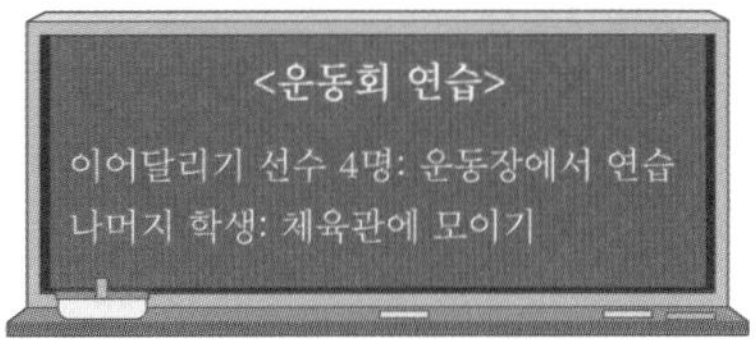

우리 반 학생 27명은 운동회 연습을 했다.
이어달리기 선수 4명은 운동장에서 연습하고 나머지 □명은 체육관에서 연습했다.

이어달리기 선수는
운동장에서 연습하니까 빼야 해.

체육관에 모이는 학생의 수 = 전체 학생의 수 − 이어달리기 선수의 수

수학적 표현력

+10 민호는 풍선을 29개 불었는데 그중에서 4개가 터졌습니다. 터지지 않은 풍선은 몇 개인지 말해 보세요.

풍선을 29개 불었는데 그중에서 4개가 터졌습니다.

터지지 않은 풍선의 수 = 전체 풍선의 수 − 터진 풍선의 수

6 단원

29일 받아내림이 없는 (몇십몇)−(몇십몇)

같은 자리끼리 줄을
맞추어 세로로 계산해.

$$68-28 \rightarrow \begin{array}{r} 6\ 8 \\ -\ 2\ 8 \\ \hline \end{array}$$

낱개끼리 빼고,
10개씩 묶음끼리 빼.

2 뺄셈을 해 보세요.

(1) 68 − 28 = ☐

(2) 50 − 20 = ☐

각각의 뺄셈을 한 다음
크기를 비교해.

65 − 33 ◯ 70 − 30

= ☐ = ☐

4 계산 결과의 크기를 비교하여 ◯ 안에 >, =, < 를 알맞게 써넣으세요.

65 − 33 ◯ 70 − 30

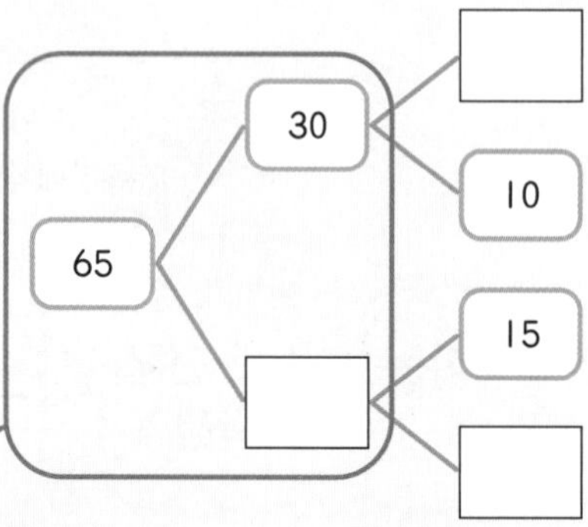

가르기를 뺄셈으로 생각해 봐. → 65 − 30 = ☐

5 두 수로 가르기를 한 것입니다. ☐ 안에 알맞은 수를 써넣으세요.

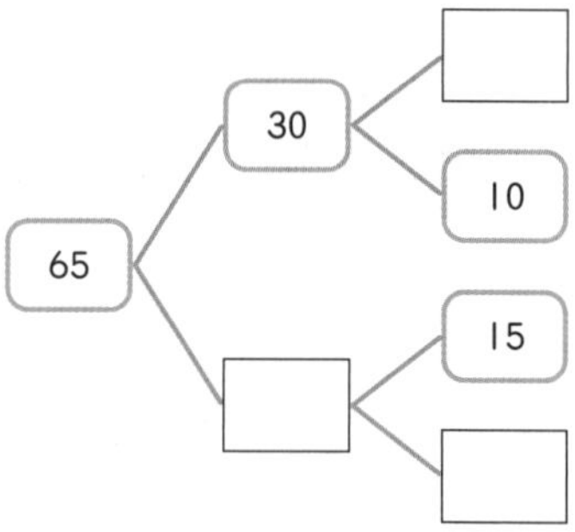

밤이 78개, 도토리가 45개 있습니다. 밤은 도토리보다 몇 개 더 많을까요?

밤의 수	−	도토리의 수	=	도토리보다 더 많은 밤의 수

6 밤이 78개, 도토리가 45개 있습니다. 밤은 도토리보다 몇 개 더 많을까요?

7 지혜의 생일은 12월 12일입니다. 지혜의 생일과 성탄절은 며칠 차이가 날까요?

12월

일	월	화	수	목	금	토
7	8	9	10	11	12	13
14	15	16	17	18	19	20
21	22	23	24	25 성탄절	26	27
28	29	30	31			

'며칠' 차이가 나는지 구하려면 큰 수에서 작은 수를 빼야 해.

성탄절 − 지혜의 생일

8 양쪽이 같게 되도록 □ 안에 알맞은 수를 써넣으세요.

24+21=87−□

★을 먼저 구한 후 생각해 봐.

24+21=87−□

24+21 → ★

수학적 독해력

9 규칙에 따라 빈칸을 채우고 ㉡−㉠을 구해 보세요.

11	12	13	14	
21	㉠		24	25
31	32	33		㉡

㉡−㉠=□

→ 방향과 ↓ 방향으로 각각 몇씩 커지는지 살펴봐.

주의해!

구하는 것은 ㉡−㉠의 값이야.

수학적 표현력

10 차가 다른 식을 들고 있는 친구는 누구인지 말해 보세요.

슬기	로운	지혜
50−30	80−30	70−50

(몇십)−(몇십)은 낱개가 모두 0이므로 항상 몇십이야.

50−30 80−30 70−50

6 단원

30일 덧셈과 뺄셈하기

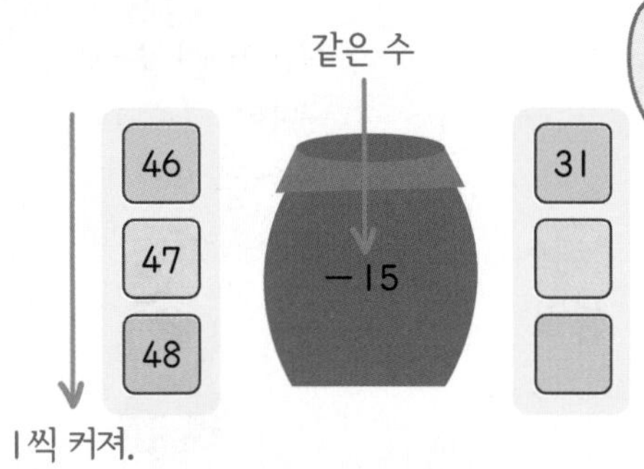

1씩 커지는 수에서 같은 수를 뺐어.

=를 기준으로 오른쪽 수와 왼쪽 수의 크기를 비교해 봐.

76 ◯ 3=73

76 ◯ 3=79

\\ 중요해! //

오른쪽 수가 더 크면 덧셈,
오른쪽 수가 더 작으면 뺄셈!

12, 11, 7로 만들 수 있는 덧셈식을 생각해 봐.

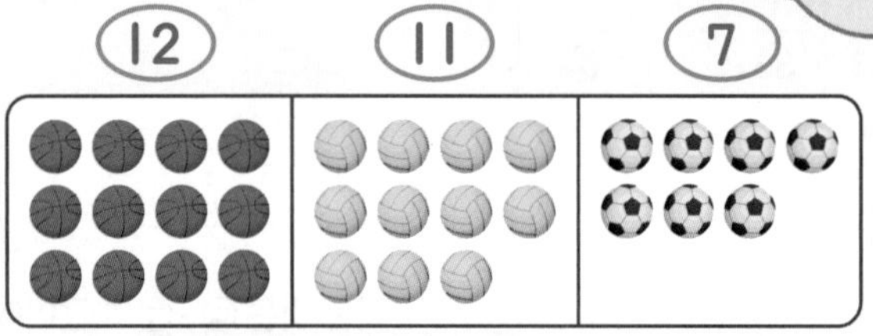

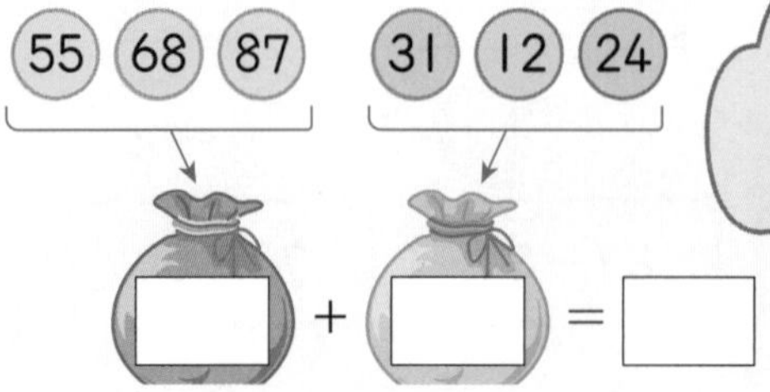

수를 하나씩 골라 여러 가지 덧셈식과 뺄셈식을 만들 수 있어.

3 그림을 보고 빈칸에 알맞은 수를 써넣으세요.

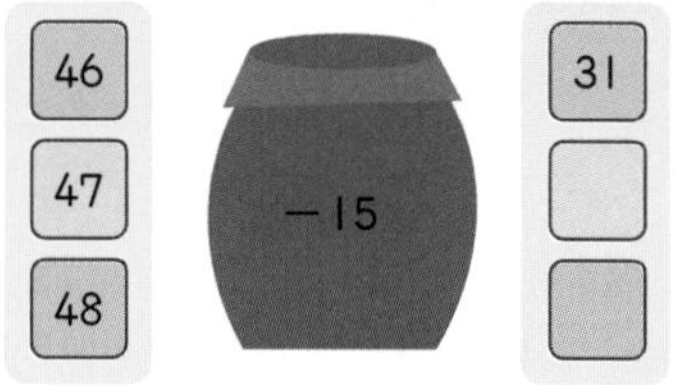

4 ◯ 안에 + 또는 −를 알맞게 써넣으세요.

76 ◯ 3=73

76 ◯ 3=79

5 그림을 보고 만들 수 있는 덧셈식을 찾아 모두 ◯표 하세요.

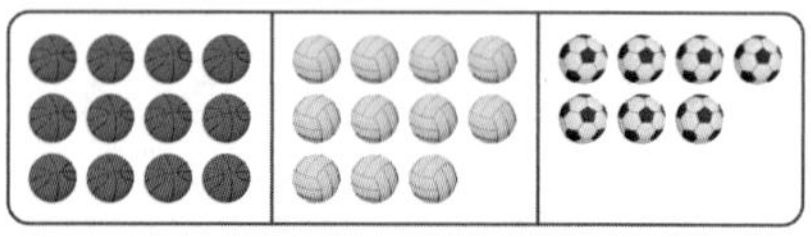

11+7=18	10+9=19	12+11=23
(　　)	(　　)	(　　)

6 두 주머니에서 수를 하나씩 골라 식을 써 보세요.

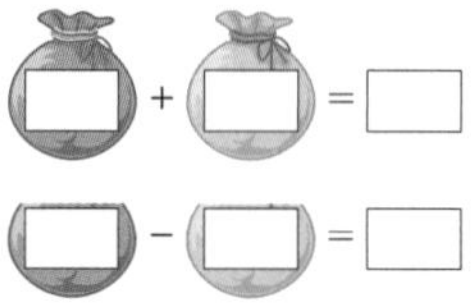

7 □ 안에 알맞은 수를 써넣으세요.

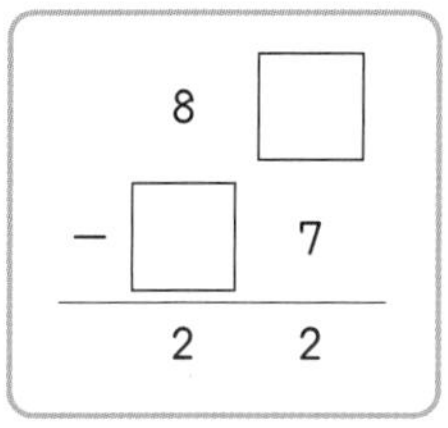

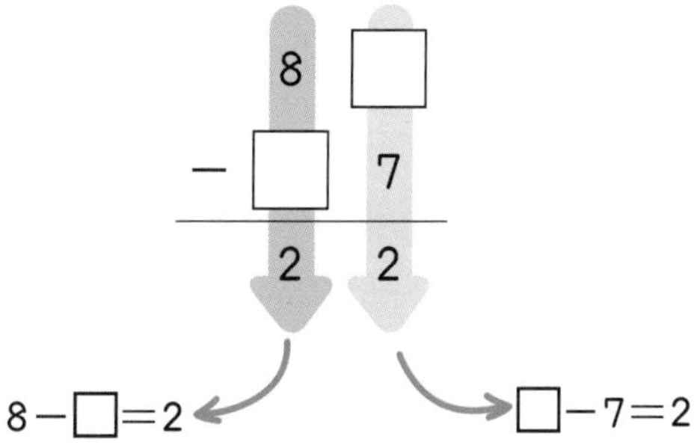

8 가로줄과 세로줄의 두 수의 합이 같도록 ◯ 안에 알맞은 수를 써넣으세요.

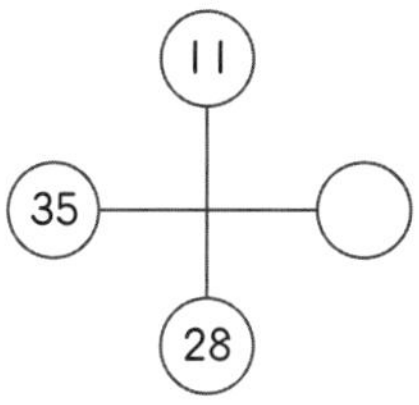

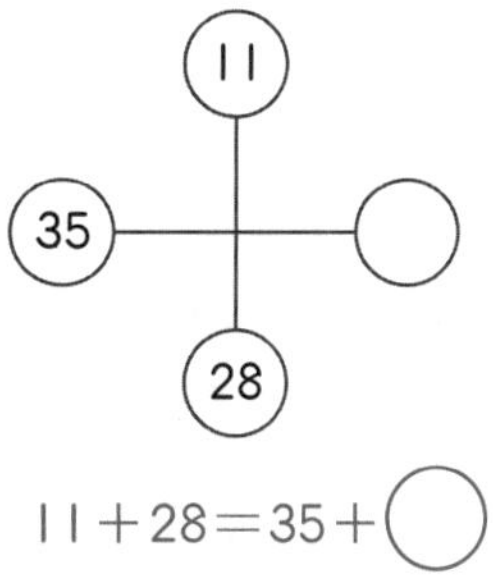

수학적 독해력

9 동물원에 다람쥐는 23마리 있고 토끼는 다람쥐보다 12마리 더 적게 있습니다. 동물원에 있는 다람쥐와 토끼는 모두 몇 마리일까요?

다람쥐는 **23마리 있고** 토끼는 다람쥐보다 12마리 더 적게 **있습니다.**

토끼의 수를 먼저 구해.

다람쥐와 토끼의 수 = 다람쥐의 수 + 토끼의 수

수학적 표현력

10 민호는 10살입니다. 아빠는 민호보다 34살 많고, 엄마는 아빠보다 2살 적습니다. 엄마는 몇 살인지 말해 보세요.

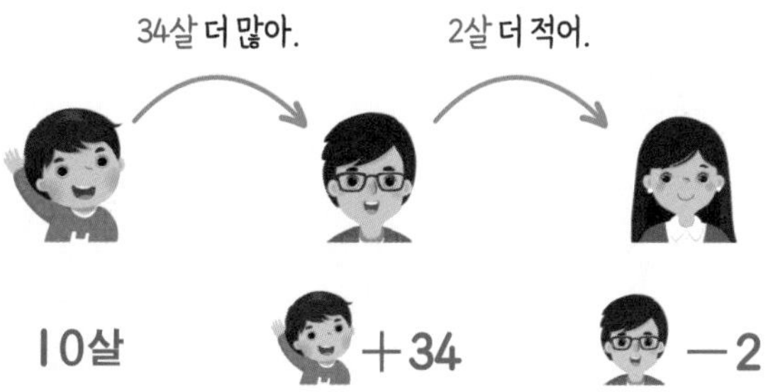

memo

memo

자신감 뿜뿜

수학이 만만해지는 힌트의 힘!

막힐 때 찾아보는

힌트북

풀이집은 개념의 빈틈을 채우는
두 번째 학습서입니다.

막힐 땐

힌트북

초등수학 1-2

정답 · 풀이

슬기로운공부

막힐 땐

힌트북

초등수학 1-2

정답 · 풀이

본책 008~011쪽

01일 60, 70, 80, 90 알아보기

확인 008쪽

① 7, 70
② 80, 팔십에 ○표

기본기 다지는 교과서 문제 009쪽

1 6, 0, 60
2 70, 80, 90
3 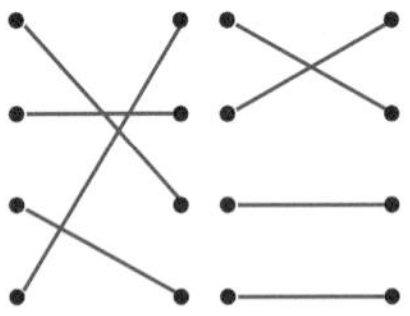

1 구슬이 10개씩 묶음 6개와 낱개 0개이므로 수로 나타내면 60입니다.

2 • 10개씩 묶음 7개는 70입니다.
• 10개씩 묶음 8개는 80입니다.
• 10개씩 묶음 9개는 90입니다.

3 60(육십, 예순)
70(칠십, 일흔)
80(팔십, 여든)
90(구십, 아흔)

스스로 풀어내는 도전 10 문제 010~011쪽

1 8, 80
2 (1) 70 (2) 80 (3) 6 (4) 9
3 7, 0 / 70
4 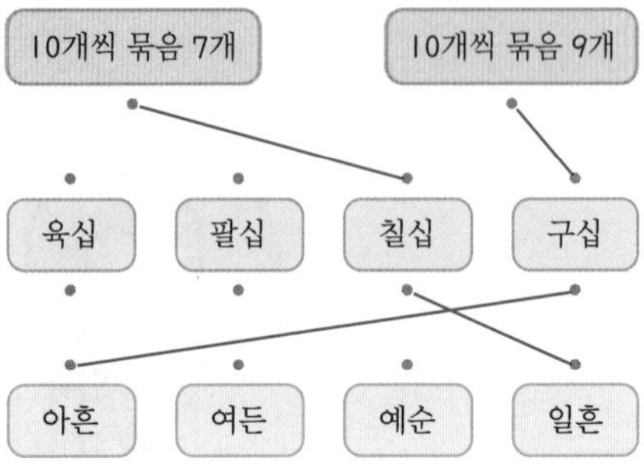

5 80, 여든에 ○표
6 70개
7 ㉤
8 90원
+9 6개
+10 8, 8

1 의자를 10개씩 묶어 세면 10개씩 묶음 8개이므로 80입니다.

2 (1) 10개씩 묶음 7개는 70입니다.
(2) 10개씩 묶음 8개는 80입니다.
(3) 60은 10개씩 묶음이 6개입니다.
(4) 90은 10개씩 묶음이 9개입니다.

3 10개씩 묶음이 7개이고 낱개가 0개이므로 70입니다.

4 10개씩 묶음 7개는 70입니다.
➜ 70(칠십, 일흔)
10개씩 묶음 9개는 90입니다.
➜ 90(구십, 아흔)

힌트북 02쪽

5 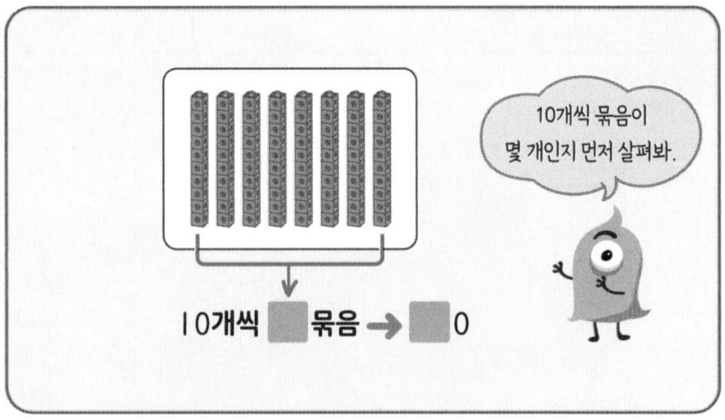

10개씩 묶음 8개이므로 80(팔십, 여든)입니다.

6 귤은 10개씩 묶음 7개이므로 70개입니다.

7 ㉠, ㉡, ㉢, ㉣ 70은 칠십 또는 일흔이라고 읽습니다.
㉤ 10개씩 묶음 8개는 80입니다.
➜ 나타내는 수가 다른 하나는 ㉤입니다.

8 10원짜리 동전 5개와 4개는 모두 9개이므로 90원입니다.

+9 한 상자에 달걀을 10개씩 담을 수 있습니다. 60은 10개씩 묶음 6개이므로 필요한 상자는 6개입니다.

+10 80은 10개씩 묶음 8개이므로 한 사람에게 10자루씩 나누어 주면 8명에게 나누어 줄 수 있습니다.

본책 012~015쪽

02일 99까지의 수 알아보기

확인 012쪽

❶ 7, 8 / 78

❷ (1) 8, 6 (2) 68

기본기 다지는 교과서 문제 013쪽

1 5, 7, 57

2 69, 77, 95

3

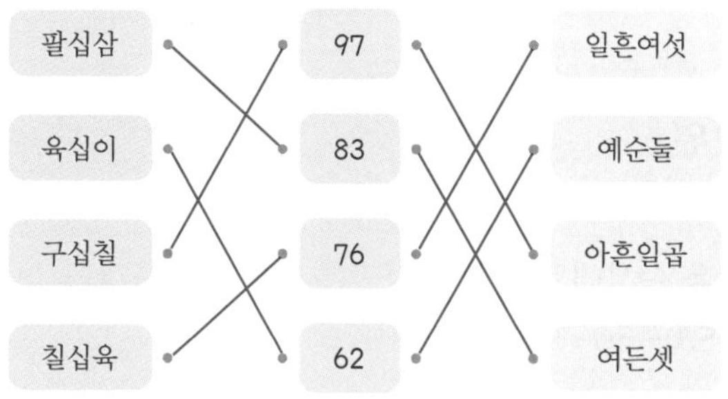

1 10개씩 묶음 5개와 낱개 7개이므로 수로 나타내면 57입니다.

2 • 10개씩 묶음 6개와 낱개 9개는 69입니다.
• 10개씩 묶음 7개와 낱개 7개는 77입니다.
• 10개씩 묶음 9개와 낱개 5개는 95입니다.

3 팔십삼(83, 여든셋)
육십이(62, 예순둘)
구십칠(97, 아흔일곱)
칠십육(76, 일흔여섯)

스스로 풀어내는 도전 10 문제 014~015쪽

1 6, 5, 65

2 (1) 72 (2) 59 (3) 6, 3 (4) 9, 4

3 (왼쪽에서부터) (1) 70, 1 (2) 80, 4

4 ㉡

5 (위에서부터) 7, 89, 9, 8

6 72(살)

7 ㉠, ㉢

8 61

+9 8개

+10 3, 7, 3, 73

1 10개씩 묶음 6개와 낱개 5개이므로 65입니다

2 (1) 10개씩 묶음 7개와 낱개 2개는 72입니다.
(2) 10개씩 묶음 5개와 낱개 9개는 59입니다.
(3) 63은 10개씩 묶음 6개와 낱개 3개입니다.
(4) 94는 10개씩 묶음 9개와 낱개 4개입니다.

3 (1) 71은 10개씩 묶음 7개와 낱개 1개이므로 7은 70을, 1은 1을 나타냅니다.
(2) 84는 10개씩 묶음 8개와 낱개 4개이므로 8은 80을, 4는 4를 나타냅니다.

4 ㉠ 67 ㉡ 57 ㉢ 67 ㉣ 67
→ 나타내는 수가 다른 하나는 ㉡입니다.

5 • 75는 10개씩 묶음 7개와 낱개 5개입니다.
• 10개씩 묶음 8개와 낱개 9개는 89입니다.
• 아흔여덟은 98이므로 10개씩 묶음 9개와 낱개 8개입니다.

6 10살을 나타내는 초가 7개, 1살을 나타내는 초가 2개이므로 72살을 나타냅니다.

7 ㉠ 86층 → 팔십육 층
㉢ 95점 → 구십오 점

주의 수는 두 가지 방법으로 읽을 수 있지만 상황에 따라 바르게 읽어야 합니다.

8 낱개 11개는 10개씩 묶음 1개와 낱개 1개입니다. 따라서 나타내는 수는 10개씩 묶음 6개와 낱개 1개이므로 61입니다.

+9 낱개 24개는 10개씩 묶음 2개와 낱개 4개이므로 달걀은 모두 10개씩 묶음 8개와 낱개 4개입니다. → 84개
케이크 한 개를 만드는 데 달걀이 10개 필요하므로 케이크는 8개까지 만들 수 있습니다.

본책 016~019쪽

03일 수의 순서 알아보기

확인 016쪽

❶

61	62	63	64	65	66	67	68	69	70
71	72	73	74	75	76	77	78	79	80
81	82	83	84	85	86	87	88	89	90
91	92	93	94	95	96	97	98	99	

(1) 66, 68 (2) 84 (3) 100

기본기 다지는 교과서 문제 017쪽

1 68, 70
2 (1) 54 (2) 77 (3) 100
3 60, 61, 62
4 100, 백

1 • 10개씩 묶음 6개와 낱개 8개이므로 68입니다.
• 10개씩 묶음 6개와 낱개 9개이므로 69입니다.
• 10개씩 묶음 6개와 낱개 10개이므로 70입니다.
➔ 69보다 1만큼 더 작은 수는 68이고, 1만큼 더 큰 수는 70입니다.

3 59와 63 사이의 수는 60, 61, 62입니다.

스스로 풀어내는 도전 10 문제 018~019쪽

1 77, 78, 80 / (1) 77 (2) 78
2 (1) 70, 71 (2) 72, 74 (3) 99, 100
3 (1) 56, 58 (2) 85, 87
4 ㉣
5

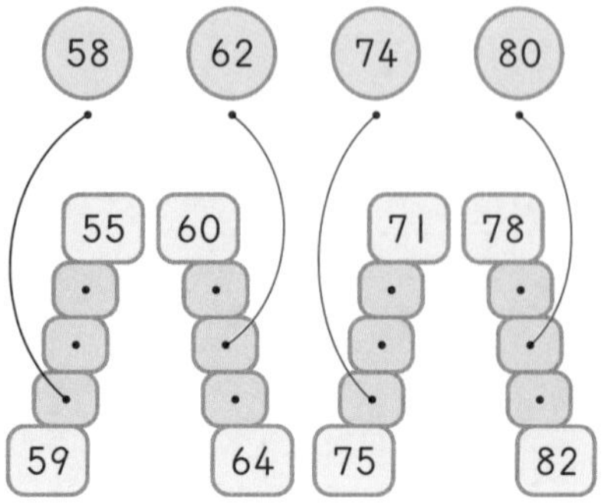

6

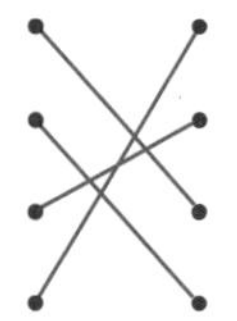

7 79
8 69
+9 4명
+10 82, 82, 81

1 75부터 수를 순서대로 쓰면 75 — 76 — 77 — 78 — 79 — 80입니다.
(1) 76 바로 뒤의 수는 77입니다.
(2) 79 바로 앞의 수는 78입니다.

2 수를 순서대로 씁니다.
(3) 99 다음의 수는 100입니다.

3 (1) 57 바로 앞의 수는 56이고, 바로 뒤의 수는 58입니다.
(2) 86 바로 앞의 수는 85이고, 바로 뒤의 수는 87입니다.

4 ㉠, ㉡, ㉢ 100
㉣ 91
➔ 나타내는 수가 다른 하나는 ㉣입니다.

5 수를 순서대로 쓰면서 알맞은 위치를 찾습니다.
• 55 — 56 — 57 — 58 — 59
• 60 — 61 — 62 — 63 — 64
• 71 — 72 — 73 — 74 — 75
• 78 — 79 — 80 — 81 — 82

6 • 90보다 1만큼 더 큰 수는 90 바로 뒤의 수인 91입니다.
• 80보다 1만큼 더 작은 수는 80 바로 앞의 수인 79입니다.
• 64보다 1만큼 더 작은 수는 64 바로 앞의 수인 63입니다.
• 86보다 1만큼 더 큰 수는 86 바로 뒤의 수인 87입니다.

7 83부터 수를 거꾸로 쓰면 83 — 82 — 81 — 80 — 79이므로 ★에 알맞은 수는 79입니다.

8 수를 순서대로 쓰면 65, 67, 69, 72, 73, 75입니다.
70은 69와 72 사이에 있고 69에 더 가깝습니다.

+9 68부터 73까지 수를 순서대로 쓰면 68 — 69 — 70 — 71 — 72 — 73이므로 68과 73 사이의 수는 69, 70, 71, 72로 모두 4개입니다.
➔ 68번째와 73번째 사이에 있는 사람들은 모두 4명입니다.

+10 어떤 수보다 1만큼 더 큰 수가 83임을 이용하여 어떤 수를 먼저 구해 봅니다.

본책 020~023쪽

04일 수의 크기 비교하기

확인 020쪽

1 (1) <, 작습니다에 ○표
(2) >, 큽니다에 ○표

기본기 다지는 교과서 문제 021쪽

1 큽니다에 ○표, 작습니다에 ○표
2 76, 80, <
3 (1) 75에 ○표 (2) 89에 ○표
4 78에 ○표, 63에 △표

1 82와 78의 10개씩 묶음의 수를 비교하면
8>7이므로 ┌ 82는 78보다 큽니다.
└ 78은 82보다 작습니다.

2 수직선에서 76은 80보다 왼쪽에 있으므로 76은 80보다 작습니다. → 76<80

3 (1) 65와 75의 10개씩 묶음의 수를 비교하면 6<7이므로 65<75입니다.
(2) 86과 89의 10개씩 묶음의 수가 같으므로 낱개의 수를 비교합니다. 6<9이므로 86<89입니다.

4 • 10개씩 묶음의 수를 비교하면 6<7이므로 가장 큰 수는 78입니다.
• 67과 63은 10개씩 묶음의 수가 같으므로 낱개의 수를 비교하면 7>3이므로 63이 더 작습니다. 따라서 가장 작은 수는 63입니다.

스스로 풀어내는 도전 10 문제 022~023쪽

1 57, <, 60
2 (1) < (2) > (3) >
3 58, 62, <
4 68, 83
5 65, 68 / 83, 91
6 77
7 7, 8, 9에 ○표
8 87
+9 서우, 윤희, 진우
+10 60, 61, 62, 60, 62, 2

1 57과 60의 10개씩 묶음의 수를 비교하면 5<6이므로 57<60입니다.

2 (1) 73<83
7<8
(2) 87>78
8>7
(3) 85>81
5>1

3 57부터 63까지 수를 순서대로 쓰면 57－58－59－60－61－62－63입니다.
수직선에서 58은 62보다 왼쪽에 있으므로 58<62입니다.

4 10개씩 묶음의 수가 8보다 작거나, 10개씩 묶음의 수가 8이면 낱개의 수가 6보다 작은 수를 찾습니다.
→ 68, 83

5 • 70보다 작은 수는 65와 68이고, 65<68입니다.
• 70보다 큰 수는 91과 83이고, 83<91입니다.

6 • 68과 79 사이의 수는 69, 70, 71, 72, 73, 74, 75, 76, 77, 78입니다.
• 이 중에서 10개씩 묶음의 수와 낱개의 수가 같은 수는 77입니다.

7 10개씩 묶음의 수가 같으므로 낱개의 수를 비교하면 □>6이어야 합니다.
따라서 □ 안에 들어갈 수 있는 수는 7, 8, 9입니다.

8 만들 수 있는 가장 큰 몇십몇은 10개씩 묶음의 수 자리에 가장 큰 수인 8을 놓고, 낱개의 수 자리에 두 번째로 큰 수인 7을 놓습니다. → 87

+9 윤희는 67개보다 1개 더 많은 68개를 가지고 있습니다.
10개씩 묶음의 수가 같으므로 낱개의 수를 비교하면 67<68<69입니다.
→ 우표를 많이 가지고 있는 순서대로 이름을 쓰면 서우, 윤희, 진우입니다.

본책 024~027쪽

05일 짝수와 홀수 알아보기

확인 024쪽

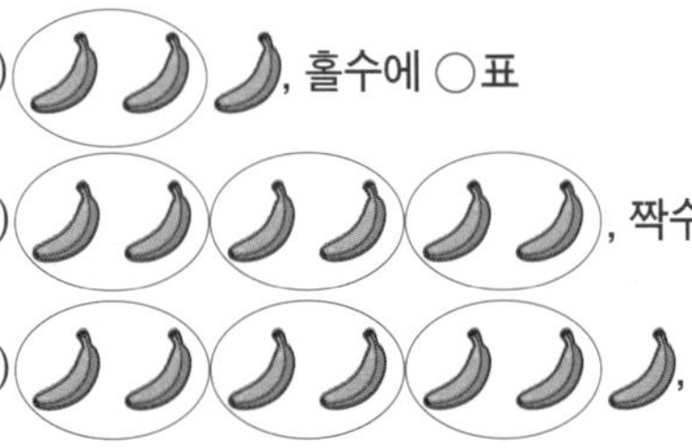

1 (1) , 홀수에 ○표

(2) , 짝수에 ○표

(3) , 홀수에 ○표

기본기 다지는 교과서 문제 025쪽

1 (1) 5, 홀수에 ○표
(2) 8, 짝수에 ○표

2

3

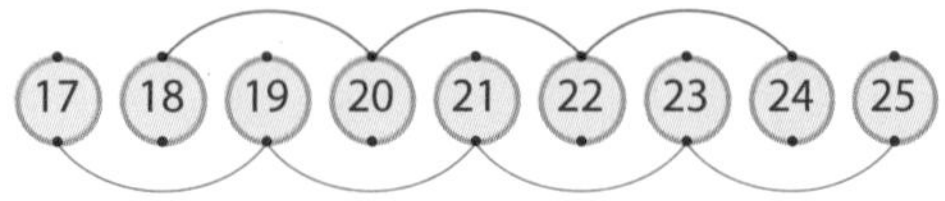

1 (1) 토끼는 5마리입니다.
5는 둘씩 짝을 지을 때 남는 것이 있으므로 홀수입니다.

(2) 당근은 8개입니다.
8은 둘씩 짝을 지을 때 남는 것이 없으므로 짝수입니다.

2 9－11－13의 순서로 선을 그어 봅니다.

3 짝수는 18－20－22－24입니다.
홀수는 17－19－21－23－25입니다.

스스로 풀어내는 도전 10 문제 026~027쪽

1 6, 짝수에 ○표 / 7, 홀수에 ○표

2

27	(28)	29	(30)	31	(32)	33	(34)
35	(36)	37	(38)	39	(40)	41	(42)
43	(44)	45	(46)	47	(48)	49	(50)

3 79, 81, 83, 85, 87에 ○표

4 짝수에 ○표 / 홀수에 ○표

5 4개

6 (1) 짝수에 ○표
(2) 홀수에 ○표
(3) 짝수에 ○표

7 28, 32 / 23, 37

8 (1) 홀수 (2) 짝수

+9 76, 78

+10 48, 50, 4

1 □: 6개 ➔ 둘씩 짝을 지을 때 남는 것이 없으므로 짝수입니다.
□: 7개 ➔ 둘씩 짝을 지을 때 남는 것이 있으므로 홀수입니다.

2 낱개의 수가 2, 4, 6, 8, 0인 수를 모두 찾습니다.

3 낱개의 수가 1, 3, 5, 7, 9인 수를 모두 찾습니다.

4 아이들의 수는 6명으로 짝수이고, 풍선의 수는 7개로 홀수입니다.

5 7과 16 사이에 있는 수는 8, 9, 10, 11, 12, 13, 14, 15입니다. 이 중에서 홀수는 9, 11, 13, 15로 4개입니다.

6 (1) 4＋6＝10 (짝수)
(2) 5＋8＝13 (홀수)
(3) 3＋9＝12 (짝수)

7 • 짝수는 32와 28이고, 28＜32입니다.
• 홀수는 23과 37이고, 23＜37입니다.

8 (1) (짝수)＋(홀수)＝(홀수)
예 2＋3＝5(홀수)
(2) (홀수)＋(홀수)＝(짝수)
예 3＋5＝8(짝수)

+9 • 짝수이면서 10개씩 묶음의 수가 7인 수는 70, 72, 74, 76, 78입니다.
• 이 중에서 74보다 큰 수는 76, 78입니다.

01~05일 **단원평가** 028~029쪽

01 6, 60
02 ㉢
03 (위에서부터) 8, 7
04 52, 54
05 4개
06 (1) > (2) <
07 12, 짝수에 ○표
08 75
09 1, 2, 3, 4에 ○표
10 풀이 참조 / 70

01 10개씩 묶음 6개는 60이고, 육십 또는 예순이라고 읽습니다.

02 ㉢ 70
㉠, ㉡, ㉣, ㉤ 80
→ 나타내는 수가 다른 하나는 ㉢입니다.

03 • 58은 10개씩 묶음 5개와 낱개 8개입니다.
• 75는 10개씩 묶음 7개와 낱개 5개입니다.

04 수를 순서대로 썼을 때 53 바로 앞의 수는 52, 바로 뒤의 수는 54입니다.

05 94는 10개씩 묶음 9개와 낱개 4개이므로 자두를 한 봉지에 10개씩 나누어 담으면 9봉지가 되고 4개가 남습니다.

06 (1) 10개씩 묶음의 수를 비교하면 6>5이므로 61>59입니다.
(2) 10개씩 묶음의 수가 같으므로 낱개의 수를 비교합니다. 5<7이므로 85<87입니다.

07 연을 둘씩 짝을 지을 때 남는 것이 없으므로 짝수입니다.

08 가장 큰 몇십몇이 되려면 10개씩 묶음의 수 자리에 가장 큰 수를 놓고 낱개의 수 자리에 두 번째로 큰 수를 놓아야 합니다.
7>5>3이므로 가장 큰 몇십몇은 75입니다.

09 10개씩 묶음의 수가 같으므로 낱개의 수를 비교하면 □<5이어야 합니다.
따라서 □ 안에 들어갈 수 있는 수는 5보다 작은 1, 2, 3, 4입니다.

10 예시 답안 어떤 수는 72보다 1만큼 더 작은 수이므로 71입니다.
따라서 어떤 수보다 1만큼 더 작은 수는 71 바로 앞의 수인 70입니다.

채점 기준	
	❶ 어떤 수를 구해야 함.
	❷ 어떤 수보다 1만큼 더 작은 수를 구해야 함.

본책 030~033쪽

06일 세 수의 덧셈

확인 030쪽

❶ (1) 2, 4 (또는 4, 2)
(2) (계산 순서대로) 2, 5, 5, 9 / 3, 2, 4, 9

기본기 다지는 교과서 문제 031쪽

1 예 1, 4, 8
2 (계산 순서대로) (1) 9 / 4, 4, 9 (2) 9 / 6, 6, 9
3 (계산 순서대로) (1) 5, 7, 7 (2) 4, 7, 7

1 무당벌레가 3마리, 개구리가 1마리, 나비가 4마리 있습니다.
➜ (무당벌레의 수)+(개구리의 수)+(나비의 수)
=3+1+4=8

참고 그림이 놓인 순서대로 식을 쓰지만 순서를 바꿔서 3+4+1=8이라고 써도 정답입니다.

2 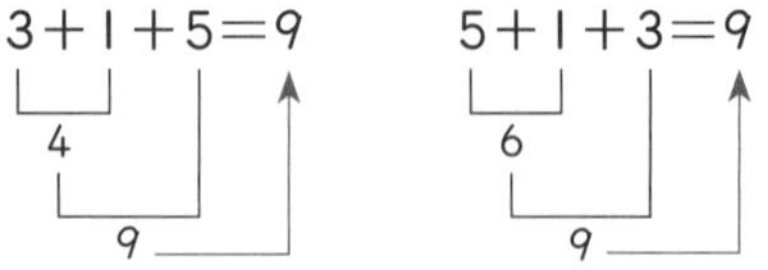

3 세 수의 덧셈은 앞의 두 수를 먼저 더하고, 나온 수에 나머지 한 수를 더합니다.

스스로 풀어내는 도전 10 문제 032~033쪽

1 3, 3, 8
2 (1) 6 (2) 8
3 9
4 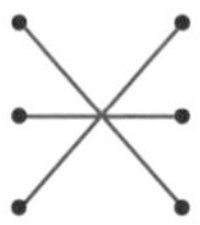
5 7골
6 예 5, 1, 3, 9
7 ㉡
8 예 5, 2
+9 9층
+10 5, 6, 7, 1, 2

1 의 개수는 2개, 의 개수는 3개, 의 개수는 3개입니다.
➜ 예 2+3+3=8

참고 더하는 세 수 2, 3, 3의 순서를 바꾸어 덧셈식을 만들어도 정답입니다.

2 세 수의 덧셈은 앞의 두 수를 먼저 더하고, 나온 수에 나머지 한 수를 더합니다.
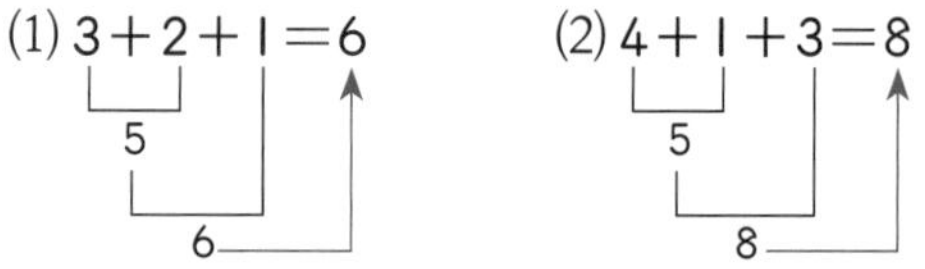

3 화살표 방향에 따라 차례대로 계산합니다.
2+1+6=3+6=9

4 2+4+3=6+3=9
3+1+4=4+4=8
3+1+3=4+3=7

5 1반이 넣은 골을 각각 알아보면 1골, 4골, 2골입니다.
➜ 1+4+2=7(골)

6 (야구공의 수)+(축구공의 수)+(배구공의 수)
=5+1+3=9

참고 공이 놓인 순서대로 식을 쓰지만 공의 순서를 바꾸어 덧셈식을 만들어도 정답입니다.

7 ㉠ 4+1+1=6
㉡ 2+2+3=7
➜ 6<7이므로 계산 결과가 더 큰 것의 기호를 쓰면 ㉡입니다.

8 세 수의 합이 8이 되는 경우를 생각해 봅니다.
➜ 1+5+2=8

참고 5, 2의 순서를 바꾸어 덧셈식을 만들어도 정답입니다.

+9 1+3+5=9(층)

+10 3+1+★에서 3+1을 먼저 계산하면 4+★<7입니다. ★에 1부터 차례대로 써넣으면 4+1=5, 4+2=6, 4+3=7이므로 ★에 들어갈 수 있는 수는 1, 2입니다.

본책 034~037쪽

07일 세 수의 뺄셈

확인 ······························ 034쪽

❶ (1) 1, 3 (또는 3, 1)
(2) (계산 순서대로) 7, 7, 4 / 8, 1, 3, 4

기본기 다지는 교과서 문제 035쪽

1 2, 3, 4 (또는 3, 2, 4)
2 (계산 순서대로) (1) 2 / 4, 4, 2 (2) 2 / 5, 5, 2
3 (계산 순서대로) (1) 2, 1, 1 (2) 6, 2, 2

1 새 9마리 중에서 2마리가 날아가고 3마리가 날아갔습니다. ➔ 9－2－3＝7－3＝4

2 (1) 9－5－2＝4－2＝2
(2) 8－3－3＝5－3＝2

3 세 수의 뺄셈은 앞의 두 수를 빼고, 나온 수에서 나머지 한 수를 뺍니다.
(1) 5－3－1＝1
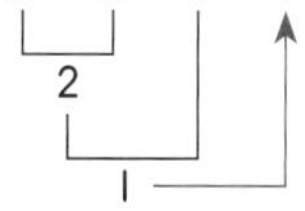

(2) 8－2－4＝2
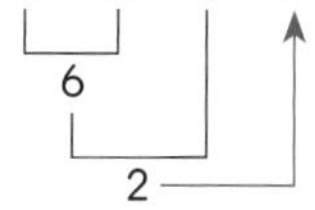

스스로 풀어내는 도전 10 문제 036~037쪽

1 2, 3, 3 (또는 3, 2, 3)
2 (1) 2 (2) 3
3 2, 4, 3
4 8－3－2＝3
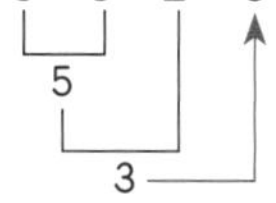

5
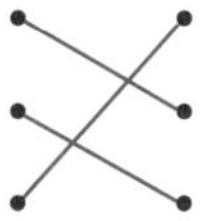
6 3, 2, 2
7 9, 1, 2, 6 (또는 9, 2, 1, 6)
8 3
+9
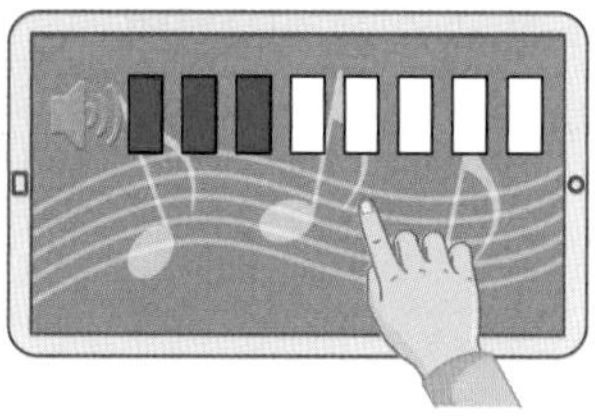
+10 2, 5, 2, 2

1 (바구니에 남은 공의 수)
＝8－(농구공의 수)－(축구공의 수)
➔ 8－2－3＝3
또는 8－3－2＝3

2 세 수의 뺄셈은 앞의 두 수를 빼고, 나온 수에서 나머지 한 수를 뺍니다.
(1) 6－2－2＝2
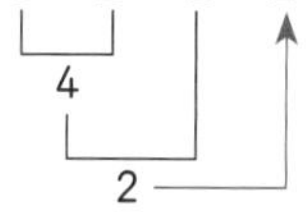

(2) 7－1－3＝3
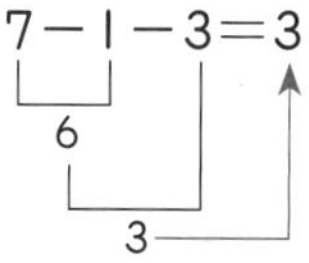

3 수직선의 눈금 한 칸은 1을 나타내므로 0에서 오른쪽으로 9칸 갔다가 2칸, 4칸 되돌아온 것을 뺄셈식으로 나타내면 9－2－4＝3입니다.

4 세 수의 뺄셈은 순서를 바꾸어 계산하면 결과가 달라지므로 반드시 앞에서부터 차례로 계산합니다.

5 9－5－1＝4－1＝3
8－3－1＝5－1＝4
7－1－4＝6－4＝2

6 (남은 초콜릿의 수)＝(처음 초콜릿의 수)－(지혜가 먹은 초콜릿의 수)－(영민이가 먹은 초콜릿의 수)
➔ 7－3－2＝4－2＝2

7 계산 결과가 가장 큰 뺄셈식을 만들려면 가장 큰 수에서 가장 작은 수와 두 번째로 작은 수를 빼면 됩니다.
1＜2＜4＜9이므로 가장 큰 수는 9, 가장 작은 수는 1, 두 번째로 작은 수는 2입니다.
➔ 9－1－2＝8－2＝6
또는 9－2－1＝7－1＝6

8 7－1－□에서 7－1을 먼저 계산하면 6－□＞2입니다.
□에 1부터 차례대로 써넣으면 6－1＝5, 6－2＝4, 6－3＝3, 6－4＝2이므로 □ 안에 들어갈 수 있는 수는 1, 2, 3입니다. 따라서 □ 안에 들어갈 수 있는 가장 큰 수는 3입니다.

+9 8－1－4＝7－4＝3이므로 왼쪽에서부터 세 번째 칸까지 색칠합니다.

+10 (윤하가 내린 층 수)＝9－2－5＝7－5＝2(층)
따라서 윤하는 2층에서 내렸습니다.

본책 038~041 쪽

08일 10이 되는 더하기

확인 038쪽

❶ 9, 10 / 10 ❷ 4, 6 / 같습니다에 ○표

기본기 다지는 교과서 문제 039쪽

1 10
2 (1) 2, 8 (2) 9, 1
3 3, 7, 10

1 갈색 곰 인형 5개와 파란색 곰 인형 5개를 더하면 10개가 됩니다.

2 (1) ● 2개와 ▲ 8개를 더하면 10개가 됩니다.
(2) ● 9개에 ● 1개를 더하면 10개가 됩니다.

3 스쿨버스에 타고 있는 어린이 3명에 더 탄 7명을 더하면 10명이 됩니다.

스스로 풀어내는 도전 10 문제 040~041쪽

1 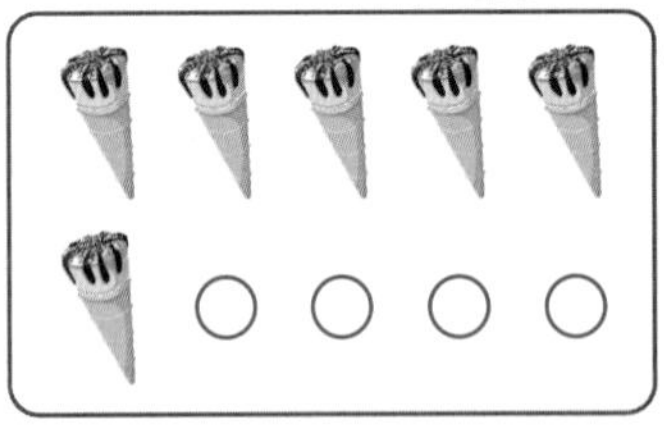 / 4

2 (1) 10 (2) 10
3 7
4 8, 2
5 4, 6에 ○표
6 (1) 2 (2) 1
7 ㉢
8 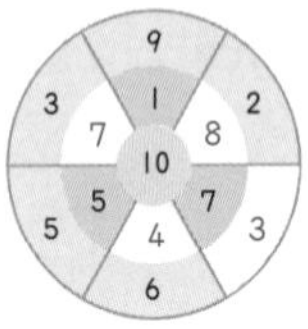

+9 7장

+10 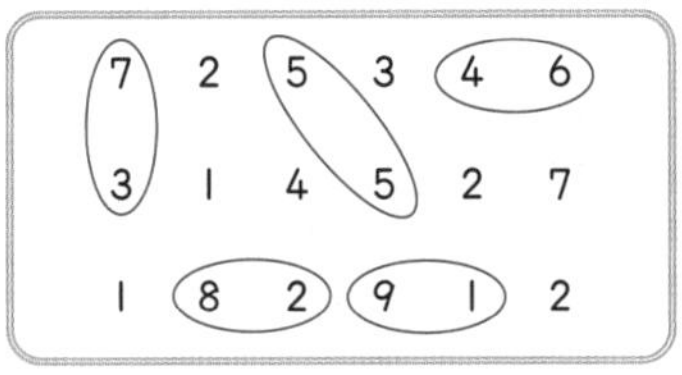

예 10=7+3, 10=5+5, 10=4+6, 10=6+4
10=8+2, 10=2+8, 10=9+1, 10=1+9

1 아이스크림 6개와 그려 넣은 ○ 4개를 더하면 10개가 됩니다.

2 (1) 1과 9를 더하면 10이 됩니다.
(2) 5와 5를 더하면 10이 됩니다.

3 3과 더해서 10이 되는 수는 7입니다.

4 펼친 손가락은 8개, 접은 손가락은 2개입니다.
8과 2를 더하면 10이 됩니다.

5 4+6=10
합이 10이 되는 두 수를 찾으면 4, 6입니다.

6 10이 되는 두 수를 바꾸어 더해도 합은 10으로 같습니다.
(1) 2+8=10, 8+2=10
(2) 9+1=10, 1+9=10

7 ㉠ 3+7=10이므로 □=7입니다.
㉡ 8+2=10이므로 □=8입니다.
㉢ 5+5=10이므로 □=5입니다.
㉣ 6+4=10이므로 □=6입니다.
5<6<7<8이므로 □ 안에 알맞은 수가 가장 작은 것은 ㉢입니다.

8 3+□=10, □=7
2+□=10, □=8
6+□=10, □=4
□+7=10, □=3

+9 3과 더해서 10이 되는 수는 7입니다.
따라서 붙임딱지가 10장이 되려면 7장을 더 모아야 합니다.

+10 10이 되는 두 수를 찾아 묶고, 이를 이용하여 10=□+□의 덧셈식을 씁니다.

본책 042~045쪽

09일 10에서 빼기

확인 042쪽

❶ 6, 7, 8 / 6 ❷ (1) 6 (2) 4

기본기 다지는 교과서 문제 043쪽

1 (1) 8 (2) 3
2 (1) 3, 7 (2) 8, 2
3 (1) 9 (2) 5

1 (1) 주스 10잔에서 2잔을 마시면 8잔이 남습니다.
(2) 다람쥐의 수와 도토리의 수를 비교하면 다람쥐의 수가 3 더 큽니다.

2 (1) 구슬 10개 중에서 3개를 덜어 내면 7개가 남습니다.
(2) 파란 구슬 10개와 빨간 구슬 8개를 비교하면 파란 구슬이 2개 더 많습니다.

3 (1) ○ 10개에서 1개를 /으로 지우면 9개가 남습니다.
(2) ○ 10개에서 5개를 /으로 지우면 5개가 남습니다.

스스로 풀어내는 도전 10 문제 044~045쪽

1 3, 7
2 (1) 2 (2) 5
3 ( )( )(○)
4 6, 4
5 (1) 7 (2) 3
6 10, 4, 6
7 ㉡, ㉠, ㉢, ㉣
8 4
+9 8개
+10 3, 3

1 야구공 10개 중에서 3개를 /으로 지우면 야구공이 7개가 남습니다.

2 (1) 10에서 8을 빼면 2가 됩니다.
(2) 10에서 5를 빼면 5가 됩니다.

3 $10-4=6$
$10-5=5$
$10-6=4$
따라서 두 수의 차가 4인 두 수는 10과 6입니다.

4 (색칠하고 남아 있는 칸의 수)
$=$(전체 칸의 수)$-$(색칠한 칸의 수)
$=10-6=4$

힌트북 18쪽

5

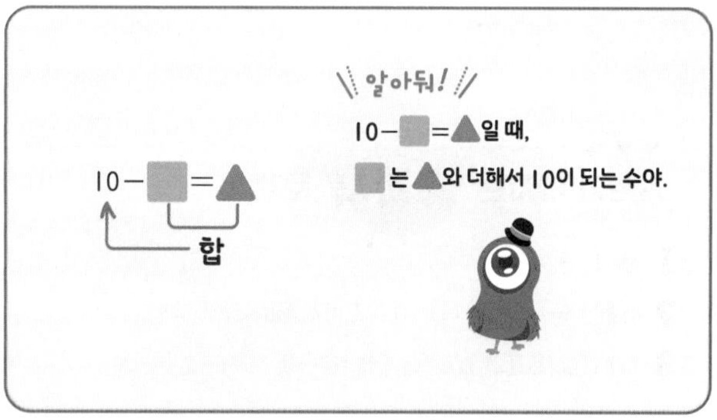

(1) 10에서 3이 남으려면 7을 빼야 합니다.
(2) 10에서 7이 남으려면 3을 빼야 합니다.

6 (남은 사탕의 수)$=10-$(꺼낸 사탕의 수)
$=10-4=6$

7 ㉠ $10-4=6$
㉡ $10-3=7$
㉢ $10-6=4$
㉣ $10-7=3$
$7>6>4>3$이므로 차가 큰 것부터 차례로 기호를 쓰면 ㉡, ㉠, ㉢, ㉣입니다.
다른 풀이 빼지는 수가 10으로 같으므로 빼는 수가 작을수록 차는 큽니다.

8 $10-2=8$이므로 ♥$=8$입니다.
♥$-1-3=8-1-3=4$이므로 ★$=4$입니다.

+9 (감춘 구슬 수)$=$(전체 구슬 수)$-$(보여준 구슬 수)
$=10-2=8$(개)

+10 10에서 7이 남으려면 3을 빼야 합니다.
$10-7=3$이므로 로운이가 먹은 피자는 3조각입니다.

본책 046~050쪽

10일 10을 만들어 더하기

확인 046쪽

① (1) 10, 5, 15 (2) 3, 10, 13

기본기 다지는 교과서 문제 047쪽

1 9, 1, 3, 13
2 (계산 순서대로) (1) 10, 14, 14 (2) 10, 16, 16
3 (1) 10, 15 (2) 10, 16 (3) 10, 17

1 세 수의 덧셈에서 10이 되는 두 수를 먼저 더하면 더 쉽게 계산할 수 있습니다.

2 합이 10이 되는 두 수를 먼저 더하고 나머지 수를 더합니다.

3 세 수의 덧셈에서 10이 되는 두 수를 먼저 더하면 더 쉽게 계산할 수 있습니다.
(1) 4+6+5=10+5=15
(2) 6+5+5=6+10=16
(3) 8+7+2=10+7=17

스스로 풀어내는 도전 10 문제 048~049쪽

1 예 8, 2, 4, 14
2 (1) 3+7+2=12 (2) 5+4+6=15
3
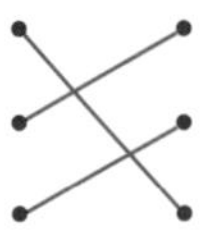

4 (1) 2, 14 (2) 7, 12
5 (1) 15 (2) 16
6 예 3, 6, 4, 13
7 <
8 3, 7 (또는 7, 3)
+9 8, 15, 6, 12
+10 1, 3, 9, 13, 13

1 빨간 풍선이 8개, 파란 풍선이 2개, 초록 풍선이 4개 있습니다. ➡ 8+2+4=10+4=14

2 합이 10이 되는 두 수를 먼저 더하고 나머지 수를 더합니다.
(1) 3+7+2=10+2=12
(2) 5+4+6=5+10=15

3 합이 10이 되는 두 수를 먼저 더하고 나머지 수를 더합니다.
1+5+9=10+5=15
4+2+8=4+10=14
7+3+6=10+6=16

4 (1) 8과 더해서 10이 되는 두 수를 찾은 후 세 수의 합을 구합니다. ➡ 2+8+4=10+4=14
(2) 3과 더해서 10이 되는 두 수를 찾은 후 세 수의 합을 구합니다. ➡ 2+3+7=2+10=12

5 (1) 9+1+5=10+5=15
(2) 6+2+8=6+10=16

6 (수지가 가지고 있는 구슬의 수)
=(파란색 구슬의 수)+(빨간색 구슬의 수)+(노란색 구슬의 수)
=3+6+4=3+10=13

7 9+1+3=10+3=13
5+4+6=5+10=15
13<15이므로 9+1+3<5+4+6입니다.

8 6+★+♥=16에서 ★+♥=10이므로 두 수의 합이 10이 되는 경우를 찾아봅니다.
➡ 합이 10이 되는 두 수는 3과 7입니다.

+9 • 길을 따라가면 바구니에 도토리가 2개, 8개, 5개가 있습니다. ➡ 2+8+5=10+5=15
• 길을 따라가면 바구니에 도토리가 2개, 4개, 6개가 있습니다. ➡ 2+4+6=2+10=12

+10 (영민이가 읽은 책의 수)
=(위인전의 수)+(동화책의 수)+(만화책의 수)
=1+3+9=10+3=13(권)
따라서 영민이가 읽은 책은 모두 13권입니다.

06~10일 단원평가 050~051쪽

01 (계산 순서대로) 5, 8, 8

02 12

03 8−4−2=2

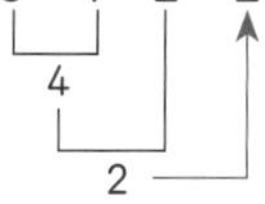

04 (6+4)+2=12

05

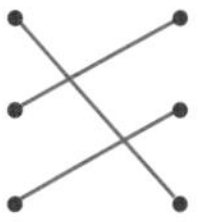

06 (1) < (2) >

07

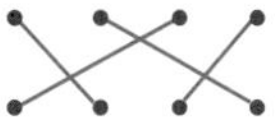

08 3

09 4

10 풀이 참조 / 7살

01 세 수의 덧셈은 앞의 두 수를 먼저 더하고, 나머지 한 수를 더합니다.

02 7에서부터 5만큼 이어 세면 8, 9, 10, 11, 12입니다.
➔ 7+5=12

03 세 수의 뺄셈은 앞에서부터 차례대로 계산하지 않으면 계산 결과가 달라지므로 반드시 앞에서부터 차례로 계산합니다.

04 6+4+2=10+2=12

05 두 수를 바꾸어 더해도 합이 같습니다.

06 (1) 2+1+5=3+5=8, 3+6=9
➔ 8<9 이므로 2+1+5<3+6입니다.
(2) 10−4=6, 9−3−1=6−1=5
➔ 6>5이므로 10−4>9−3−1입니다.

07 1+9=10, 5+5=10, 8+2=10, 3+7=10입니다.

08 3+●=10 ➔ 3과 더해서 10이 되는 수는 7이므로 ●=7입니다. ▲−6=4 ➔ ▲=10입니다.
따라서 두 수의 차는 10−7=3입니다.

09 어떤 수를 □라 하고 잘못 계산한 식을 써 보면, □+3=10이므로 □=7입니다.
따라서 바르게 계산하면 7−3=4입니다.

10 예시 답안 형의 나이는 8+2=10(살)입니다.
동생의 나이는 10−3=7(살)입니다.

채점 기준	
	❶ 형의 나이를 구해야 함.
	❷ 동생의 나이를 구해야 함.

본책 052~055쪽

11일 여러 가지 모양 찾아보기

확인 052쪽

❶ (1) △에 ○표
(2) ○에 ○표
(3) □에 ○표

기본기 다지는 교과서 문제 053쪽

1 (○)( )( )
2 ( )( )(○)
3 (○)( )( )
4

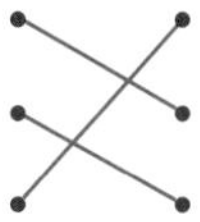

1 전자레인지는 □ 모양입니다.

2 삼각자는 △ 모양입니다.

3 바퀴는 ○ 모양입니다.

4 삼각자 ➔ △ 모양
나침반 ➔ ○ 모양
키보드 ➔ □ 모양

스스로 풀어내는 도전 10 문제 054~055쪽

1 ( )( )(○)
2

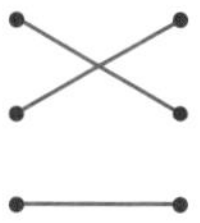

3 ( )(○)( )( )
4 ( )(○)( )
5 ( )( )(○)

6 2개
7 □ 모양
8 나
+9 수현
+10 예 벽시계는 ○ 모양입니다.

1 공책은 □ 모양입니다.

2 도넛, 심벌즈 → ○ 모양
조각 케이크, 옷걸이 → △ 모양
수첩, 냉장고 → □ 모양

3 밀짚모자, 체중계, 거울은 ○ 모양이고, 교통 표지판은 □ 모양입니다.

4 교통 표지판, 삼각김밥, 삼각자는 △ 모양입니다.

5 도넛은 ○ 모양입니다.

6 나침반, 바퀴 → ○ 모양
달력, 휴대 전화 → □ 모양
트라이앵글 → △ 모양
□ 모양의 물건은 모두 2개입니다.

7 모양자의 안쪽에 있는 모양에서 □ 모양은 4개, △ 모양은 3개, ○ 모양은 3개이므로 가장 많이 그릴 수 있는 모양은 □ 모양입니다.

8 가는 △ 모양, 다는 □ 모양을 모은 것입니다. 나는 ○ 모양과 □ 모양이므로 같은 모양끼리 모은 것이 아닌 것은 나입니다.

+9 나무는 △ 모양과 □ 모양으로 되어 있습니다.
트럭은 □ 모양과 ○ 모양으로 되어 있습니다.

+10 □ 모양: 액자, 벽돌, 카페트
○ 모양: 벽시계
△ 모양: 전등 갓

본책 056~059 쪽

12일 여러 가지 모양 알아보기

확인 056쪽

1 (1) ○에 ○표 (2) □에 ○표
2 (1) ○에 ○표 (2) △에 ○표

기본기 다지는 교과서 문제 057쪽

1
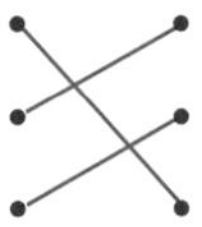

2 △에 ○표
3 □, △에 ○표

1 음료수 캔은 ○ 모양입니다.
우유갑은 □ 모양입니다.
삼각블록은 △ 모양입니다.

2 손으로 만든 모양은 △ 모양입니다.

3 블록을 세워서 찍으면 △ 모양이 나오고, 눕혀서 찍으면 □ 모양이 나옵니다.

스스로 풀어내는 도전 10 문제 058~059쪽

1
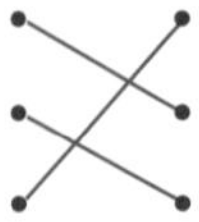

2 ( )( )(○)( )
3 ( )( )(○)
4 △에 ○표

5 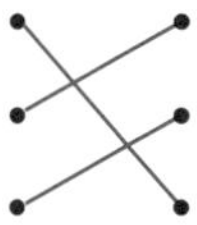

6 1개

7 ㉢

8 8개

+9 영민

+10 뾰족, 4, 3

1  ➔ △ 모양

 ➔ ○ 모양

 ➔ □ 모양

2 사각접시 ➔ □ 모양

사각화분 ➔ □ 모양

머그컵 ➔ ○ 모양

사각쟁반 ➔ □ 모양

3 뾰족한 부분이 없는 모양은 ○ 모양입니다.

4 곧은 선이 있고 뾰족한 부분이 3군데 있는 모양은 △ 모양입니다.

5 원통 모양의 롤케이크의 단면은 ○ 모양입니다.

세모 모양의 롤케이크의 단면은 △ 모양입니다.

네모 모양의 롤케이크의 단면은 □ 모양입니다.

6 △ 모양은 4개, □ 모양은 3개이므로 △ 모양은 □ 모양보다 4－3＝1(개) 더 많이 만들어집니다.

7 그림은 □ 모양을 본뜬 것입니다.

➔ □ 모양의 물건은 ㉢ 동화책입니다.

8 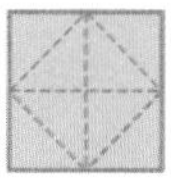 ➔ △ 모양: 8개

+9 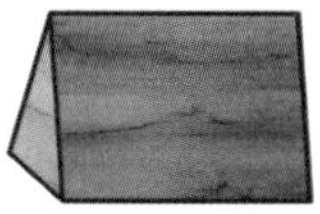 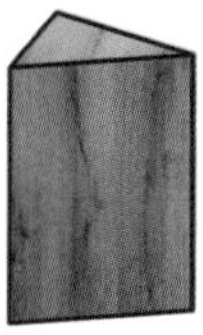

➔ □ 모양 ➔ △ 모양

본책 060~063쪽

13일 여러 가지 모양 꾸미기

확인 060쪽

❶ (1) ○에 ○표 (2) □에 ○표 (3) △에 ○표

(4) 4, 2

기본기 다지는 교과서 문제 061쪽

1 ○에 ○표

2 △에 ×표

3 1, 5, 3

1 ○ 모양만을 11개 이용하였습니다.

2 □ 모양을 4개, ○ 모양을 9개 이용하였습니다.

➔ 이용하지 않은 모양은 △ 모양입니다.

3 □ 모양을 1개, △ 모양을 5개, ○ 모양을 3개 이용하였습니다.

스스로 풀어내는 도전 10 문제 062~063쪽

1 (○)( )

2 ○에 ×표

3 6개, 2개, 2개

4 ㉡

5 △에 ○표

6 (○)( )

7 ( )(○)

8 예 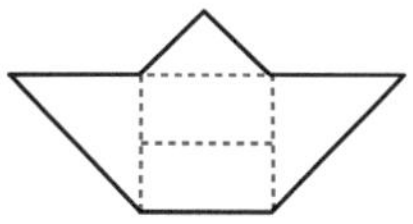

+9 종욱

+10 3, 2, □에 ○표

1 왼쪽 → △ 모양: 4개

오른쪽 → △ 모양: 3개, □ 모양: 1개

→ △ 모양으로만 꾸민 모양은 왼쪽에 있는 모양입니다.

2 □ 모양을 4개, △ 모양을 1개 이용하였습니다.

→ 이용하지 않은 모양은 ○ 모양입니다.

3 □ 모양: 6개, △ 모양: 2개, ○ 모양: 2개

4 ㉠ □ 모양: 6개, ○ 모양: 3개

㉡ □ 모양: 6개, △ 모양: 2개, ○ 모양: 1개

→ □, △, ○ 모양을 모두 이용하여 꾸민 모양은 ㉡입니다.

5 □ 모양: 6개, △ 모양: 8개, ○ 모양: 4개

→ 가장 많이 이용한 모양은 △ 모양입니다.

6 ○ 모양을 왼쪽은 7개, 오른쪽은 5개 이용하였습니다.

→ ○ 모양을 더 많이 이용한 것은 왼쪽에 있는 모양입니다.

7 〈보기〉의 모양을 모두 이용한 것은 오른쪽에 있는 모양입니다.

+9 종욱: □ 모양 5개, ○ 모양 2개를 이용하여 꾸몄습니다.

수현: □ 모양 6개, △ 모양 1개, ○ 모양 3개를 이용하여 꾸몄습니다.

→ □ 모양과 ○ 모양만을 이용해서 모양을 꾸민 사람은 종욱입니다.

본책 064~067쪽

14일 몇 시 알아보기

확인 064쪽

❶ (1) 8 (2) 12 (3) 8

❷ (1) 7 (2) 12 (3)

기본기 다지는 교과서 문제 065쪽

1 (1) 11 (2) 3

2

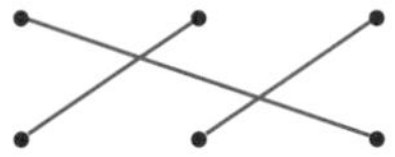

3

1 (1) 짧은바늘이 11, 긴바늘이 12를 가리키므로 11시입니다.

(2) 짧은바늘이 3, 긴바늘이 12를 가리키므로 3시입니다.

2 긴바늘이 모두 12를 가리키므로 짧은바늘이 가리키는 숫자를 확인합니다.

3 7시는 짧은바늘이 7, 긴바늘이 12를 가리키도록 그립니다. 10시는 짧은바늘이 10, 긴바늘이 12를 가리키도록 그립니다.

스스로 풀어내는 도전 10 문제 066~067쪽

1 (1) 4시 (2) 12시

2

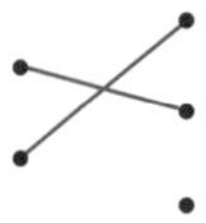

3 (1)  , 3 (2)  , 7

4 6, 12

5 서영

6 

7  

8 6시

+9 12시

+10 7, 6, 윤하

1 (1) 짧은바늘이 4, 긴바늘이 12를 가리키므로 4시입니다.
(2) 짧은바늘과 긴바늘이 12를 가리키므로 12시입니다.

3 (1) 짧은바늘이 3, 긴바늘이 12를 가리키므로 3시입니다.
(2) 짧은바늘이 7, 긴바늘이 12를 가리키므로 7시입니다.

4 6시는 짧은바늘이 6, 긴바늘이 12를 가리킵니다.

5 서영이는 3시에, 주하는 4시에 도서관에 갔습니다.
→ 도서관에 먼저 간 사람은 서영입니다.

6 짧은바늘이 9, 긴바늘이 12를 가리키도록 그립니다.

7 • 공부를 시작한 시각은 4시이므로 짧은바늘이 4, 긴바늘이 12를 가리키도록 그립니다.
• 공부를 마친 시각은 6시이므로 짧은바늘이 6, 긴바늘이 12를 가리키도록 그립니다.

8 긴바늘이 한 바퀴 움직이면 짧은바늘은 숫자 눈금 한 칸만큼 움직이므로 민호가 축구를 끝낸 시각은 6시입니다.

+9 • 긴바늘이 12를 가리키고 있으면 ■시입니다.
• 짧은바늘이 긴바늘과 완전히 겹쳐 있으므로 짧은바늘도 12를 가리킵니다.
→ 따라서 설명하는 시각은 12시입니다.

본책 068~071쪽

15일 몇 시 30분 알아보기

확인 068쪽

❶ (1) 3, 4 (2) 6 (3) 3, 30

❷ (1) 9, 10 (2) 6 (3) 

기본기 다지는 교과서 문제 069쪽

1 (1) 8, 30 (2) 4, 30

2 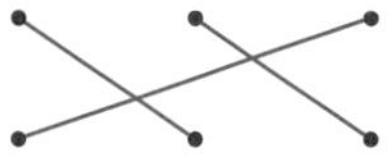

3 (1)  (2) 

1 (1) 짧은바늘이 8과 9 사이를 가리키고, 긴바늘이 6을 가리키므로 8시 30분입니다.
(2) 짧은바늘이 4와 5 사이를 가리키고, 긴바늘이 6을 가리키므로 4시 30분입니다.

2 • 짧은바늘이 7과 8 사이를 가리키고, 긴바늘이 6을 가리키므로 7시 30분입니다.
• 짧은바늘이 11과 12 사이를 가리키고, 긴바늘이 6을 가리키므로 11시 30분입니다.
• 짧은바늘이 1과 2 사이를 가리키고, 긴바늘이 6을 가리키므로 1시 30분입니다.

3 (1) 2시 30분은 짧은바늘이 2와 3 사이를 가리키고, 긴바늘이 6을 가리키도록 그립니다.
(2) 8시 30분은 짧은바늘이 8과 9 사이를 가리키고, 긴바늘이 6을 가리키도록 그립니다.

스스로 풀어내는 도전 10 문제 070~071쪽

1 (1) 9, 30 (2) 4, 30

2

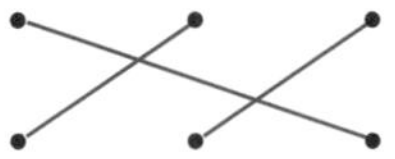

3

/ 3, 30

4 (1)

(2)

5 (　)(○)(　)

6 ㉡, ㉢, ㉠

7 9

8 3시 30분

+9 2바퀴

+10 8, 6, 8, 30

1 (1) 짧은바늘이 9와 10 사이를 가리키고, 긴바늘이 6을 가리키므로 9시 30분입니다.
(2) 짧은바늘이 4와 5 사이를 가리키고, 긴바늘이 6을 가리키므로 4시 30분입니다.

2 • 짧은바늘이 11과 12 사이를 가리키고, 긴바늘이 6을 가리키므로 11시 30분입니다.
• 짧은바늘이 6과 7 사이를 가리키고, 긴바늘이 6을 가리키므로 6시 30분입니다.
• 짧은바늘이 12와 1 사이를 가리키고, 긴바늘이 6을 가리키므로 12시 30분입니다.

힌트북 30쪽

3

긴바늘 → 6
짧은바늘 → ▢와 ▢ 다음 숫자 사이

→ ▢시 30분

짧은바늘이 3과 4 사이를 가리키고, 긴바늘이 6을 가리키므로 3시 30분입니다.

4 (1) 7시 30분은 짧은바늘이 7과 8 사이를 가리키고, 긴바늘이 6을 가리키도록 그립니다.
(2) 1시 30분은 짧은바늘이 1과 2 사이를 가리키고, 긴바늘이 6을 가리키도록 그립니다.

5 12시 30분은 짧은바늘이 12와 1 사이를 가리키게 그려야 하는데 12를 가리키고 있으므로 잘못 그렸습니다.

6 ㉠ 7시 30분
㉡ 2시 30분
㉢ 4시 30분
→ 시각이 빠른 것부터 순서대로 기호를 쓰면 ㉡, ㉢, ㉠ 입니다.

7 2시 30분은 짧은바늘이 2와 3 사이를 가리키고, 긴바늘이 6을 가리키도록 그립니다.
→ ㉠=3, ㉡=6이므로
㉠+㉡=3+6=9입니다.

8 3시와 5시 사이에 있으면서 긴바늘이 6을 가리키는 시각은 3시 30분, 4시 30분입니다.
이 중에서 4시보다 빠른 시각은 3시 30분입니다.

힌트북 31쪽

+9

시계의 긴바늘이 한 바퀴 움직이면 짧은바늘은 숫자 눈금 1칸만큼 움직입니다.
4시 30분에서 6시 30분까지 짧은바늘의 숫자 눈금이 2칸 움직였으므로 긴바늘은 2바퀴 움직였습니다.

11~15 일 단원평가

072~073쪽

01 ( )( )(○)

02 ㉢

03 □에 ○표

04

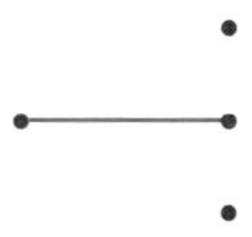

05 5개, 3개

06 △에 ○표

07 (1) 4시 (2) 12시 30분

08

, 8시

09 ㉠, ㉣

10 풀이 참조 / 2시 30분

01 달력 ➜ □ 모양

도넛 ➜ ○ 모양

교통 표지판 ➜ △ 모양

02 ㉠ 나침반 ➜ ○ 모양

㉡ 거울 ➜ ○ 모양

㉢ 계산기 ➜ □ 모양

➜ 모양이 다른 것은 ㉢입니다.

03 상자를 종이 위에 대고 그릴 때 □ 모양이 나옵니다.

04 주어진 그림은 △ 모양의 일부를 나타냅니다.

05 □ 모양: 5개, ○ 모양: 3개

06 □ 모양: 8개, ○ 모양: 2개

➜ 모양을 꾸미는 데 이용하지 않은 모양은 △ 모양입니다.

07 (1) 짧은바늘이 4, 긴바늘이 12를 가리키므로 4시입니다.

(2) 짧은바늘이 12와 1 사이에 있고, 긴바늘이 6을 가리키므로 12시 30분입니다.

08 짧은바늘이 8, 긴바늘이 12를 가리키면 8시입니다.

09 ㉠ 7시 30분

㉡ 7시

㉢ 8시

㉣ 7시 30분

10 예시 답안 2시와 4시 사이에 있으면서 긴바늘이 6을 가리키는 시각은 2시 30분, 3시 30분입니다.

이 중에서 3시보다 빠른 시각은 2시 30분입니다.

채점 기준	
	❶ 긴바늘이 6을 가리키면 ■시 30분임을 알아야 함.
	❷ 3시보다 빠른 시각을 찾아야 함.

본책 074~077쪽

16일 (몇)+(몇)의 여러 가지 계산 방법

확인 074쪽

1 (1) 11, 12, 13

(2) 예

○	○	○	○	○		△	△	△		
○	○	○	△	△						

(3) 13

기본기 다지는 교과서 문제 075쪽

1 10, 11, 12, 13 / 13
2 7, 12 / 12마리
3 (1) 12 (2) 14

1 9에서부터 4만큼 이어 세면 10, 11, 12, 13입니다.
➜ $9+4=13$

2 물 위에 오리가 5마리가 있고 7마리가 더 오므로 5에서부터 7만큼 이어 세면 6, 7, 8, 9, 10, 11, 12입니다.
➜ $5+7=12$

스스로 풀어내는 도전 10 문제 076~077쪽

1 13

2 예

○	○	○	○	○		△	△			
○	○	○	△	△						

/ 12

3 8, 13
4 13번째
5 9, 12
6 예  / 14, 5, 14
7 11권
8 8, 7, 15 (또는 7, 8, 15)
+9 8, 8, 16 / 16개
+10 7, 13, 13

1 9에서부터 4만큼 이어 세면 10, 11, 12, 13입니다.
➜ $9+4=13$

2 ○ 8개를 그리고 △ 4개를 더 그리면 12개입니다.
➜ $8+4=12$

힌트북 32쪽

3 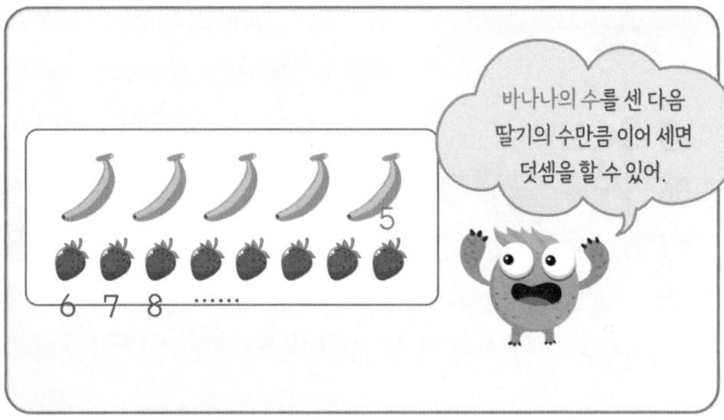

바나나가 5개가 있고 딸기가 8개 더 있으므로 5에서부터 8만큼 이어 세면 6, 7, 8, 9, 10, 11, 12, 13입니다.
➜ $5+8=13$

4 7에서부터 6만큼 이어 세면 8, 9, 10, 11, 12, 13입니다. 따라서 개구리는 13번째 연잎에 앉게 됩니다.

5 자동차가 9대가 있고 3대가 더 들어왔으므로 9에서부터 3만큼 이어 세면 10, 11, 12입니다.
➜ $9+3=12$

6 $7+7=14$이므로 9와 더해서 14가 되려면 점을 5개 더 그려야 합니다. 이를 덧셈식으로 나타내면 $9+5=14$입니다.

7 영민이는 수현이보다 공책이 6권 더 많으므로 덧셈식으로 계산합니다.
$5+6=11$이므로, 영민이가 가지고 있는 공책은 11권입니다.

8 합이 가장 큰 덧셈식은 가장 큰 수와 두 번째로 큰 수를 더합니다. 따라서 뽑은 두 수는 가장 큰 수인 8과 두 번째로 큰 수인 7이므로 $8+7=15$입니다.

+9 로운이가 모은 우유팩도 8개이므로 슬기와 로운이가 모은 우유팩의 수를 덧셈식으로 나타내면 $8+8=16$입니다.

+10 구슬 7개를 주머니에 더 넣었으므로 덧셈식으로 구합니다. ➜ $6+7=13$

본책 078~081쪽

17일 받아올림이 있는 (몇)+(몇)

확인 078쪽

1 14 / 14

기본기 다지는 교과서 문제 079쪽

1 (왼쪽에서부터) (1) 6, 16 (2) 6, 16 (3) 2, 4, 16
2 (왼쪽에서부터) (1) 3, 13 (2) 3, 13
3 (1) 13 (2) 11 (3) 15 (4) 14

1 (1) 7과 더해서 10이 되는 수는 3이므로 9를 3과 6으로 가르기하여 계산합니다.
(2) 9와 더해서 10이 되는 수는 1이므로, 7을 6과 1로 가르기하여 계산합니다.
(3) 5와 5를 더해서 10을 만들고, 남은 2와 4를 더합니다.

2 (1) 8과 더해서 10이 되는 수는 2이므로 5를 2와 3으로 가르기하여 계산합니다.
(2) 5와 더해서 10이 되는 수는 5이므로 8을 3과 5로 가르기하여 계산합니다.

3 예 (1) 9 + 4 = 13 (1, 3)
(2) 6 + 5 = 15 (1, 5)
(3) 8 + 7 = 15 (2, 5)
(4) 7 + 7 = 14 (3, 4)

스스로 풀어내는 도전 10 문제 080~081쪽

1 (왼쪽에서부터) 4, 14
2 (왼쪽에서부터) 4, 14
3 (왼쪽에서부터) (1) 3, 11 (2) 6, 11
4 (왼쪽에서부터) (1) 5, 1, 11 (2) 5, 2, 15
5 (1) 15 (2) 16
6

7 <
8

+9 지혜
+10 1, 4, 1, 1 / (왼쪽에서부터) 4, 1, 14

1 6과 더해서 10이 되는 수는 4이므로 8을 4와 4로 가르기하여 계산합니다.

2 8과 더해서 10이 되는 수는 2이므로 6을 4와 2로 가르기하여 계산합니다.

3 (1) 7과 더해서 10이 되는 수는 3이므로 4를 3과 1로 가르기합니다.
(2) 4와 더해서 10이 되는 수는 6이므로 7을 1과 6으로 가르기합니다.

4 (1) 5+6에서 6을 5와 1로 가르기하여 5와 5를 더해 10을 만들고 남은 1을 더하면 11입니다.
(2) 7+8에서 7을 5와 2로 가르기하여 8과 2를 더해 10을 만들고 남은 5를 더하면 15입니다.

5 예 (1) 6 + 9 = 15 (5, 1)   (2) 9 + 7 = 16 (1, 6)

6 앞의 수를 10으로 만들기 위해 뒤의 수를 가르기하거나 뒤의 수를 10으로 만들기 위해 앞의 수를 가르기하여 계산합니다.
- 8+3=8+2+1
- 4+9=4+6+3 또는 4+9=3+1+9

7 9+3=12이고, 8+5=13입니다.
12<13이므로 9+3<8+5입니다.

8 8+8=16이고, 7+6=13입니다.

+9 지혜가 뽑은 두 수의 합은 8+6=14입니다.
서준이가 뽑은 두 수의 합은 4+9=13입니다.
14>13이므로 지혜가 뽑은 두 수의 합이 더 큽니다. 따라서 놀이에서 이긴 사람은 지혜입니다.

+10 9와 더해서 10이 되는 수는 1이므로 5를 4와 1로 가르기하여 1과 9를 먼저 더합니다.
5 + 9 = 14 (4, 1)

📖 본책 082~085쪽

18일 여러 가지 덧셈하기

확인 082쪽

1 (1) 12, 13, 14 (2) 12, 11, 10 (3) 14 (4) 13

기본기 다지는 교과서 문제 083쪽

1 (1) 13, 14, 15, 16 (2) 15, 14, 13, 12
(3) 12, 12 (4) 11, 12

2

9+5	8+5	7+5	6+5	5+5
9+6	8+6	7+6	6+6	5+6
9+7	8+7	7+7	6+7	5+7
9+8	8+8	7+8	6+8	5+8
9+9	8+9	7+9	6+9	5+9

1 (1) 같은 수에 1씩 커지는 수를 더하면 합도 1씩 커집니다.
(2) 1씩 작아지는 수에 같은 수를 더하면 합도 1씩 작아집니다.
(3) 두 수를 서로 바꾸어 더해도 합은 같습니다.
(4) 6+5는 6+6보다 1 작습니다.

2 1씩 작아지는 수에 1씩 커지는 수를 더하면 합은 같습니다.

9+5=14
8+6=14
7+7=14
6+8=14
5+9=14

스스로 풀어내는 도전 10 문제 084~085쪽

1 14, 13, 12, 11 / 작아집니다에 ○표
2 13, 14, 15, 16 / 커집니다에 ○표
3 (1) 13, 13 (2) 14, 14
4

		5+7		
	6+6	6+7	6+8	
7+5	7+6	7+7	7+8	7+9
	8+6	8+7	8+8	
		9+7		

5 (1) 8 (2) 7

6

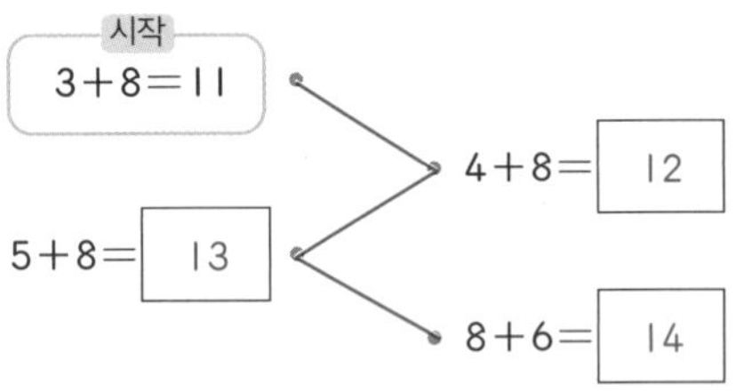

7

9+2 8+5 5+7
9+3 8+3 6+7

8

5+3=8 5 11
9 6 8 10 9
7 4 6+9=15
9+3=12 5 10
16 8 7+7=14

+9 (화살표 방향대로) 5, 6, 7, 8, 9
+10 8, 8, 윤하

1 9+5=14
8+5=13
7+5=12
6+5=11
➔ 1씩 작아지는 수에 같은 수를 더하면 합도 1씩 작아집니다.

2 7+6=13
7+7=14
7+8=15
7+9=16
➔ 같은 수에 1씩 커지는 수를 더하면 합도 1씩 커집니다.

3 (1) 4+9=13 (2) 6+8=14
9+4=13 8+6=14
➔ 두 수를 서로 바꾸어 더해도 합은 같습니다.

4 차례로 덧셈을 하면 ↙ 방향으로 합이 같습니다.
7+9=16
8+8=16
9+7=16

5 같은 수에 1씩 커지는 수를 더하면 합도 1씩 커집니다.

7 • 5+6=11이므로 9+2=11, 8+3=11과 같습니다.
• 6+6=12이므로 5+7=12, 9+3=12와 같습니다.
• 7+6=13이므로 8+5=13, 6+7=13과 같습니다.

힌트북 37쪽

8

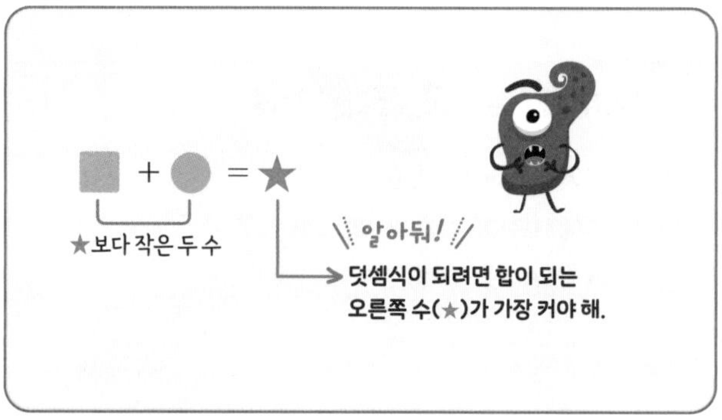

5+3=8처럼 옆으로 덧셈식이 되는 세 수를 찾아봅니다.

+9 화살표 방향으로 합이 1씩 커지고 있으므로 더하는 수도 1씩 커져야 합니다.

+10 두 수를 서로 바꾸어 더해도 합은 같으므로 8+6=6+8입니다.
따라서 계산 결과가 다른 식을 말한 친구는 윤하입니다.

본책 086~089쪽

19일 (십몇)−(몇)의 여러 가지 계산 방법

확인 086쪽

1 (1)

/ 8

(2) 예

○	○	○	○	○
○	○	○	Ø	Ø

Ø	Ø			

(3) 8

기본기 다지는 교과서 문제 087쪽

1 6
2 5
3 8, 6 / 6마리

1 11에서 5만큼 거꾸로 세면 10, 9, 8, 7, 6입니다.
→ 11−5=6

2 연필과 지우개를 하나씩 짝 지으면 연필이 5개 더 많습니다.
→ 12−7=5

3 토끼와 다람쥐를 하나씩 짝 지으면 토끼가 6마리 더 많습니다.
→ 14−8=6

스스로 풀어내는 도전 10 문제 088~089쪽

1 6
2 초에 ○표, 4
3 5
4 예

○	○	○	○	○
○	○	○	Ø	Ø

Ø	Ø	Ø	Ø	Ø

/ 8

5 8개　　6 (　)(△)
7 7개　　8 13, 5, 8
+9 16, 7, 9 / 9조각　　+10 9, 6, 6

1 오리 11마리 중에서 5마리가 연못 밖으로 나갔으므로 11에서부터 5만큼 거꾸로 세면 10, 9, 8, 7, 6입니다. 연못에 남은 오리는 6마리입니다.
→ 11－5＝6

2 초와 성냥개비를 하나씩 짝 지으면 초가 4개 더 많습니다.
→ 13－9＝4

3 빨간색 모형과 노란색 모형을 하나씩 짝 지으면 빨간색 모형이 5개 더 많습니다.
→ 12－7＝5

4 /으로 5개를 지우고, 2개를 더 지웠더니 8개가 되었습니다.

5 (남은 딸기의 수)
＝(전체 딸기의 수)－(먹은 딸기의 수)
＝17－9＝8(개)

6 11－2＝9
16－8＝8
9＞8이므로 차가 더 작은 것은 16－8입니다.

7 주하가 서연이보다 사탕이 4개 더 적으므로 뺄셈식으로 계산합니다.
11－4＝7이므로, 주하가 가지고 있는 사탕은 7개입니다.

8 차가 가장 큰 뺄셈식은 가장 큰 수에서 가장 작은 수를 빼야 합니다.
가장 큰 수는 13이고, 가장 작은 수는 5이므로 13－5＝8입니다.

+9 (남은 피자의 수)
＝(전체 피자의 수)－(나누어 준 피자의 수)
＝16－7＝9(조각)
따라서 남은 피자는 9조각입니다.

본책 090~093쪽

20일 받아내림이 있는 (십몇)－(몇)

확인 090쪽
❶ 5 / 5

기본기 다지는 교과서 문제 091쪽

1 (왼쪽에서부터) (1) 2, 8 (2) 2, 8
2 (왼쪽에서부터) (1) 4, 6 (2) 4, 6
3 (1) 6 (2) 6 (3) 10 (4) 10

1 (1) 12에서 2를 먼저 빼고, 남은 2를 빼면 8이 됩니다.
(2) 12를 10과 2로 가르기하여 10에서 4를 빼고, 남은 6과 2를 더하면 8이 됩니다.

2 (1) 14에서 4를 먼저 빼고 남은 4를 빼면 6이 됩니다.
(2) 14를 10과 4로 가르기하여 10에서 8을 빼고, 남은 2와 4를 더하면 6이 됩니다.

3 예 (1) 13 － 7 ＝ 6 (7을 3과 4로 가르기)　(2) 12 － 6 ＝ 6 (12를 10과 2로 가르기)
(3) 14－4＝10　(4) 15－5＝10

스스로 풀어내는 도전 10 문제 092~093쪽

1 (왼쪽에서부터) 2, 8
2 (왼쪽에서부터) 6, 8
3 (왼쪽에서부터) (1) 5, 8 (2) 10, 8
4 (왼쪽에서부터) (1) 4, 2, 8 (2) 10, 6, 7
5 (1) 9 (2) 7
6 11, 9, 2 / 2개
7 (　)(　)(○)(○)
8 5
+9 윤하
+10 14, 6, 14, 6, 8

1 16에서 6을 먼저 빼고, 남은 2를 빼면 8이 됩니다.

2 16을 10과 6으로 가르기하여 10에서 8을 먼저 빼고, 남은 2와 6을 더하면 8이 됩니다.

3 (1) 15에서 5를 먼저 빼고 남은 2를 뺍니다.
(2) 15를 10과 5로 가르기하여 10에서 7을 먼저 뺍니다.

4 (1) 14에서 4를 먼저 빼도록 6을 4와 2로 가르기합니다.
(2) 16을 10과 6으로 가르기하여 10에서 9를 먼저 뺍니다.

5 (1) 17 − 8 = 9 (17 → 7, 1) (2) 13 − 6 = 7 (13 → 10, 3)

6 (더 필요한 사탕의 수)
=(어린이의 수)−(사탕의 수)
=11−9=11−1−8=10−8=2(개)

7 • 13−6=13−3−3=7
• 11−7=11−1−6=10−6=4
• 15−9=15−5−4=10−4=6
• 14−8=14−4−4=6
따라서 차가 6인 뺄셈식은 15−9와 14−8입니다.

8 16−7=9이므로 ★=9입니다. 같은 모양은 같은 수를 나타내므로 14−★=14−9=5입니다. 따라서 ♥=5입니다.

+9 윤하: 11−6=11−1−5=10−5=5
민호: 15−8=15−5−3=10−3=7
따라서 두 수의 차가 더 작은 사람은 윤하입니다.

+10 수의 크기를 비교하면 6<9<12<14이므로 가장 큰 수는 14, 가작 작은 수는 6입니다.
따라서 가장 큰 수와 가장 작은 수의 차는
14−6=14−4−2=10−2=8입니다.

본책 094~097쪽

21일 여러 가지 뺄셈하기

확인 094쪽

❶ (1) 6, 5, 4 (2) 7, 8, 9 (3) 7, 8, 9 (4) 6, 6, 6

기본기 다지는 교과서 문제 095쪽

1 (1) 7, 6, 5, 4 (2) 5, 6, 7, 8 (3) 7, 7, 7, 7 (4) 7, 6, 5, 4

2

11−5	11−6	11−7	11−8	11−9
	12−6	12−7	12−8	12−9
		13−7	13−8	13−9
			14−8	14−9
				15−5

1 (1) 같은 수에서 1씩 커지는 수를 빼면 차는 1씩 작아집니다.
(2) 1씩 커지는 수에서 같은 수를 빼면 차도 1씩 커집니다.
(3) 1씩 커지는 수에서 1씩 커지는 수를 빼면 차는 항상 같습니다.
(4) 1씩 작아지는 수에서 같은 수를 빼면 차는 1씩 작아집니다.

2 1씩 커지는 수에서 1씩 커지는 수를 빼면 차는 항상 같습니다.
11−6=5
12−7=5
13−8=5
14−9=5

스스로 풀어내는 도전 10 문제 096~097쪽

1 5, 4, 3, 2 / 작아집니다에 ○표
2 6, 7, 8, 9 / 커집니다에 ○표
3 9, 9, 9, 9
4

		12−7		
	13−6	13−7	13−8	
14−5	14−6	14−7	14−8	14−9
	15−6	15−7	15−8	
		16−7		

5 6, 7
6

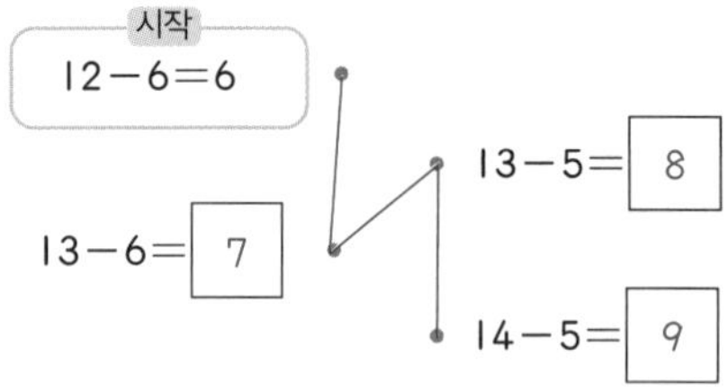

7

11−3	12−7	13−5
11−5	14−9	15−9

8

17	9	8	11	4
12	8	13	5	8
9	14	7	7	11
14	6	8	5	13
2	6	16	7	9

(17−9=8, 13−5=8, 14−7=7, 14−6=8, 16−7=9)

+9 8개
+10 1, 11, 3

1 11−6=5
11−7=4
11−8=3
11−9=2
➜ 같은 수에서 1씩 커지는 수를 빼면 차는 1씩 작아집니다.

2 15−9=6
16−9=7
17−9=8
18−9=9
➜ 1씩 커지는 수에서 같은 수를 빼면 차도 1씩 커집니다.

3 14−5=9
15−6=9
16−7=9
17−8=9
➜ 1씩 커지는 수에서 1씩 커지는 수를 빼면 차는 항상 같습니다.

4 ↘ 방향으로 합이 같습니다.

5 같은 수에서 1씩 커지는 수를 빼면 차는 1씩 작아집니다.

7 • 11−6=5이므로 12−7=5, 14−9=5와 같습니다.
• 13−7=6이므로 11−5=6, 15−9=6과 같습니다.
• 12−4=8이므로 11−3=8, 13−5=8과 같습니다.

힌트북 43쪽

8

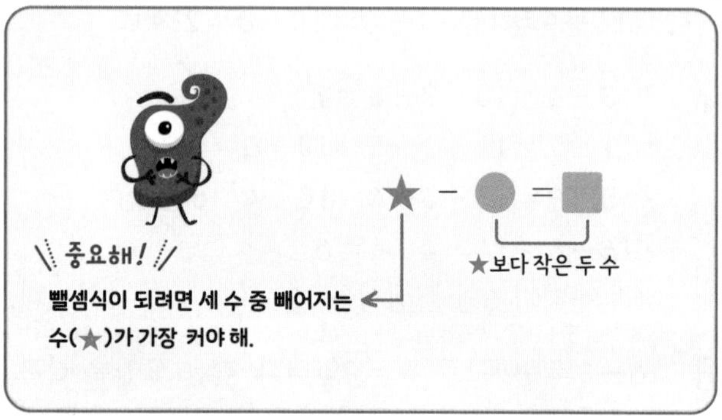

17−9=8처럼 옆으로 뺄셈식이 되는 세 수를 찾아봅니다.

+9 (서준이가 먹고 남은 젤리의 수)
=12−7=5(개)
(슬기가 먹고 남은 젤리의 수)
=13−(슬기가 먹은 젤리의 수)=5(개)
➜ 13−8=5이므로 슬기가 먹은 젤리는 8개입니다.

+10 ↘ 방향의 뺄셈식은 1씩 커지는 수에서 1씩 커지는 수를 빼고 있으므로 차는 같습니다.
차가 4가 되는 뺄셈식은 11−7이므로 차가 4가 되는 칸은 11−7, 12−8, 13−9로 모두 3칸입니다.

16~21일 **단원평가** 098~099쪽

01 11
02 5
03 (왼쪽에서부터) (1) 3, 13 (2) 5, 7
04 15, 8
05 7마리
06 ( )(△)(○)
07 8, 9
08 6
09 12장
10 풀이 참조 / 8

01 6에서 이어 세면 7, 8, 9, 10, 11입니다.

02 파란색 구슬과 노란색 구슬을 하나씩 짝 지으면 파란색 구슬이 5개 남습니다.

03 (1) 7과 더해서 10이 되는 수는 3이므로 6을 3과 3으로 가르기하여 7과 3을 더해 10을 만들고 남은 3을 더하면 13이 됩니다.
(2) 15를 10과 5로 가르기하여 10에서 8을 먼저 빼고, 남은 2와 5를 더하면 7이 됩니다.

04 $9+6=9+1+5=10+5=15$
$15-7=15-5-2=10-2=8$

05 (물고기의 수)$-$(거북의 수)$=11-4=7$(마리)

06 $15-7=15-5-2=10-2=8$
$16-9=16-6-3=10-3=7$
$5+6=5+5+1=10+1=11$
$11>8>7$이므로 계산 결과가 가장 큰 것은 $5+6$이고, 가장 작은 것은 $16-9$입니다.

07 1씩 커지는 수에서 1씩 커지는 수를 빼야 차가 항상 같습니다. 따라서 □ 안에는 7에서 1씩 커지는 수가 들어가야 합니다.

08 $5+8=13$이므로 ㉠$=13$입니다.
$13-6=7$이므로 ㉡$=7$입니다.
→ ㉠$-$㉡$=13-7=6$

09 종이비행기를 접고 남은 색종이 수를 각각 구해 봅니다.
주하: $13-5=8$(장)
슬기: $13-9=4$(장)
따라서 남은 색종이는 모두 $8+4=12$(장)입니다.

10 예시 답안 $6+9=15$이므로 $7+□=15$입니다.
$7+8=15$이므로 □ 안에 알맞은 수는 8입니다.

채점 기준	
	❶ 6+9를 계산해야 함.
	❷ □ 안에 알맞은 수를 구해야 함.

본책 100~103쪽

22일 규칙 찾기

확인 100쪽

❶ (1) 딸기, 바나나
(2) 토끼, 거북, 거북

❷ (1) ■, ■
(2) ♥, ★, ★

기본기 다지는 교과서 문제 101쪽

1 (1) ◆ ◆ | ◆ ◆ | ◆ ◆ | ◆ ◆
(2) ♥ ♥ ★ | ♥ ♥ ★ | ♥ ♥ ★

2 (1) 별, 달
(2) 달, 별, 별

3 (1) ➡ (2) ◆

2 (1) ★, ☾이 반복되는 규칙입니다.
(2) ☾, ★, ★이 반복되는 규칙입니다.

3 (1) ➡, ⬅가 반복되는 규칙입니다.
(2) ★, ★, ◆이 반복되는 규칙입니다.

스스로 풀어내는 도전 10 문제 102~103쪽

1 수박, 참외, 참외
2 장갑
3 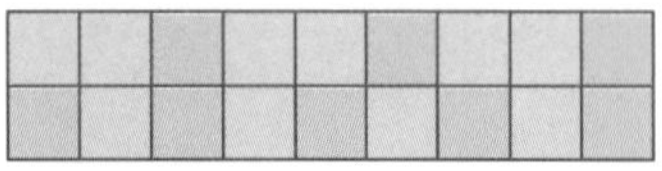
4 초록불, 빨간불
5 
6 종욱
7 ■ / ( )( )(○)
8 ◆, ♥, ◆
+9 빨간색
+10 2, 1, 검은색

1 수박, 참외, 참외가 반복되는 규칙입니다.

2 장갑, 장갑, 양말이 반복되는 규칙이므로 빈칸에 들어갈 것은 장갑입니다.

힌트북 44쪽

3

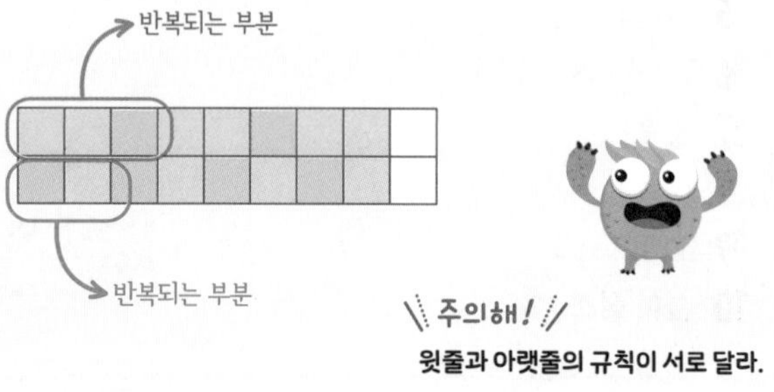

첫째 줄은 하늘색, 하늘색, 살구색이 반복되고,
둘째 줄은 살구색, 하늘색이 반복되는 규칙입니다.

4 초록불, 빨간불이 반복되는 규칙입니다.

5 9시, 3시가 반복되는 규칙입니다.

6 빨간색, 빨간색, 파란색, 파란색 풍선이 반복되는 규칙이므로 빈칸에는 파란색 풍선이 와야 합니다. 따라서 바르게 말한 사람은 종욱입니다.

힌트북 45쪽

7

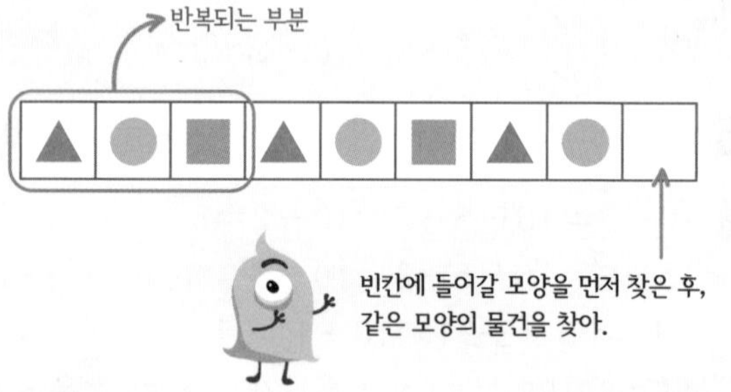

▲, ●, ■가 반복되는 규칙입니다. 따라서 빈칸에 들어갈 모양은 ■이고, 같은 모양의 물건은 계산기입니다.

8 ◆, ♥, ◆가 반복되는 규칙입니다.

+9 파란색, 빨간색, 빨간색 깃발이 반복되는 규칙입니다. 따라서 아홉째에 꽂을 깃발은 빨간색입니다.

본책 104~107쪽

23일 규칙 만들기

확인 ······ 104쪽

❶ (○)
( )

❷ 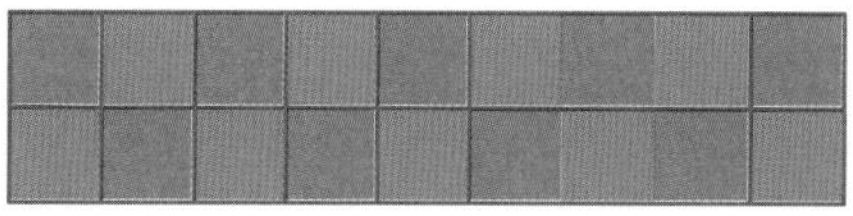

기본기 다지는 교과서 문제 105쪽

1 ( )(○)

2 예 

3 예 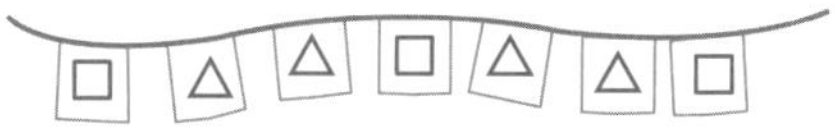

4 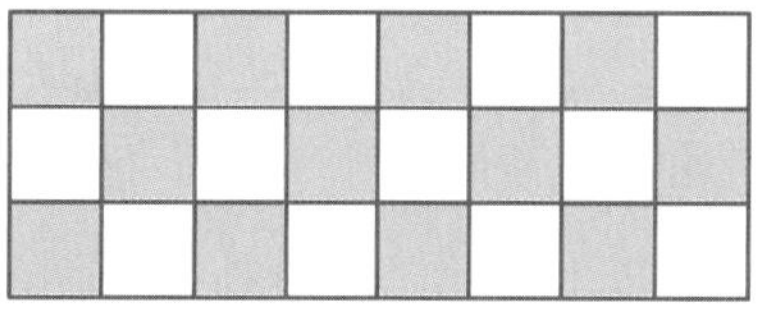

1 영민이는 바나나, 딸기, 딸기가 반복되는 규칙을 만들었습니다.

2 예 노란색, 빨간색이 반복되는 규칙으로 색칠합니다.
규칙이 있고 이에 따라 그렸으면 모두 정답입니다.

3 예 □, △, △가 반복되는 규칙으로 그립니다.
규칙이 있고 이에 따라 그렸으면 모두 정답입니다.

4 첫째 줄과 셋째 줄은 하늘색, 흰색이 반복되고,
둘째 줄은 흰색, 하늘색이 반복되는 규칙입니다

스스로 풀어내는 도전 10 문제 106~107쪽

1 예 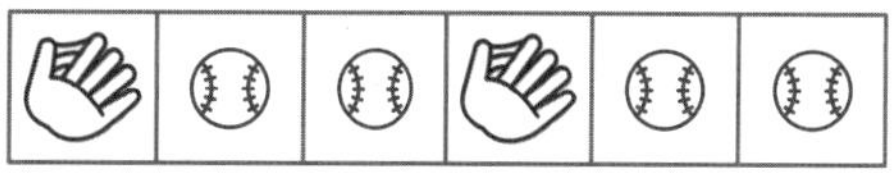

2 (○)( )

3 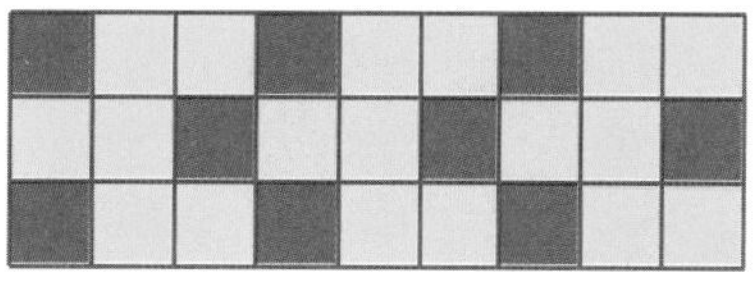

4 지혜

5 8개

6 ㉡

7 5개

8 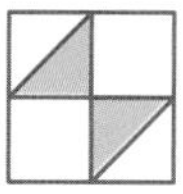

+9 ㉠ △, ㉡ □

+10 △ / 노란색, 파란색

1 예 야구 장갑, 야구공, 야구공이 반복되는 규칙으로 그립니다.
규칙이 있고 이에 따라 그렸으면 모두 정답입니다.

2 첫째 줄은 파란색, 초록색이 반복되는 규칙입니다.
둘째 줄은 초록색, 파란색이 반복되는 규칙입니다.

3 첫째 줄과 셋째 줄은 보라색, 노란색, 노란색이 반복되는 규칙입니다.
둘째 줄은 노란색, 노란색, 보라색이 반복되는 규칙입니다.

4 지혜: 첫째 줄은 노란색, 초록색, 초록색이 반복되고, 둘째 줄은 노란색, 노란색, 초록색이 반복되는 규칙입니다.
민호: 첫째 줄은 노란색, 초록색, 노란색이 반복되고, 둘째 줄은 초록색, 노란색, 초록색이 반복되어야 하는데 잘못 꾸몄습니다.

5 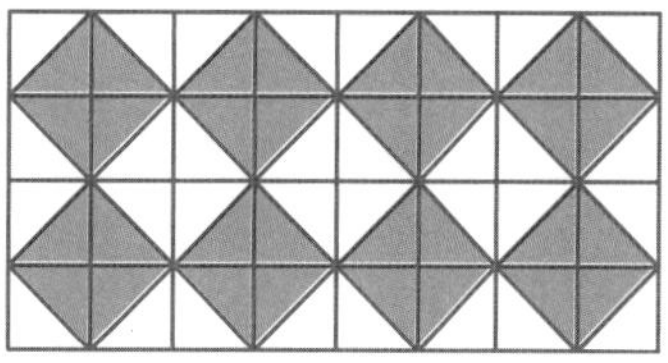

→ ◆ 모양이 모두 8개입니다.

6 ○, ○, ◇가 반복되는 규칙이므로 무늬를 꾸미면 다음과 같습니다.

○	○	◇	○	○	◇	○	○	◇
○	○	◇	○	○	◇	○	○	◇
○	○	◇	○	○	◇	○	○	◇

➜ ◇ 모양을 그려야 하는 곳은 ㉡입니다.

7 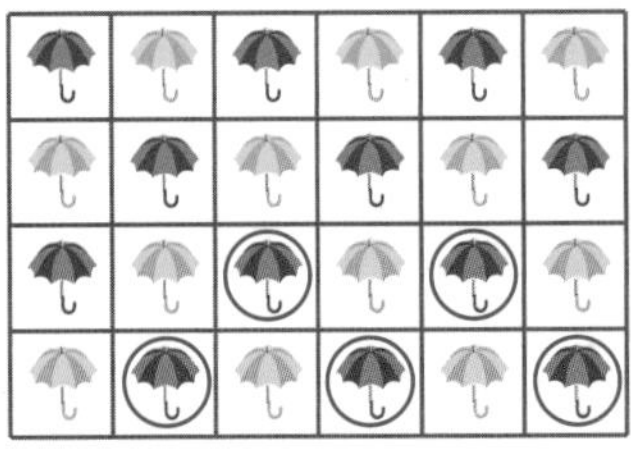

➜ 찢어진 부분에서 빨간 우산은 모두 5개입니다.

8 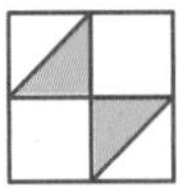 모양이 반복되는 규칙입니다.

+9 첫째 줄은 □, △, △가 반복되는 규칙이므로 ㉠에는 △ 도장을 찍어야 합니다.
둘째 줄은 △, △, □가 반복되는 규칙이므로 ㉡에는 □ 도장을 찍어야 합니다.

힌트북 47쪽

+10 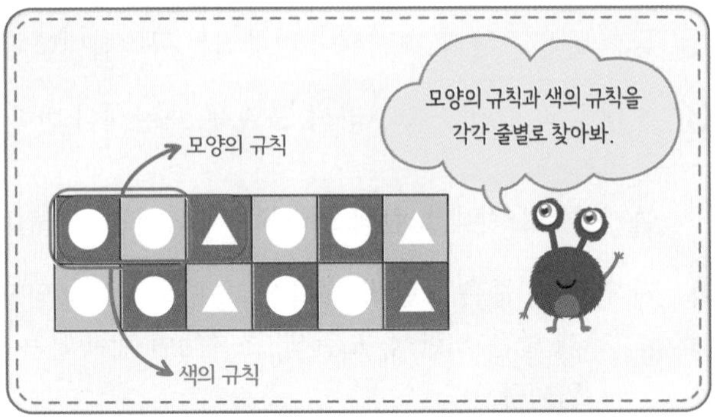

본책 108~111쪽

24일 수 배열과 수 배열표에서 규칙 찾기

확인 108쪽

❶ (1) 1, 3 (2) 3, 3, 7
❷ (1) 17, 1 (2) 3, 3

기본기 다지는 교과서 문제 109쪽

1 (1) 2, 5
(2) 30, 40
(3) 40, 10
2 (1) 11 (2) 9 (3) 10

1 (1) 2, 5가 반복되는 규칙입니다.
(2) 5에서 시작하여 5씩 커지는 규칙입니다.
(3) 80에서 시작하여 10씩 작아지는 규칙입니다.

2 (1) ········에 있는 수는 1부터 시작하여 ↘ 방향으로 11씩 커지는 규칙입니다.
(2) ········에 있는 수는 10부터 시작하여 ↙ 방향으로 9씩 커지는 규칙입니다.
(3) 색칠한 수는 3부터 시작하여 ↓ 방향으로 10씩 커지는 규칙입니다.

스스로 풀어내는 도전 10 문제 110~111쪽

1 (1) 1 (2) 1
2 (1) 4 (2) 3
3

31	32	33	34	35	36	37	38
39	40	41	42	43	44	45	46
47	48	49	50	51	52	53	54

4 25일
5 ㉢
6 예

1	2	3
4	5	6
7	8	9

3	6	9
2	5	8
1	4	7

7 14
8 20
+9 28번
+10 2, 1, 3

1 (1) 0, 1이 반복되는 규칙입니다.
(2) 0, 1, 0이 반복되는 규칙입니다.

2 (1) 4에서 시작하여 4씩 커지는 규칙입니다.
(2) 27에서 시작하여 3씩 작아지는 규칙입니다.

3 31에서 시작하여 3씩 커지는 규칙입니다.
31－34－37－40－43－46－49－52에 색칠합니다.

4 달력에서 찾을 수 있는 수의 규칙은 9에서 시작하여 1씩 커지는 규칙입니다.
➜ ★＝25

5 주어진 수들은 3에서 시작하여 4씩 커지는 규칙입니다.
㉠ 2에서 시작하여 3씩 커지는 규칙입니다.
㉡ 4에서 시작하여 5씩 커지는 규칙입니다.
㉢ 5에서 시작하여 4씩 커지는 규칙입니다.
➜ 4씩 커지는 규칙은 ㉢입니다.

6

1		3
	5	
7		9

예 오른쪽으로 1씩 커지고, 아래쪽으로 3씩 커지는 규칙입니다.

	6	9
2	5	
1		7

오른쪽으로 3씩 커지고, 아래쪽으로 1씩 작아지는 규칙입니다.

7 가운데 수는 왼쪽과 오른쪽의 두 수의 합입니다.
➜ 7＋7＝14

8 〈보기〉는 4에서 시작하여 3씩 커지는 규칙입니다.
8에서 3씩 커지는 수는 8－11－14－17－20이므로 ♥에 알맞은 수는 20입니다.

+9 공연장 의자의 번호는 오른쪽으로 1씩 커지고, 아래쪽으로 6씩 커집니다.
따라서 다열 여섯째 좌석의 번호는 16－22－28로 28번입니다.

+10 ↙ 방향의 수는 1, 2, 3, 4로 1씩 커지는 규칙입니다.
↘ 방향의 수는 1, 4, 7, 10으로 3씩 커지는 규칙입니다.

본책 112~115쪽

25일 규칙을 여러 가지 방법으로 나타내기

확인 112쪽

❶ (1) 자동차

(2)

□	△	□	□	△	□	□	△	□

(3)

0	1	0	0	1	0	0	1	0

기본기 다지는 교과서 문제 113쪽

1

○	△	△	○	△	△	○	△

2

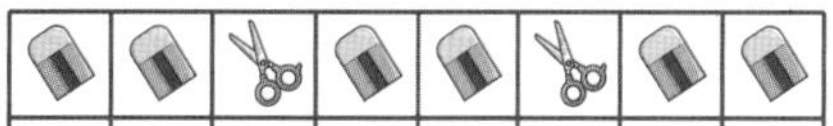

3	3	5	3	3	5	3	3

3

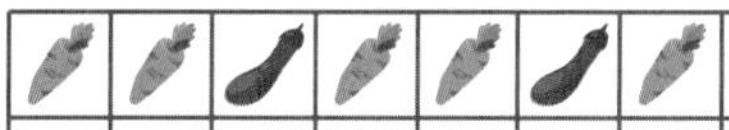

							당근	가지
2	2	4	2	2	4	2	2	4

4

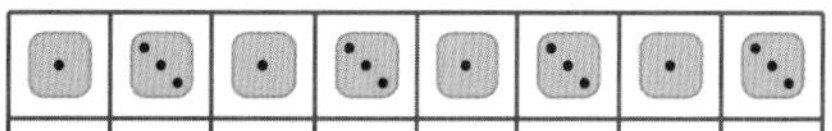

1	3	1	3	1	3	1	3
□	♡	□	♡	□	♡	□	♡

1 고양이를 ○, 생쥐를 △로 나타내었으므로 ○, △, △를 차례대로 그립니다.

2 지우개를 3, 가위를 5로 나타내었으므로 3, 3, 5를 차례대로 씁니다.

3 당근, 당근, 가지가 반복되는 규칙입니다. 당근을 2, 가지를 4로 나타내었으므로 2, 2, 4를 차례대로 씁니다.

4 ⚀을 1과 □, ⚂을 3과 ♡로 나타내었으므로 둘째 줄에 1, 3을 차례대로 쓰고 셋째 줄에 □, ♡를 차례대로 그립니다.

스스로 풀어내는 도전 10 문제 114~115쪽

1 ○, ○, ◎, ○ **2** 1, 2, 1, 2
3 (위에서부터) ◇, ○, ○, ◇ / 3, 6, 6, 3
4 슬기
5

짝 짝	짝 짝	㉠짝㉡짝
쿵	쿵	쿵

6 종욱 **7** ㉢
8 4개 **+9** 6개
+10 1, 3, 1, 3, 4

21~26일 단원평가 116~117쪽

01 1, 2에 ○표 **02** ◎
03 영민 **04** (위에서부터) ↘, ↖
05

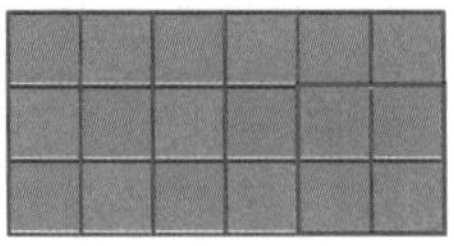

06

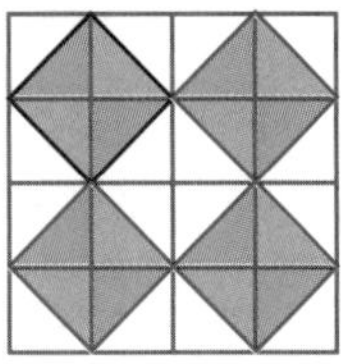

07 11 **08** 49
09 (위에서부터) △, △, □ / 1, 1, 3
10 풀이 참조 / 4

1 병아리를 ○, 닭을 ◎로 나타내었으므로 빈칸에 ○, ○, ◎를 차례대로 그립니다.

2 양팔을 벌리는 동작을 1, 양팔을 올리는 동작을 2로 나타내었으므로 1, 2를 차례대로 씁니다.

3 트라이앵글을 ◇와 3, 탬버린을 ○와 6으로 나타내었습니다. 둘째 줄은 ◇, ○, ○를 차례대로 그리고 셋째 줄은 3, 6, 6을 차례대로 씁니다.

4 단풍잎, 은행잎, 단풍잎이 반복되는 규칙입니다.
단풍잎을 1, 은행잎을 3으로 나타내면 1, 3, 1이 반복되어야 하므로 규칙을 수로 바르게 나타낸 사람은 슬기입니다.

5 쿵, 짝, 짝이 반복되는 규칙입니다.

6 노란색, 노란색, 빨간색 우산이 반복되는 규칙입니다.
서영이는 노란색 우산을 ○, 빨간색 우산을 ◇로 나타내었으므로 ○, ○, ◇를 반복하여 그렸습니다.
종욱이는 노란색 우산을 1, 빨간색 우산을 3으로 나타내었으므로 1, 1, 3을 반복하여 써야 합니다.

7 ㉠ 하늘색, 주황색, 주황색 종이 비행기가 반복되는 규칙입니다.
㉡ 토마토, 토마토, 고추가 반복되는 규칙입니다.
㉢ 햄버거, 콜라, 햄버거가 반복되는 규칙입니다.

8 한 마디에 ♩♪♩♪이 반복되는 규칙이므로 ♪를 4개 더 그려야 합니다.

+9 자전거, 자동차, 자동차가 반복되는 규칙이므로 ㉠에는 자전거, ㉡에는 자동차가 들어갑니다.
→ 자전거의 바퀴 수는 2개이고, 자동차의 바퀴 수는 4개이므로 모두 $2+4=6$(개)입니다.

01 검정색, 하얀색, 하얀색 바둑돌이 반복되는 규칙입니다.

02 ◎, ▽가 반복되는 규칙입니다.

03 2시, 7시가 반복되는 규칙입니다.

04 첫째 줄은 ↗, ↘가 반복되고,
둘째 줄은 ↖, ↙가 반복되는 규칙입니다.

05 첫째 줄과 셋째 줄은 빨간색, 초록색이 반복되고, 둘째 줄은 초록색, 빨간색이 반복되는 규칙입니다.

06 첫째 줄, 셋째 줄은  모양,  모양이 반복됩니다.
둘째 줄, 넷째 줄은  모양,  모양이 반복됩니다.

07 양 옆의 두 수를 더한 수가 가운데에 오는 규칙입니다.
따라서 빈칸에 들어갈 알맞은 수는 5와 6을 더한 11입니다.

08 → 방향으로 1씩 커지고, ↓ 방향으로 7씩 커지는 규칙입니다.
28에서 ↓ 방향으로 7씩 커지므로 ★은 49입니다.

09 귤을 △와 1, 참외를 □와 3으로 나타내었으므로 둘째 줄은 △, △, □를 차례대로 그리고, 셋째 줄은 1, 1, 3을 차례대로 씁니다.

10 예시 답안 19부터 시작하여 3씩 작아지는 규칙입니다.
따라서 ㉠에 알맞은 수는 7보다 3 작은 4입니다.

채점 기준	
	❶ 규칙을 찾아야 함.
	❷ ㉠에 알맞은 수를 구해야 함.

본책 118~121쪽

26일 받아올림이 없는 (몇십몇)+(몇)

확인 118쪽

❶ 16

❷ (1) 8, 2, 8 (2) 6, 4, 6

기본기 다지는 교과서 문제 119쪽

1 6, 38

2 (1) 15 (2) 27 (3) 37 (4) 54

3 (1) 43 (2) 38 (3) 27 (4) 29

1 구슬 32개와 6개를 더하면 모두 38개입니다.
➜ 32+6=38

2 낱개끼리 더하고, 10개씩 묶음은 그대로 내려 씁니다.

3 (1) $\begin{array}{r} 41 \\ +\ \ 2 \\ \hline 43 \end{array}$ (2) $\begin{array}{r} 30 \\ +\ \ 8 \\ \hline 38 \end{array}$

(3) $\begin{array}{r} 4 \\ +\ 23 \\ \hline 27 \end{array}$ (4) $\begin{array}{r} 27 \\ +\ \ 2 \\ \hline 29 \end{array}$

스스로 풀어내는 도전 10 문제 120~121쪽

1 (1) 27 (2) 48

2 (1) 65 (2) 58

3 39

4 59

5 >

6 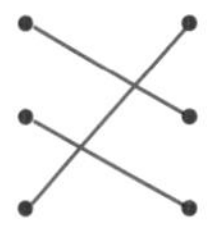

7 $\begin{array}{r} 32 \\ +\ \ 6 \\ \hline 38 \end{array}$

8 8, 9에 ○표

+9 19명

+10 6, 29

1 낱개끼리 더하고, 10개씩 묶음은 그대로 내려 씁니다.

2 (1) $\begin{array}{r} 63 \\ +\ \ 2 \\ \hline 65 \end{array}$ (2) $\begin{array}{r} 7 \\ +\ 51 \\ \hline 58 \end{array}$

3 전체 수직선의 길이는 34와 5의 합과 같습니다.
➜ 34+5=□, □=39

4 53보다 6 큰 수 ➜ 53+6=59

5 30+7=37, 2+34=36
➜ 37>36

6 $\begin{array}{r} 20 \\ +\ \ 4 \\ \hline 24 \end{array}$ $\begin{array}{r} 71 \\ +\ \ 8 \\ \hline 79 \end{array}$ $\begin{array}{r} 3 \\ +\ 45 \\ \hline 48 \end{array}$

$\begin{array}{r} 40 \\ +\ \ 8 \\ \hline 48 \end{array}$ $\begin{array}{r} 2 \\ +\ 22 \\ \hline 24 \end{array}$ $\begin{array}{r} 73 \\ +\ \ 6 \\ \hline 79 \end{array}$

7 세로로 계산할 때에는 같은 자리끼리 줄을 맞추어 써야 합니다.
6은 낱개이므로 낱개의 자리에 써야 하는데 10개씩 묶음의 자리에 써서 잘못 계산하였습니다.

8 22+5=27이므로 27<2□에서 10개씩 묶음이 2로 같으므로 □는 7보다 커야 합니다.
따라서 □ 안에 들어갈 수 있는 수는 8, 9입니다.

+9 (노래를 부른 전체 사람의 수)
=(노래를 부른 남자의 수)+(노래를 부른 여자의 수)
=11+8=19(명)

+10 (아빠와 주하가 딴 감의 수)
=(아빠가 딴 감의 수)+(주하가 딴 감의 수)
=23+6=29(개)

본책 122~125쪽

27일 받아올림이 없는 (몇십몇)+(몇십몇)

확인 122쪽

❶ 57

❷ (1) 4, 3, 4 (2) 0, 7, 0

기본기 다지는 교과서 문제 123쪽

1 35, 77

2 (1) 43 (2) 86 (3) 84 (4) 65

3 (1) 80 (2) 90 (3) 70 (4) 60

1 밤 42개와 35개를 더하면 모두 77개입니다.
➜ 42＋35＝77

2 낱개는 낱개끼리, 10개씩 묶음은 10개씩 묶음끼리 더합니다.

(3) $\begin{array}{r} 1\ 2 \\ +\ 7\ 2 \\ \hline 8\ 4 \end{array}$ (4) $\begin{array}{r} 3\ 2 \\ +\ 3\ 3 \\ \hline 6\ 5 \end{array}$

3 (몇십)＋(몇십)은 낱개가 모두 0이므로 계산 결과의 낱개도 항상 0입니다.

(3) $\begin{array}{r} 4\ 0 \\ +\ 3\ 0 \\ \hline 7\ 0 \end{array}$ (4) $\begin{array}{r} 5\ 0 \\ +\ 1\ 0 \\ \hline 6\ 0 \end{array}$

스스로 풀어내는 도전 10 문제 124~125쪽

1 (1) 67 (2) 65
2 (1) 78 (2) 90
3 78
4 (위에서부터) 54, 86
5 ㉡
6 58
7 30, 50 (또는 50, 30)
8 57, 68, 95
+9 2, 4
+10 20, 20 / 20, 20, 40, 40 / 40, 40, 80, 80

1 낱개는 낱개끼리, 10개씩 묶음은 10개씩 묶음끼리 더합니다.

2 (1) $\begin{array}{r} 6\ 8 \\ +\ 1\ 0 \\ \hline 7\ 8 \end{array}$ (2) $\begin{array}{r} 5\ 0 \\ +\ 4\ 0 \\ \hline 9\ 0 \end{array}$

3 전체 수직선의 길이는 47과 31의 합과 같습니다.
➜ 47＋31＝□, □＝78

4 34＋20＝54, 34＋52＝86

5 ㉠ 17＋42＝59
㉡ 28＋50＝78
㉢ 40＋20＝60
➜ 59＜60＜78이므로 계산 결과가 가장 큰 것은 ㉡입니다.

6 33보다 25만큼 더 큰 수 ➜ 33＋25＝58

7 수 카드의 수의 낱개가 모두 0이므로 10개씩 묶음의 합이 8인 서로 다른 두 수를 찾습니다.
➜ 30＋50＝80 또는 50＋30＝80

8 •  모양에 적힌 수는 16, 41입니다.
➜ 16＋41＝57
•  모양에 적힌 수는 42, 26입니다.
➜ 42＋26＝68
•  모양에 적힌 수는 45, 50입니다.
➜ 45＋50＝95

+9 $\begin{array}{r} 2\ ㉠ \\ +\ ㉡\ 5 \\ \hline 6\ 7 \end{array}$

낱개끼리의 계산: ㉠＋5＝7, ㉠＝2
10개씩 묶음끼리의 계산: 2＋㉡＝6, ㉡＝4

+10 10＋10＝●에서 ●＝20을 먼저 구한 후 ★과 ♣가 나타내는 수를 차례로 구합니다.

본책 126~129쪽

28일 받아내림이 없는 (몇십몇)−(몇)

확인 126쪽

❶ 32

❷ (1) 2, 1, 2
(2) 3, 2, 3

기본기 다지는 교과서 문제 127쪽

1 5, 52
2 (1) 16 (2) 24 (3) 53 (4) 83
3 (1) 42 (2) 36 (3) 53 (4) 25

1 아이스크림 57개에서 5개를 빼면 52개가 남습니다.
➔ 57−5=52

2 낱개끼리 빼고, 10개씩 묶음은 그대로 내려 씁니다.

3 (1) $\begin{array}{r} 46 \\ -\ \ 4 \\ \hline 42 \end{array}$ (2) $\begin{array}{r} 39 \\ -\ \ 3 \\ \hline 36 \end{array}$

(3) $\begin{array}{r} 58 \\ -\ \ 5 \\ \hline 53 \end{array}$ (4) $\begin{array}{r} 27 \\ -\ \ 2 \\ \hline 25 \end{array}$

스스로 풀어내는 도전 10 문제 128~129쪽

1 (1) 34 (2) 83
2 (1) 61 (2) 52
3 32
4 31
5 <
6 $\begin{array}{r} 45 \\ -\ \ 3 \\ \hline 42 \end{array}$
7 73
8 5, 6에 ○표
9 23
+10 4, 25

1 낱개끼리 빼고, 10개씩 묶음은 그대로 내려 씁니다.

2 (1) $\begin{array}{r} 63 \\ -\ \ 2 \\ \hline 61 \end{array}$ (2) $\begin{array}{r} 58 \\ -\ \ 6 \\ \hline 52 \end{array}$

3 수직선에서 39에서 7을 빼면 □의 값입니다.
➔ 39−7=□, □=32

4 $\begin{array}{r} 36 \\ -\ \ 5 \\ \hline 31 \end{array}$

5 56−3=53 ➔ 53<55

6 세로로 계산할 때에는 같은 자리끼리 줄을 맞추어 써야 합니다.
3은 낱개이므로 낱개의 자리에 써야 하는데 10개씩 묶음의 자리에 써서 잘못 계산하였습니다.

7 수 카드 2장으로 만들 수 있는 가장 큰 수는 75이고 남은 수는 2입니다.
➔ 75−2=73

8 39−□=35라고 하면 □=4입니다.
39−□<35이어야 하므로 □ 안에 들어갈 수 있는 수는 4보다 커야 합니다. ➔ □= 5, 6

+9 (체육관에 모이는 학생의 수)
=(전체 학생의 수)−(이어달리기 선수의 수)
=27−4=23(명)

+10 (터지지 않은 풍선의 수)
=(전체 풍선의 수)−(터진 풍선의 수)
=29−4=25(개)

본책 130~133쪽

29일 받아내림이 없는 (몇십몇)−(몇십몇)

확인 130쪽

❶ 12
❷ (1) 4, 1, 4 (2) 0, 4, 0

기본기 다지는 교과서 문제 131쪽

1 15, 13
2 (1) 21 (2) 22 (3) 30 (4) 44
3 (1) 30 (2) 60 (3) 10 (4) 30

1 빨간색 구슬이 28개, 초록색 구슬이 15개이므로 빨간색 구슬은 초록색 구슬보다 28−15=13(개) 더 많습니다.

2 낱개는 낱개끼리 빼고, 10개씩 묶음은 10개씩 묶음끼리 뺍니다.

(3) $\begin{array}{r} 4\ 5 \\ -\ 1\ 5 \\ \hline 3\ 0 \end{array}$ (4) $\begin{array}{r} 7\ 7 \\ -\ 3\ 3 \\ \hline 4\ 4 \end{array}$

3 (몇십)−(몇십)은 낱개가 모두 0이므로 차는 항상 몇십입니다.

스스로 풀어내는 도전 10 문제 132~133쪽

1 (1) 52 (2) 60
2 (1) 40 (2) 30
3 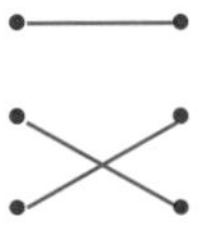
4 <

5 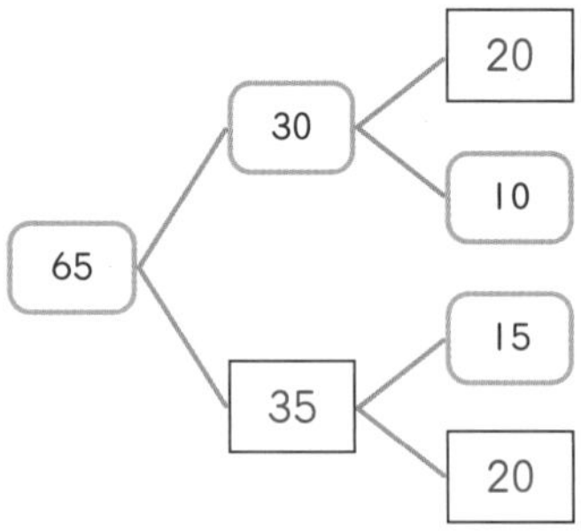

6 33개 **7** 13일
8 42
+9 (위에서부터) 15, 23, 34 / 13
+10 20, 50, 20, 로운

2 (1) $\begin{array}{r} 6\ 8 \\ -\ 2\ 8 \\ \hline 4\ 0 \end{array}$ (2) $\begin{array}{r} 5\ 0 \\ -\ 2\ 0 \\ \hline 3\ 0 \end{array}$

3 $\begin{array}{r} 6\ 7 \\ -\ 2\ 2 \\ \hline 4\ 5 \end{array}$ $\begin{array}{r} 5\ 4 \\ -\ 2\ 4 \\ \hline 3\ 0 \end{array}$ $\begin{array}{r} 3\ 3 \\ -\ 2\ 0 \\ \hline 1\ 3 \end{array}$

$\begin{array}{r} 8\ 8 \\ -\ 4\ 3 \\ \hline 4\ 5 \end{array}$ $\begin{array}{r} 4\ 7 \\ -\ 3\ 4 \\ \hline 1\ 3 \end{array}$ $\begin{array}{r} 6\ 0 \\ -\ 3\ 0 \\ \hline 3\ 0 \end{array}$

4 65−33=32, 70−30=40
32<40이므로 65−33<70−30입니다.

5 • 65=30+□이므로 □=35입니다.
• 30=□+10이므로 □=20입니다.
• 35=15+□이므로 □=20입니다.

6 밤은 도토리보다 78−45=33(개) 더 많습니다.

7 지혜의 생일은 12일이고 성탄절은 25일입니다.
따라서 지혜의 생일과 성탄절은 25−12=13(일) 차이가 납니다.

8 24+21=45이므로 87−□=45입니다.
87−42=45이므로 □=42입니다.

+9 → 방향으로 1씩 커지고, ↓ 방향으로 10씩 커지는 규칙이므로 ㉠은 22이고, ㉡은 35입니다.
➜ ㉡−㉠=35−22=13

본책 134~137쪽

30일 덧셈과 뺄셈하기

확인 134쪽

1 (1) 24, 35
(2) 11, 13

기본기 다지는 교과서 문제 135쪽

1 (1) 25, 13, 38 (또는 13, 25, 38)
(2) 37, 13, 24

2 (1) 27, 37, 47, 57
(2) 66, 66, 59, 59
(3) 43, 33, 23
(4) 54, 53, 52

1 (1) 모두 몇 권인지 구하려면 덧셈식으로 나타냅니다.
(2) 차이나 남는 것을 구하려면 뺄셈식으로 나타냅니다.

2 (1) 같은 수에 10씩 커지는 수를 더하면 합도 10씩 커집니다.
(2) 두 수를 서로 바꾸어 더해도 합은 같습니다.
(3) 같은 수에서 10씩 커지는 수를 빼면 차도 10씩 작아집니다.
(4) 같은 수에서 1씩 커지는 수를 빼면 차도 1씩 작아집니다.

스스로 풀어내는 도전 10 문제 136~137쪽

1 20, 3, 23 (또는 3, 20, 23)
2 15, 12, 3
3 32, 33
4 −, +
5 (○) ( ) (○)
6 예 55, 12, 67 / 68, 31, 37
7 (위에서부터) 9, 6
8 4
⁺9 34마리
⁺10 34, 44, 44, 42

1 (당근의 수)+(호박의 수)=20+3=23(개)

2 (가지의 수)−(오이의 수)=15−12=3(개)

3 1씩 커지는 수에서 같은 수를 빼면 차도 1씩 커집니다.
➜ 47−15=32
48−15=33

4 =를 기준으로 오른쪽의 수가 왼쪽 수보다 커지면 덧셈이고 작아지면 뺄셈입니다.

5 12, 11, 7로 만들 수 있는 덧셈식은
12+11=23, 12+7=19, 11+7=18입니다.
공의 개수가 10개 또는 9개인 공은 없으므로
10+9=19와 같은 덧셈식은 만들 수 없습니다.

6 • 55+12=67, 68+31=99, 87+12=99 등 다양한 덧셈식이 나올 수 있습니다.
• 55−12=43, 68−31=37, 87−12=75 등 다양한 뺄셈식이 나올 수 있습니다.

7
$$\begin{array}{r} 8\ \boxed{㉠} \\ -\ \boxed{㉡}\ 7 \\ \hline 2\ \ 2 \end{array}$$

낱개끼리의 계산: ㉠−7=2, ㉠=9
10개씩 묶음끼리의 계산: 8−㉡=2, ㉡=6

8 11+28=39이므로 35+○=39가 되어야 합니다. 따라서 ○ 안에 알맞은 수는 4입니다.

⁺9 토끼가 다람쥐보다 12마리 적게 있으므로 토끼의 수는 23−12=11(마리)입니다.
➜ (다람쥐와 토끼의 수)
=(다람쥐의 수)+(토끼의 수)
=23+11=34(마리)

⁺10 (아빠의 나이)=10+34=44(살)
(엄마의 나이)=44−2=42(살)

26~30일 단원평가

138~139쪽

01 7, 28
02 로운
03 20, 40, 60
04 (△)(　)(○)
05 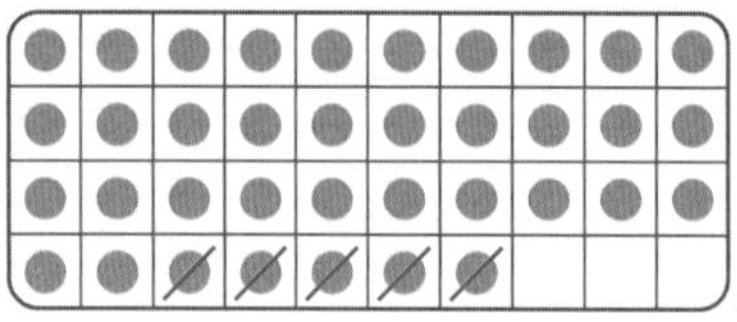 , 32

06
$$\begin{array}{r} 5\ 9 \\ -\quad 3 \\ \hline 5\ 6 \end{array}$$

07 27
08 >
09 (1) 12, 17, 29 (또는 17, 12, 29)
(2) 17, 7, 10
10 풀이 참조 / 34명

01 과자 21개와 7개를 더하면 모두 28개입니다.
→ 21＋7＝28

02 낱개끼리, 10개씩 묶음끼리 자리를 맞추어 세로로 써야 합니다.

03 10개씩 묶음 2개와 10개씩 묶음 4개를 더하면 10개씩 묶음이 모두 6개이므로 60입니다.
→ 20＋40＝60

04 70－20＝50
31＋26＝57
40＋30＝70
→ 계산 결과가 가장 큰 것은 40＋30이고, 가장 작은 것은 70－20입니다.

05 37－5에서 빼는 수는 5입니다. 따라서 ● 37개에서 ● 5개를 /으로 지우면 ● 32개가 됩니다.
→ 37－5＝32

06 낱개끼리, 10개씩 묶음끼리 자리를 맞추어 써서 계산해야 합니다.

07 '차'를 구할 때에는 큰 수에서 작은 수를 뺍니다.
→ 78－51＝27

08 47－13＝34, 12＋21＝33
→ 34＞33

09 (1) 개구리는 12마리, 펭귄은 17마리이므로 개구리와 펭귄은 모두 12＋17＝29(마리)입니다.
(2) 펭귄은 17마리, 원숭이는 7마리이므로 펭귄은 원숭이보다 17－7＝10(마리) 더 많습니다.

10 예시 답안 놀이터에 학생 22명이 있었는데 12명이 더 왔으므로 덧셈식으로 계산합니다. 따라서 놀이터에 있는 학생은 22＋12＝34(명)입니다.

채점 기준	
	❶ 모두 몇 명인지 구하려면 덧셈식으로 나타낸다는 것을 알아야 함.
	❷ 덧셈을 정확하게 계산해야 함.

memo

memo

수학이 만만해지는 힌트의 힘!

정답 · 풀이